KB000676

과학교사 최원석의

과학은
놀이다

과학은 놀이다

1판 1쇄 펴냄 2014년 5월 23일
1판 7쇄 펴냄 2020년 2월 20일

지은이 최원석

주간 김현숙
편집 변효현, 김주희
디자인 이현정, 전미혜
영업 백국현, 정강석
관리 오유나

펴낸곳 궁리출판
펴낸이 이갑수

등록 1999년 3월 29일 제300-2004-162호
주소 10881 경기도 파주시 회동길 325-12
전화 031-955-9818 | **팩스** 031-955-9848
홈페이지 www.kungree.com | **전자우편** kungree@kungree.com
트위터 @kungreepress

ISBN 978-89-5820-272-1 03400

값 15,000원

과학교사 최원석의

과학은 놀이다

문화와 역사를 가로지르는 놀이 속 과학의 발견

궁리
KungRee

| 들어가며 |

루덴스를 위한 왈츠

어린 시절부터 책 읽는 것을 좋아하기는 했지만 중고등학교 때 나는 그리 공부를 잘하는 편이 아니었다. 대부분의 시간을 놀 궁리를 하며 항상 새로운 놀이거리를 찾아 동네를 헤매던 기억이 난다. 노는 것이 좋아서 다양한 장난감을 직접 만들기도 하고, 가지고 있던 장난감을 부숴가며 새롭게 조립해 놀기도 했다. 아마 과학교사가 되지 않았다면 광고 회사나 장난감 회사에서 일하고 있거나, 꿈이 방송 출연이었으니 방송국에 들락거리고 있을지도…….

공부나 일하는 것은 힘들지만 '노는 것'은 누구나 좋아한다. 인간은 원래 놀이를 즐기도록 태어났다. 아니 진화론적 입장에서 본다면 놀이를 즐기는 인류가 선택되어 살아남은 것이 우리라고 해도 될 것이다. 그래서 인간에게 노는 것은 좋은 것이고 또 즐거운 것이다. 이러한 인간의 본성을 네덜란드의 역사학자 하위징아는 '호모 루덴스(homo ludens)'라고 표현했다. 그러고 보면 내가 호모 루덴스라는 말을 처음 접한 것은 중학교 도덕 시간이었던 것 같다. 그때는 단지 교과서에 나오니 외웠을 뿐, 그것이 인간의 어떤 특성이나 본성을 나타내주는 말이라고는 생각지 못했다. 당시 분위기로는 열심히 일해서 잘 살아보자는 것이 사회 전체의 모토였고, 학생들도 공부를 위해 잠시 휴식을 가질 수는 있어도 제대로 놀아보겠다고 작정하기는 어려웠다. 『이솝우화』의 '개미와 베짱이' 이야기처럼 근면 성실하게 열심히 일을 해야 성공할 수 있다는 강력한 믿음이 사회를 지배하던 시대였다.

물론 오늘날에도 이러한 분위기는 크게 달라진 것이 없다. 근면 성실함은 사람이 갖춰야 할 훌륭한 덕목이라는 사실에도 변함은 없다. 하지만 놀이를 공부와 상반된 것으로 여기는 관점이 팽배해 아이들을 많이 힘들게 한다. 그나마 어릴 때는 어느 정도 잘 놀기만 하면 모든 것이 해결되었는데, 어느 날 학교에 와보니 노는 것은 공부가 아니라고 하는 것이다. 집에서도 마찬가지다. 부모님은 이제 놀지 말고 공부하라며, 공부하는 것이 힘들겠지만 참고 열심히 하면 원하는 대학교에 진학해서 꿈을 이룰 수 있다고 이야기한다. 하지만 아직도 멀리 있는 자신의 꿈(심지어 꿈이 없는 아이들도 많다)을 위해 인내하며 공부하는 것은 결코 쉬운 일이 아니다. 그래서 아이들에게 '공부=힘든 것'이라는 등식이 성립하게 되어버렸는지도 모른다.

호모 루덴스는 항상 놀고 싶어한다. 어쩌면 인류의 문명은 잘 놀았기 때문에 생겨난 것인지도 모른다. 현대문명 중 그 기원이 놀이가 아닌 것을 찾아보기 어려울 정도로 사실 모든 것은 놀이와 관련되어 있다. 호모 루덴스가 즐긴 첫 번째 놀이는 달리기와 숨바꼭질이다. 이제 갓 걸음마를 뗀 어린아이는 아직 제대로 걷지도 못하면서 뛰려고 한다. 그리고 얼마 되지 않아 달리기를 하면서 즐거워한다. 숨바꼭질도 마찬가지로 엄마 찾기에서 시작되어 아이들 몇 명만 모이면 찾기놀이를 한다. 숨어 있다가 친구를 놀라게 하는 놀이는 별것 아닌 것 같지만 많은 재미를 선사한다. 원시인들은 달리기와 숨바꼭질이 놀이이자 생존을 위한 필수덕목이었다. 놀이를 통해 꾸준히 생존에 필요한 훈련을 할 수 있었던 것이다.

이처럼 놀이는 원래 생존과 직결된 문제였다. 성공적인 사냥을 위해 춤을 추고 노래를 불렀고, 동굴 벽에 그림을 그렸다. 불은 인류를 자연에서 분리해 주었고 자연을 정복할 수 있는 가장 중요한 수단이었다. 소중한 불 주위에 모여들어 불놀이를 즐기다가 주변에 있는 진흙이 굳는 것을 발견하고 토기를 굽는 방법을 터득했고, 불로 음식을 조리하며 양질의 영양소를 섭취할 수 있게 되었다. 동굴이나 들판에서 모래나 돌을 가지고 쌓기놀이를 하면서 건축에 대한 기본 원리를 체득할 수 있었다. 그리고 밧줄과 도르래를 발견하여 여러 사람이 힘을 작용할 수 있게 되면서 무거운 물체도 어렵지 않게 움직이고 큰 배나 건물을 지을 수 있었다. 해변에 살던 사람들은 수영과 잠수 같은 물놀이를 즐겼고, 파도가 많이 치는 곳에서는 서핑과 같은 해양 스포츠도 생겨났다.

집을 짓고 도자기를 만들 수 있게 되자 정착생활이 시작된다. 모여 살기 시작하면서 학문과 예술이 발달했고 새로운 놀이문화도 등장하게 된다. 사람들은 게임을 즐기기 시작했고 연날리기, 팽이치기 등의 놀이를 만들어낸다. 들판에 모여서 신에 대한 제의 의식으로 행해졌던 춤과 노래는 무대에 올려지면서 더욱 정교하게 발달한다. 단순히 벽화 수준이었던 그림도 새로운 그림재료 덕분에 기법에 변화가 생긴다. 음악에는 수학이 도입된 후 새로운 악기가 등장하고 기존의 악기는 더욱 다양한 음악을 표현할 수 있도록 개량된다.

호모 루덴스의 눈에 세상은 그야말로 놀이로 가득하다. 호모 루덴스는 무엇이든 놀이로 만들어야 직성이 풀린다. 에스컬레이터보다 계단을 이용하는 것이 좋다고 말로만 홍보하는 것은 효과적이지 않다. 사람들은 힘든 것을 싫어하기 때문이다. 하지만 계단을 피아노처럼 만들면 게임을 하듯 즐기면서 이용한다. 다이어트, 운동, 에너지 절약에 이르기까지 놀이화했을 때 사람들은 더욱 열심히, 그리고 효과적으로 목적을 달성할 수 있다.

이렇듯 놀이를 통해 문명을 탄생시키고 발달시켜온 인류가 가장 잘하는 것은 노는 것이다. 갈수록 엔터테인먼트 산업 비중이 증가하는 것은 결코 놀라운 일이 아니며, 다른 모든 분야가 엔터테인먼트와 융합되는 현상도 이상할 것이 없다.

목숨이 걸려 있는 생존 훈련조차 놀이로 승화시킨 호모 루덴스, 하지만 그들의 노력도 한국의 입시문화 앞에서는 맥없이 무너지고 말았다. 과학 공부도 마찬가지다. 안타깝게도 유치원이나 초등학교에서 많은 사랑을 받던 과학은 중고등학교로 갈수록 급격하게 아이들에게서 멀어져간다. 초등학교 때 과학자가 꿈인 아이들조차도 중고등학교로 올라가면 과학은 자신과 상관없는 과학자들의 전유물로 생각해버리기 일쑤고, 대부분의 아이들이 과학이 과학자가 되기 위한 과목일 뿐 자신의 생활과는 상관없는 것으로 여길 때가 많다. 이는 놀이를 통한 과학 공부에서 지식과 이해, 암기 위주의 공부로 전환되면서 발생하는 현상이다. 과학은 과학 지식뿐 아니라 지식을 얻기 위한 과정까지 포함하지만, 과학 지식만 강조되는 기형적인 한국의 교육환경에서는 그 과정에서 얻을 수 있는 많은 즐거움은 무시되는 경우가 많은 탓이다. 그렇다면, 과학을 놀이처럼 즐겁게 생각할 수 있는 방법은 없을까? 호모 루덴스가 좋아하는 놀면서 하는 공부 방식으로 바꾸면 공부에 대한 스트레스를 크게 줄일 수 있지 않을까? 물론 모든 것을 놀면서 할 수는 없다. 그렇지만 최소한 흥미롭고 유쾌한 놀이를 소재로 과학을 공부한다면 조금은 더 즐거울 수 있지 않을까? 이러한 고민과 생각의 결과물이 바로 이 책이다.

이 책은 '과학을 놀이처럼', '놀이를 과학처럼'이라는 두 가지 목표를 담고 있다. 단순히 놀이 속에 숨어 있는 과학의 원리와 개념을 찾는 것에서 나아가, 놀이에서 탄생한 인류문화의 흐름까지 과학적 시선으로 살펴보고자 했다. 따라서 놀이가 생존을 위한 활동과 구분되지 않았을 원시시대부터 현대까지 연대기 순으로 놀이와 문명의 변화를 과학적으로 고찰해볼 수 있다. 전통적인 민속놀이부터 일상에서 간단히 할 수 있는 놀이, 그리고 요즘 한창 인기가 있는 스마트폰, 인터넷게임에 이르기까지 과거와 현재의 놀이문화를 두루 살펴볼 수 있도록 총 24가지의 놀이를 선별했고, 누구라도 쉽고 재미있게 과학에 다가갈 수 있도록 구성했다. 또한 특정 과학의 영역에 치중하지 않고 물리학,

화학, 지구과학, 생물학, 그리고 수학 분야까지 골고루 담고자 노력했다. 그래서 숨바꼭질을 하다가 첨단 기술인 스텔스가 등장하고, 천문학 이야기가 나오기도 한다. 이는 놀이를 인간의 전유물로 국한시키지 않고 인간이 즐기는 놀이와 자연 속의 유비를 찾아 설명하려고 한 것이다.

천재는 노력하는 자를 이길 수 없고, 노력하는 자는 즐기는 자를 이길 수 없는 법이다. 이것은 당연한 것이다. 우리는 호모 루덴스이니까. 이 책은 바로 그러한 호모 루덴스를 위한 역사, 문화, 과학의 3박자를 갖춘 경쾌한 왈츠 모음곡이다. 이 책을 통해 여러분은 놀이 속에 역사와 문화가 담겨 있고, 과학적으로 분석할 수 있다는 사실을 알게 될 것이다. 모쪼록 놀이에서 과학과 세상의 흐름을 발견하는 즐거움을 통해 '과학'하는 기쁨을 만끽할 수 있기를 바란다.

2014년 5월

놀기를 좋아하는 호모 루덴스,

과학교사 최원석

차례

들어가며 | 루덴스를 위한 왈츠 _4

1부 : 호기심 발견

비눗방울 속에 담긴 아름다움의 진실은? 비눗방울의 과학 _013
요리 정보 방송은 왜 모두 똑같아 보일까? 요리의 과학 _025
사람을 죽이고 살리는 팽이의 비밀은? 팽이치기의 과학 _041
풍선은 왜 처음 불 때가 가장 힘들까? 고무풍선의 과학 _055

2부 : 상상력 발견

경계 부분이 완벽하게 선명한 그림자는 없다? 그림자놀이의 과학 _071
스마트폰이 더 똑똑하게 진화하려면? 스마트폰의 과학 _085
해변의 모래는 왜 사라져갈까? 모래놀이의 과학 _101
연(鳶)은 장난감이 아니다? 연날리기의 과학 _113

3부 : 모험심 발견

한 길 사람 속은 몰라도 열 길 물속은 알기 쉽다? 물놀이의 과학 _127
히말라야 에베레스트는 아무나 오르나? 등산의 과학 _141
명량해전과 베르누이의 관계는? 물총놀이의 과학 _153
더 이상 맨발의 아베베는 없다? 달리기의 과학 _169

4부 : 협동심 발견

헐크를 이긴 줄다리기의 비결은? 줄다리기의 과학 _183

뉴턴이 만든 게임이 있다? 게임의 과학 _197

자동차를 앞선 자전거라면? 자전거의 과학 _209

밤하늘을 화려하게 수놓는 모든 색의 정체는? 불꽃놀이의 과학 _225

5부 : 예술감 발견

발레리나는 농구선수보다 높이 뛰지 못한다? 춤의 과학 _240

옹기종기 청출어람의 비법? 도자기의 과학 _255

모든 색(色)을 탐하다? 그림 그리기의 과학 _269

천차만별 악기들의 대동소이한 소리? 악기의 과학 _285

6부 : 창의력 발견

세상의 모든 레고, 어디까지 만들어봤니? 레고놀이의 과학 _299

무대 장치가 무대의 생사를 가른다? 무대의 과학 _313

2D, 3D, 4D, …… 다음은? 영화의 과학 _327

술래가 숨어 있는 아이들을 본다? 숨바꼭질의 과학 _343

도판 출처 _356

참고 문헌 _357

찾아보기 _359

1부

■

호기심 발견

■

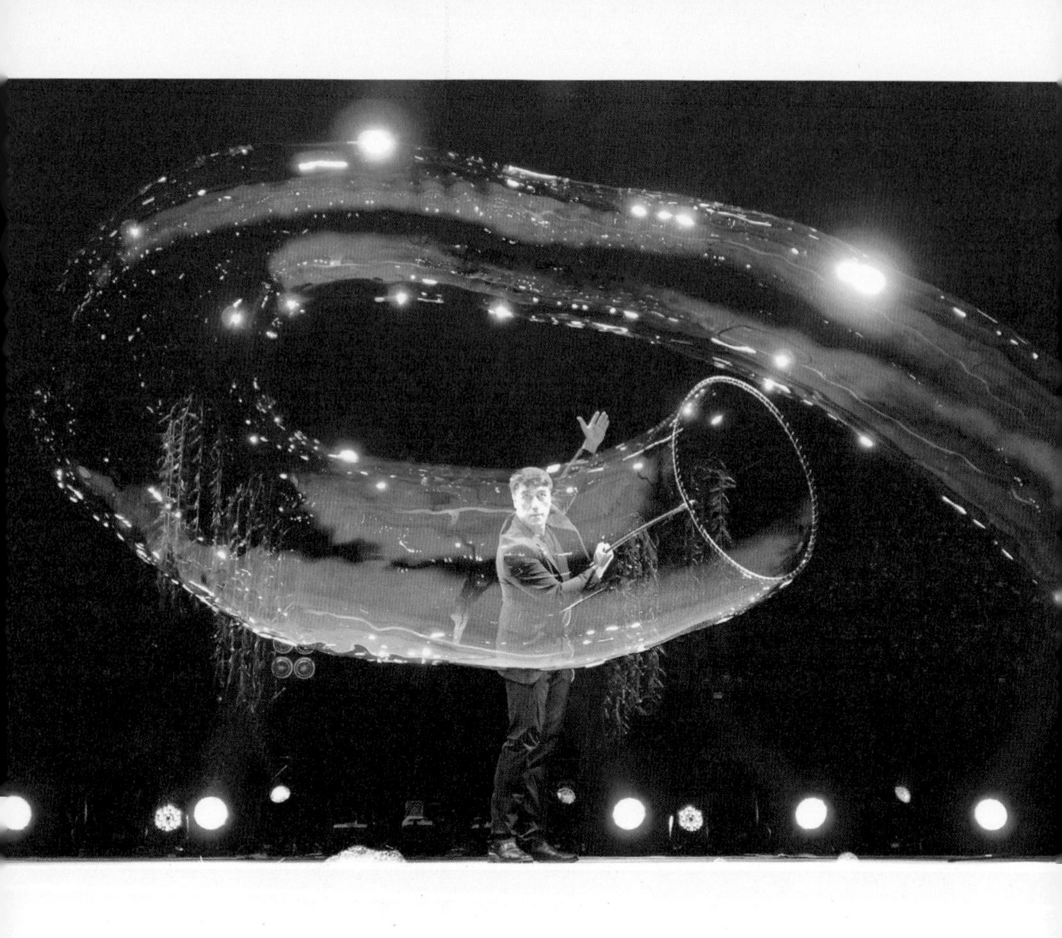

오늘날에는 '버블쇼'라는 이름으로 대규모 비눗방울놀이가 이루어지고 있다. 비눗방울과 관련해 18개의 기네스 세계 신기록을 보유하고 있는 비눗방울 아티스트 팬 양이 '가질리언 버블쇼'에서 무지갯빛 비눗방울을 만드는 모습.

비눗방울 속에 담긴 아름다움의 진실은?

비눗방울의 과학 표면장력, 계면활성제, 간섭무늬

부드러운 맥주 거품부터 머리 감을 때 생기는 샴푸 거품까지 우리 주변에는 많은 종류의 거품이 존재한다. 거품은 부드럽고 포근한 이미지를 가지고 있어 대부분의 사람들이 거품이 있는 것을 좋아한다. 그래서 세정력과는 별 상관이 없어도 비누와 치약은 거품이 잘 일어나도록 만드는 것이 일반적이다. 물론 거품이 제품의 성능에 중요하게 영향을 미치기도 한다. 부드러운 맥주 거품은 단순히 재미 삼아 넣은 것이 아니라 맥주의 맛을 결정하는 데 주요한 역할을 한다. 또한 빵을 만들 때 생기는 밀가루 반죽의 거품도 빵 맛을 부드럽게 한다.

그러고 보면 세상에는 참으로 다양한 거품들이 존재하는 것 같다. 심지어는 거품을 소재로 만든 '보글보글' 같은 게임도 있으니 말이다.

사람들은 거품을 좋아한다. 단순하지만 여러 가지로 즐거움을 주는 면이 있기 때문이다. 비눗방울놀이를 하면서 단지 방울이 생겼다가 터지는 것만 봐도 즐겁게 함박웃음을 짓는 아이들은 더 그렇다.

▲ 렘브란트의 〈비눗방울 부는 큐피트〉(1634).
◀ 장 시메옹 샤르댕의 〈비눗방울〉(1734).
▼ 존 도슨 왓슨의 〈비눗방울놀이〉(1856).

비눗방울 만들기

인류는 수백만 년 전부터 파도가 만드는 거품도 봤고, 뜻하지 않게 콧물이 만드는 거품도 봐왔다. 그리고 누군가는 비누를 사용하다가 이러한 방울을 만들어내는 놀이를 생각했을 것이다. 오랜 세월 동안 인류와 함께한 거품에서 어떻게 비눗방울놀이가 탄생했는지 그 기원을 정확히 알 수는 없을 것이다. 하지만 17세기의 그림에 비눗방울놀이를 하는 장면이 담긴 것을 볼 때, 적어도 400년 이상의 역사를 지닌 전통놀이라는 것은 분명하다.

오늘날에는 '버블쇼'라는 이름으로 대규모 비눗방울놀이가 이루어지고, 수많은 '버블게임'이 만들어질 만큼 비눗방울은 날로 그 인기를 더해가고 있다. 또한 비눗방울은 재미와 함께 그 속에 담긴 과학 현상으로 말미암아 과학 행사의 소재로도 널리 쓰이고 있다.

그런데 과연 우리는 비눗방울이 만들어지는 원리를 제대로 알고 있을까? 사실 그리 단순하지가 않다. 비눗방울 자체는 단순해 보이지만 그 원리를 이해하기 위해서는 분자와 분자 간 결합이라는 개념을 알아야 한다.

물질의 상태와 모양이 분자의 결합으로 결정되듯이 비눗방울도 분자들의 결합에 의해 형성된다. 즉 비눗방울은 분자 사이에 작용하는 인력인 표면장력(surface tension)● 으로 만들어진다. 이때 인력은 만유인력이 아니라 분자 사이에 작용하는 전기적 인력을 뜻한다. 수도꼭지에서 떨어지는 물

● **표면장력** 액체의 표면이 스스로 수축하여 가능한 작은 면적을 취하려는 힘으로, 액체를 구성하는 분자들 사이에서 작용하는 인력으로 나타내는 힘이다.

방울이 길쭉하게 늘어지다가 떨어지는 순간 구슬 모양을 이루거나, 소금쟁이가 물 위를 달릴 수 있는 것을 예로 들 수 있다. 물이 방울지는 것은 표면적을 최소화하려는 표면장력에 의한 것이며, 소금쟁이의 발이 물을 누르면 물 분자 사이에 작용하는 인력의 합이 소금쟁이의 발을 위로 떠받치는 것도 표면장력에 의한 것이다. 마찬가지로 비눗방울도 부피를 최소화하려는 표면장력에 의해 항상 완벽한 구형을 이루게 된다.

물의 표면장력으로 방울이 만들어지지만 순수한 물만으로 방울을 만들 수는 없다. 순수한 물에 빨대로 공기를 주입하면 물이 일정한 두께로 구형을 이루며 펼쳐지지 않고 두께가 얇은 곳이 생겨 방울이 터지기 때문이다. 이는 중력에 의해 안정적인 모양을 이루기 어려워 방울이 쉽게 터지는 것이다.

또한 순수한 물의 경우에는 증발이 잘 일어나기 때문에 어렵게 만든 방울도 금방 터져버린다. 흔히 비누를 첨가하면 비누막의 탄력이 방울의 장력을 증가시켜 비눗방울이 만들어진다고 하지만, 이는 틀린 이야기다. 계면활성제●의 역할을 하는 비누가 표면장력을 약하게 만들기 때문이다. 물에 비누를 첨가하면 방울의 장력을 증가시켜 튼튼하게 만드는 것이 아니라 안정화시키는 역할을 해 방울이 터지지 않게 하는 것이다. 여기에 글리세린이나 설탕, 송진, 벌꿀과 같은 물질을 넣으면 물이 쉽게 증발하지 못해 비눗방울을 더 오래 유지시킬 수 있다.

● **계면활성제** 묽은 용액 속에서 서로 맞닿아 있는 두 물질의 경계면에 흡착하여 그 표면장력을 감소시키는 물질이다. 세정력, 분산력, 유화력, 살균력 등이 뛰어나 가정용 세제와 공업용으로 널리 사용되고 있다.

그래서 비가 온 직후에는 습도가 높아 물이 잘 증발하지 않고, 먼지가 적은 경우에는 비눗방울이 잘 만들어진다. 무대에서 비눗방울을 이용할

물의 표면장력 사례들. 액체 내부에 있는 물 분자들은 모든 방향에서 서로 균등한 힘이 작용하므로 안정되어 있지만, 공기와 접촉된 액체 표면의 물 분자들은 그렇지 않기 때문에 표면장력이 생긴다(오른쪽 아래 그림 참조).

때는 분무기로 수시로 물을 뿜어주는데, 이는 습도를 높여 물의 증발을 막기 위해서이다.

여왕님의 목욕

최초의 비누는 5,000년 전 바빌로니아인들이 사용한 것으로 추정된다. 놀라운 사실은 비누의 역사가 이렇게 길지만 세탁용으로 사용된 것은 100여 년(우리나라는 50년) 정도밖에 되지 않는다는 것이다. 그 이전에는 대부분 식물의 재를 태운 잿물로 빨래를 했다.

식물의 재에는 탄산칼륨(K_2CO_3)이나 탄산나트륨(Na_2CO_3)이 포함되어 잿물은 염기성 용액이 된다. 잿물로 만든 염기성 용액은 단백질을 녹이는 성질이 띠며, 용액 속의 이온이 가진 전기력은 때를 섬유에서 분리한다. 지금도 탄산나트륨은 세탁 소다로 불리기도 하며, 세탁기 내부를 청소하는 데 사용된다.

비누가 몸을 청결하게 가꾸는 데 사용된 것은 전염병이 미생물로 전염된다는 사실이 밝혀지고 난 18세기경부터다. 이전에는 목욕이 일반적이지 않았다. 중세를 배경으로 하는 영화 속에 등장하는 여왕의 목욕 모습은 관객에 대한 영화적 서비스라 할 수 있다.

한 달에 한 번 목욕을 했던 엘리자베스 1세에 대해 사람들은 결벽증이 있다고 생각했으며, 이사벨라 여왕은 목욕을 평생에 두 번밖에 하지 않았다 하니, 여왕 역시 청결과는 거리가 멀었다. 당시에는 비누로 목욕을 하기보다는 몸에서 나는 악취를 향수로 가리는 것이 더 일반적이었다.

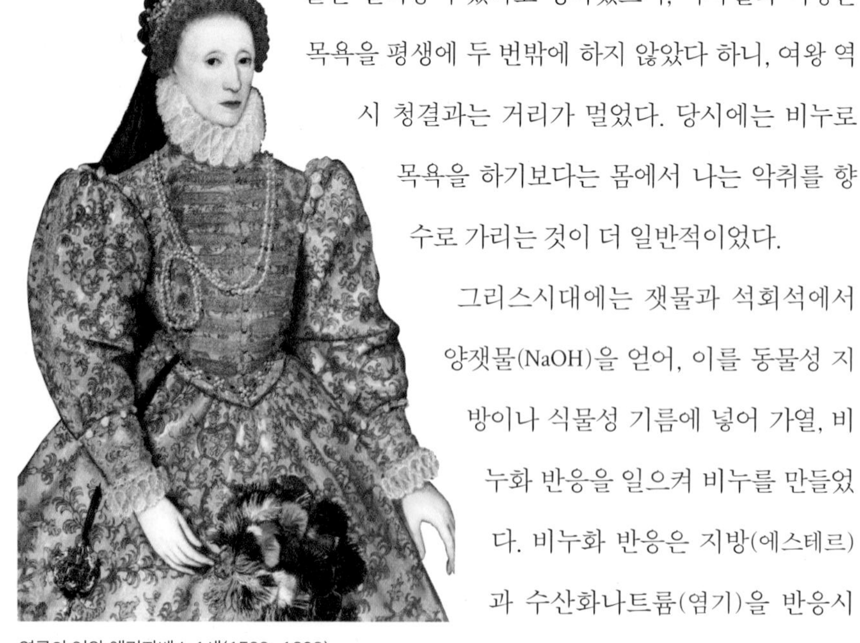
영국의 여왕 엘리자베스 1세(1533~1603).

그리스시대에는 잿물과 석회석에서 양잿물(NaOH)을 얻어, 이를 동물성 지방이나 식물성 기름에 넣어 가열, 비누화 반응을 일으켜 비누를 만들었다. 비누화 반응은 지방(에스테르)과 수산화나트륨(염기)을 반응시켜 지방산염(비누)과 글리세롤(알코

올)을 만드는 반응이다. 이 결과물이 바로 탄화수소사슬을 가진 지방산의 나트륨염, 즉 비누다.

재료로 지방을 사용해서 비누를 무극성 물질이라 생각하기 쉽겠지만 사실 비누는 극성을 띤다. 비누는 물과 같은 극성 물질과 잘 섞이는 친수성 머리 부분과, 물과 반발하는 소수성(친유성)의 긴 꼬리 부분으로 되어 있다. 비누는 마치 야누스와 같이 두 가지 얼굴을 모두 가진 양친매성 물질이다. 머리 부분의 이온은 물과 잘 결합하지만 기다란 탄화수소 꼬리는 지방과 잘 결합한다.

따라서 비누는 섬유나 몸에 붙은 기름때를 꼬리가 기름 쪽으로 향하고 머리가 물을 향하도록 감싸 물속으로 떼어낸다. 머리 부분이 나트륨 이온으로 되어 있으면 고체 형태를 이루고, 칼륨 이온으로 되어 있으면 무르거나 액체인 고급 비누가 된다.

비누는 물속에 칼슘이나 마그네슘 이온이 있을 때는 나트륨 머리 부분에 칼슘이 결합하여 물에 침전되는 현상이 생긴다. 그래서 단물에는 비누로 세탁이 잘되지만 센물에서는 세탁력이 많이 저하된다. 이러한 비누의 단점을 없앤 것이 알킬벤젠설폰산염(ABS)• 합성 세제다.

• **알킬벤젠설폰산염** ABS라고도 하며 계면활성제의 일종이다. 세정력이 강하며 중성세제로 많이 사용된다.

어떤 물에서도 세척력을 잃지 않았던 합성세제가 축복으로 느껴진 시간은 오래가지 않았다. 합성세제가 세척력만 높은 것이 아니라 너무 안정된 물질이라 자연에서 잘 분해되지 않아 강과 호수가 온통 세제 거품으로 넘쳐났으며 심지어 식수에서도 거품이 날 정도였다. 이에 오늘날에는 자연적으로 분해되는 친환경 성분으로 세제를 제조하는 경우가 많다.

여자들은 왜 그래?

"여자들은 왜 그래? 입술에 이런 것을 묻혀 남자들이 닦아주게 만들고"라는 유명한(?) 대사를 남긴 현빈의 카푸치노 거품 키스 장면은 2010년 겨울 많은 여인들의 마음을 사로잡았다. 이러한 드라마 속의 장면이 아니라도 카푸치노의 부드러운 거품은 많은 여심을 끄는 매력이 있다. 이처럼 음식들 중에는 부드러움으로 많은 사람의 입을 끌어당기는 것들이 있다. 가격의 거품은 빼야겠지만 거품을 빼면 전혀 다른 요리가 되어버리는 '거품 요리'가 우리 주변에는 가득하다.

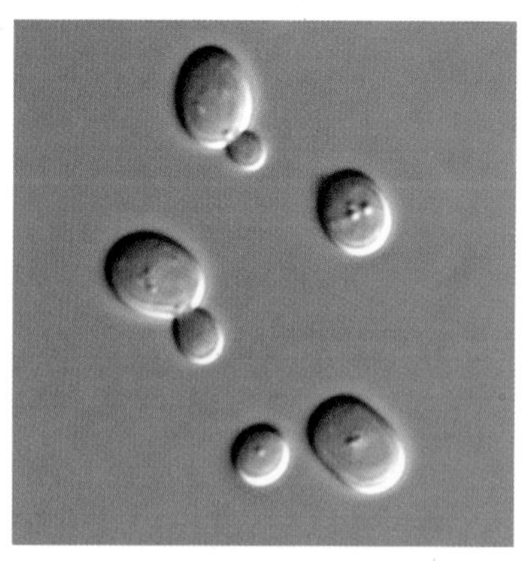

제빵용으로 많이 쓰이는 사카로미세스 세르비지에 효모균을 현미경으로 관찰한 모습.

거품 없이는 만들 수 없는 대표적인 음식이 빵과 아이스크림이다. 사실 이 두 음식은 '거품 덩어리'라 불러도 될 정도다. 빵은 밀가루 반죽에 효모(yeast)를 넣어 적당히 발효시켜 만든다. yeast는 '끓는다'는 의미의 라틴어에서 유래한 말로 밀가루 반죽이 효모에 발효될 때 거품이 만들어지기 때문에 붙은 이름이다.

효모는 반죽 속의 당분을 알코올과

이산화탄소로 분해한다. 이때 알코올을 이용한 것이 바로 맥주이며, 이산화탄소를 이용한 것이 빵이다. 반죽 속의 알코올은 빵을 굽는 과정에서 모두 공기 중으로 빠져나가며, 이산화탄소 거품은 굽는 동안 팽창하여 빵을 부풀어 오르게 만든다.

이산화탄소 거품이 커지는 이유는 기체의 온도가 상승하면 부피가 늘어나기 때문이다(샤를의 법칙). 단순히 빵을 부풀어 오르게 하는 데는 팽창제라 불리는 베이킹파우더를 사용하기도 한다. 베이킹파우더에는 탄산수소나트륨($NaHCO_3$)이 들어 있어, 빵을 굽는 동안 이산화탄소와 탄산나트륨으로 변화된다.

아이스크림에는 우유에서 얻어지는 지방 성분인 유지방(cream)과 우유의 고형 성분 중 지방을 뺀 무지고형분에 향료와 색소, 당분 등을 섞어 만든다. 아이스크림의 매끈하면서도 부드러운 느낌은 이러한 유지방이 입 안에서 사르르 녹으면서 생긴다. 하지만 유지방보다 아이스크림의 부드러움을 더욱 크게 좌우하는 것은 아이스크림 속의 공기방울이다.

부드러운 감촉은 아이스크림의 종류에 따라 다르지만 아이스크림의 부피 중에서 20~50퍼센트는 공기다. 즉 부드러운 느낌을 주는 소프트 아이스크림의 절반은 공기라는 이야기다. 공기의 함량이 줄수록 딱딱하고 거칠며, 공기가 많이 포함될수록 부드럽다.

비눗방울의 색은 비누에 없다

비눗방울 용액은 대부분 투명하거나 뿌옇게 보인다. 즉 비눗방울을 만

들 때는 특별한 색소를 첨가하지 않는다. 하지만 투명한 표면은 무지갯빛의 아름다운 무늬를 띠며 공중을 날아다닌다. 이는 자연에 존재하는 색의 비밀이 색소 자체에 있지 않고 빛에 있다는 사실을 말해준다. 겉으로 보기에 아무런 색도 없어 보이는 백색광 속에 모든 색이 숨어 있다는 것이다.

만드는 방법에 따라 비눗방울의 두께는 다양하지만 보통 1마이크로미터(10^{-6}미터) 이하로 가시광선의 파장($4 \sim 7.8 \times 10^{-7}$미터)과 비슷하다. 비눗방울 표면에 도달한 빛은 막 표면에서 일부 빛이 반사되고 나머지는 굴절되어 막으로 들어간다. 비누막 내부로 굴절된 빛은 다시 막에서 반사되어 비눗방울 밖으로 나온다.

이렇게 막 표면과 내부에서 반사된 빛이 간섭 현상을 일으켜 생기는 것이 비눗방울 표면의 무지개색이다. 그렇다고 무지개가 만들어지는 원리와 같은 것은 아니다. 무지개는 물방울 속으로 들어간 빛이 파장에 따라 굴절률이 달라 여러 색으로 나뉘는 현상이다. 즉 무지개는 빛의 분산과 전반사에 의해 나타난 현상으로 굴절과 전반사, 파동의 중첩으로 나타나는 비눗방울 무늬와는 차이가 있다.

같은 비누 용액을 사용했는데도 다양한 색의 비눗방울이 만들어지는 것은 방울의 두께가 일정하지 않아 광로차가 달라 나타나는 현상이다. 자연에는 이처럼 간섭색을 이용하는 생물들이 많다. 대표적인 것이 모르포나비

● **전반사** 빛이 굴절률이 큰 매질에서 작은 매질로 굴절할 때, 입사각이 임계각보다 크면 굴절하지 않고 전부 반사되는 현상이다.

● **광로차** 하나의 빛이 두 개로 갈라졌다가 다시 합쳐질 때 각각의 광행로 간의 차이를 의미한다.

(morpho butterfly)다. 세상에서 가장 아름다운 나비로 불리는 모르포나비는 색채의 마술사로 불리는 샤갈도 울고 갈 만큼 차갑고 화려한 금속성을 띤 푸른색 날개를 가졌다. 아름다운 날개의 비밀은 색소가 아닌 비눗방울과 마찬가지로 빛의 간섭 현상에 있다. 모르포나비의 날개를 현미경으로 자세히 보면 소나무 모양의 투명한 돌기들이 무수히 발견되는데, 이러한 구조가 빛의 경로 차이를 발생시켜 간섭무늬●를 만들어낸다.

● **간섭무늬** 빛의 간섭 현상으로 생기는 동심원 모양의 흑백 줄무늬. 단색광에서는 흑백의 무늬가 나타나고, 백색광에서는 무지개 빛깔의 무늬가 나타난다.

간섭색은 빛을 선택적으로 흡수하여 만드는 색소의 색보다 화려해 이를 이용해 섬유를 만들기도 한다. 이처럼 약해 보이고 덧없어 보이는 비눗방울에도 그 아름다운 무늬를 만드는 비밀이 숨어 있다.

세상에서 가장 아름다운 나비로 불리는 모르포나비. 시선을 사로잡는 푸른색 날개의 비밀은 색소가 아닌 빛의 간섭 현상에 있다.

+ 큰 방울과 작은 방울이 만나면 어떻게 될까?

빨대로 한쪽에 큰 비눗방울을 만들고 반대편에는 작은 비눗방울을 붙이면 어떻게 될까? 직관적으로 생각하면 큰 방울이 작은 방울보다 더 팽창해 기압이 크기 때문에, 큰 방울에서 작은 방울로 일부 공기가 이동해 두 방울의 크기가 같아질 것이라 생각하기가 쉽다. 하지만 그렇게 붙여놓으면 작은 방울의 공기가 큰 방울로 모두 흘러들어가 작은 방울은 사라져버린다. 이는 큰 방울과 작은 방울로 나뉘어 있는 것보다 합쳐진 큰 방울 한 개의 표면적이 더 작아 최소화가 될 수 있기 때문이다. 즉 표면장력이 가장 작아지는 쪽으로 변하는 것이다.

+ 세탁 소다와 르블랑법

비누의 역사는 길지만 그중 대부분은 세탁용보다 의료용으로 사용되었다. 이는 원료인 탄산나트륨이 흰색 금으로 불릴 만큼 가격이 아주 비쌌기 때문이다. 18세기에는 비누뿐 아니라 무명천을 흰색으로 만드는 표백제, 유리와 종이를 만드는 등에도 탄산나트륨의 수요가 날로 증가했다. 이에 루이 16세는 소금에서 탄산나트륨을 만드는 법을 개발하는 데 많은 상금을 걸었고, 프랑스의 화학기술자 르블랑(Nicolas Leblanc, 1742~1806)이 그 방법을 알아내게 된다. 르블랑법은 소금에 황산을 작용시켜 얻은 황산나트륨에 석회석을 넣고 목탄으로 가열해 탄산나트륨을 얻는 기술이다. 탄산나트륨을 저렴하게 대량 생산할 수 있었지만 부산물로 나온 염산이 엄청난 환경오염을 일으켰다. 개인 위생의 가장 기본이 되는 비누의 대중화가 이러한 환경오염 속에서 태어났다는 것은 참으로 아이러니가 아닐 수 없다.

더 읽어봅시다!

로버트 L. 월크의 『아인슈타인도 몰랐던 과학 이야기』, 수전 마티노의 『욕실에서 과학 찾기』, 한선미의 『청소년을 위한 유쾌한 과학상식』.

요리 정보 방송은
왜 모두 똑같아 보일까?

요리의 과학 반응 속도, 끓는점 오름, 열의 전달, 열전도도, 중화

최근에 예능 프로그램에서 '먹방'이라고 부르는 먹는 장면의 인기가 높다. 예능에 나와서 맛있게 잘 먹기만 해도 검색어 순위에 오르고 CF도 찍을 수 있으니 얼마나 좋을까? 한때는 드라마 〈대장금〉이나 영화 〈식객〉처럼 풍성한 요리의 향연이 시청자의 눈길을 끌었다면, 이제는 잘 먹는 모습 자체가 흥미를 끌기도 한다. 그렇다고 요리의 인기가 시든 것은 아니다. 맛있게 먹기 위해서는 맛있는 요리가 있어야 하니까.

영화나 드라마에서 '요리경연'이라는 소재는 끊이지 않고 등장한다. 또한 저녁 시간이면 어느 방송할 것 없이 '맛집'의 비결을 찾아다니는 방송이 시청자들의 미각을 자극한다. 방금 저녁을 먹었는데도 맛있는 요리는 항상 시청자들의 관심을 끄는 주제다.

요리에 대해 가장 뛰어난 발상의 전환을 보여준 것은 애니메이션 〈라따뚜이〉다. 이 영화는 요리와 상극이라고 할 수 있는 쥐가 요리사로 등장한다는 놀라운 상상력에서 시작된다. 이 영화가 주는 메시지처럼 뛰어난 요리를 만드는 데는 기술도 필요하지만 '요리사 쥐'라는 존재처럼 풍부한 상상력도 필요하다. 요리는 기술이면서 예술이기 때문이다.

풍부한 식재료가 존재하는 오늘날에는 더 맛있는 음식을 만드는 작업만을 요리라고 여기는 경우가 많지만 음식의 향미와 영양학적인 가치, 안전도를 높이는 것 모두가 요리의 중요한 목적이다.

최초의 화학자는 요리사

자연에는 100여 가지의 원소가 존재하지만 이 가운데 우리 몸을 구성하는 주요 원소는 탄소, 산소, 수소, 질소, 황과 몇 가지 미네랄 원소밖에 없다. 몸에 필요한 원소들은 우리 주변에 널려 있지만, 이를 직접적으로 흡수하여 우리 몸을 구성하는 데 사용할 수는 없다.

이는 자연에 존재하는 원소들 대부분이 화학결합을 통해 안정된 분자 상태를 이루고 있어 그대로 이용할 수 없기 때문이다. 이때 생물은 저마다 소화시킬 수 있는 분자의 종류에 따라 먹이가 제한된다. 결국 다양한 먹이를 먹을 수 있는 개체가 생존에 절대적으로 유리하다.

인류는 요리를 통해 먹을 수 없었던 것을 먹을 수 있게 만드는 놀라운 방법을 터득했다. 요리는 자연에서 먹을 수 있는 음식의 종류를 증가시켜 인류 생존에 중요하게 작용했다. 또한 요리를 통해 음식의 변질을 막고, 독성을 제거하여 양질의 식사를 할 수 있게 되었다. 풍부한 식재료가 존재하는 오늘날에는 더 맛있는 음식을 만드는 작업만을 요리라고 여기는 경우가 많지만 음식의 향미와 영양학적인 가치, 안전도를 높이는 것 모두가 요리의 중요한 목적이다. 인간은 요리를 통해 꾸준히 먹을 수 있는 식품의 범위를 넓혀왔고, 이러한 요리의 발전이 인류 진화의 중요한 원동력이 되었다.

● **북경원인** 1923년 중국 북경(베이징)의 저우커우뎬[周口店]에서 발견된 화석인류로 호모 에렉투스(homo erectus)에 속한다.

중국 북경 근처의 동굴에 살았던 인류의 조상들은 적어도 40만 년 이전에 이미 불을 사용했을 것으로 보인다. 북경원인(北京原人)● 은 단순한 호기심이었는지 우연이었는지 알 수는 없지만, 불에 구운 고기가 더 연하고 맛있을 뿐 아니라 쉽게 부패하지 않는다는 사실을 발견했다. 물론 이 최초의 원시 요리사는 자신이 불을 이용해 원래 고기에는 없던 새로운 분자들을 만들어낸 화학자가 되었다는 사실은 몰랐을 것이다. 어쨌든 이러한 행위가 자신의 삶에 미치는 유익함을 깨닫기는 어렵지 않았던 것으로 보인다. 이 후 수만 년 동안 불을 사용하게 된 수렵인들은 더욱 풍부한 영양소의 공급으로 말미암아 두뇌가 발달해갔다.

프로메테우스와 부엌

수렵채집시대에서 농경시대로 옮아가면서 인류가 정착생활을 이루고 문명을 꽃피울 수 있었던 것은 불을 사용할 수 있는 부엌과 조리기구를 발명했기 때문이다. 따라서 프로메테우스가 인류에게 선물한 것은 대장간이 아니라 부엌인 셈이다. 이처럼 요리의 시발점은 불이다. 요리를 통해 새로운 분자를 형성하기 위해서는 기존의 분자들이 가진 화학결합을 끊어야 하는데, 이때 불을 통해 그 에너지가 공급되기 때문이다. 끊어진 분자들은 새로운 화학결합을 이루어 더 맛있거나 영양학적으로도

이로워진다. 바로 이것이 요리이다.

이렇듯 먹을 수 있는 유용한 분자를 만드는 데 가장 널리 활용된 방법이 가열이며, 발효와 같이 효소를 이용하는 방법도 많이 사용한다. 그 외에 자르기, 다지기, 빻기 등의 방법도 있지만 이는 새로운 분자를 만들기보다는 반응 면적을 증가시켜 반응 속도를 조절하기 위한 것이다.

인류가 정착생활을 할 수 있었던 것도 감자나 곡물 속에 들어 있는 전분(녹말)에 열을 가하는 조리로 쉽게 먹을 수 있게 되었기 때문이다. 전분은 아밀로스와 아밀로펙틴이 수소결합에 의해 섬유상의 집합체인 미셀(micelle)을 형성한 입자상 물질이다. 이러한 전분은 쉽게 소화되지 않

인류가 정착생활을 이루고 문명을 꽃피울 수 있었던 것은 불을 사용할 수 있는 부엌과 조리기구를 발명했기 때문이다. 플랑드르의 화가 요아킴 부켈레르가 그린 〈4대 원소: 불〉(1570).

쌀 갓 지은 밥 말라버린 밥

전분의 호화와 노화 현상. 쌀이 밥이 되는 것은 전분의 호화 현상이다. 밥을 상온에서 하루 정도 놓아두었을 때 수분이 빠져나가면서 밥알이 단단하게 굳어지는데, 이를 전분의 노화 현상이라고 한다.

지만 물을 넣고 팽윤시킨 뒤 가열하면 미셀 입자 사이로 물 분자가 들어가 α전분이 되어 쉽게 소화할 수 있는 상태가 된다.

이렇게 쌀이 호화• 되어 투명도가 높아져 윤기가 흐르는 상태가 된 것이 밥이다. 아무리 찰지고 맛있게 지은 밥이라도 시간이 지나 식으면 맛이 없고 소화도 잘되지 않는다. 이는 밥 속의 α전분이 생쌀과 같은 전분 형태인 β전분으로 변했기 때문이다.

• 호화 녹말에 물을 넣어 가열할 때 부피가 늘어나고 점성이 생겨서 풀처럼 끈적끈적하게 되는 현상.

요리의 종류에 따라서 불을 사용하는 방법이나 온도도 다르다. 뜨거운 수증기를 이용해 찌는 경우 100℃를 넘길 수 있다고 생각할지 모르지만, 삶기는 70~100℃, 찌기는 85~100℃까지로, 아무리 가열해도 100℃를 넘길 수 없다. 100℃가 되면 물이 상태변화를 통해 수증기로 변하고 그동안에 온도는 오르지 않기 때문이다.

그래서 일정한 온도를 유지해야 하는 경우에는 주로 물을 이용한다. 라면을 끓일 때 스프를 먼저 넣으면 면이 더 쫄깃하다고 하는데, 이는 스프가 물의 끓는점을 올렸기 때문이다. 그러면 면은 더 높은 온도에서 가열되어 그만큼 빨리 익고 쫄깃해진다. 물론 항상 가열하는 방법만 요리에 사용되는 것은 아니다. 발효가 필요한 경우에는 30~40℃의 온도가 적당한데, 이 정도에서 효소에 의한 반응이 잘 일어나기 때문이다.

열에너지를 전달하는 방법으로는 전도, 대류, 복사 이렇게 3가지가 있다. 프라이팬으로 달걀을 굽거나 솥뚜껑에 고기를 굽는 것은 열의 전도를 이용한 방법이다. 하지만 고기의 열전도도가 낮아 반대편으로 열이 전달되기 전에, 바닥과 접촉한 부분이 먼저 타는 것 역시 전도에 의한 현상이다. 전도를 이용하면 종이접시로도 달걀프라이를 할 수 있다. 달걀은 63℃부터 단백질에 변성이 일어나 90℃가 넘으면 완전히 익는다. 하지만 종이는 200℃ 이상이 되어야 타기 때문에 가능하다.

대류는 국이나 라면을 끓일 때 냄비 아래를 가열하면 전체가 고루 데워지는 현상이다. 불에 직접 고기를 구울 경우 복사와 함께 대류에 의해서도 열이 전달된다. 직접 구이는 온도를 조절하기 힘들고 고기 내부까지 익히기가 어렵지만, 불과 함께 올라온 연기 속의 향미로 맛이 좋아진다. 그래서 동서양을 막론하고 널리 활용된 요리법이다.

가열에 의한 대류 현상. 열원에서 먼 곳의 액체는 온도가 낮고 밀도가 커서 하강하는 반면, 열원에서 가까운 곳은 온도가 높고 밀도가 작아져서 액체가 상승한다.

특히 목재가 불완전 연소하면서 발생한 연기가 식품에 닿으면 독특한 향미와 함께 보존성을 높여주게 된다. 이를 훈연이라 하며 인기 있는 요리법이기도 하

직접 구이와 훈연은 똑같이 열기를 이용하여 음식물을 익히는 방법이지만, 훈연은 음식물에 불이 직접 닿는 구이와는 달리, 연기를 닿게 하여 익히는 요리법이다. 목재가 불완전 연소하면서 발생한 연기가 식품에 닿으면 독특한 향미와 함께 보존성을 높여주게 된다. 훈연 도구(위쪽)를 이용한 송어 훈제(아래쪽).

다. 연기에는 포름산이나 초산, 포름알데히드, 페놀, 알코올 등의 성분이 있어 항균 작용과 함께 풍미를 더해준다.

사장님의 요리 비법

각종 요리 정보 프로그램들이 대박난 맛집을 인터뷰하는 장면을 보면 공통점을 발견할 수 있다. 사장님들은 한결같이 신선하고 좋은 재료만 사용하며, 중요한 육수를 우려내는 정확한 비법과 과정은 공개하지 않는다. 그렇다면 왜 모든 요리 정보 프로그램들이 이렇게 판에 박힌 듯한 내용을 보일까?

요리 정보 프로그램뿐 아니라 요리를 소재로 다루는 드라마에서 보면 일단 훌륭한 요리사가 되기 위해서는 좋은 재료를 구하고, 그 특성에 대해서도 잘 알고 있어야 한다는 것을 강조한다. 신선한 재료가 요리의 맛을 좌우하고, 극단적인 경우에는 오래된 감자나 복어처럼 요리를 먹은 사람의 목숨을 좌우할 수도 있기 때문이다. 오래된 감자의 솔라닌(solanine)은 물에 끓이면 분해되어 큰 문제가 되지 않지만 복어의 테트로도톡신(tetrodotoxin)은 끓여도 그대로 남아 있다. 테트로도톡신은 청산가리보다 독성이 강해 복요리를 먹고 사망하는 사고가 종종 발생하는 것이다. 하지만 신선한 재료를 판별하는 것이 그리 간단한 일은 아니며 오랜 경험이나 과학적 지식이 있을 경우에 가능하다.

좋은 식재료를 구했다면 식재료가 요리로 변해가는 원리를 알아야 한다. 재료들을 단순히 섞어서 만드는 비빔밥 같은 요리가 아니라면 요리 과정은 재료의 화학적 변화를 수반한다. 재료를 자르고, 다지거나 갈아서 가루로 만드는 물리적 변화도 궁극적으로 화학변화를 조절하기 위한 방법이라고 할 수 있다. 발효식품처럼 반응이 일어나는 데 오랜 시간이 소요되는 것도 있지만 대체로 요리를 할 때는 열을 이용해 단시간 내에 일어나는 화학반응을 이용한다.

열을 이용한 다양한 요리 방법이 존재하는 이유는 온도에 따라 일어나는 화학반응이 다르기 때문이다. 저녁 시간 숯불구이 고깃집 앞을 지날 때는 고기 굽는 냄새가 나지만, 곰탕이나 갈비탕 집을 지날 때는 거의 냄새가 나지 않는다. 고기 굽는 특유의 냄새는 메일라드 반응(maillard reaction)● 이라고 부르는 복잡한 화학반응에 의한 것인데, 140℃ 이상의 온도가 되어야 일어난다. 하지만 물에 끓이는 돼지고기 수육이나 곰탕은 100℃에서 겨우 몇 도 정도 올라갈 뿐이다. 물론 계속 끓이면 농도가 진해져 끓는점이 좀 더 올라가기는 하겠지만 그렇다고 메일라드 반응이 일어날 만큼 온도가 높아지지는 않는다. 간혹 전통방식으로 가마솥에 강력한 장작불로 가열하면 마치 더 높은 온도까지 올라가는 듯이 말하는 경우가 있지만, 농도에 의한 차이는 있겠지만 불의 세기에 따른 차이는 거의 없다. 앞서 이야기했듯, 일단 물이 끓기 시작하면 열이 모두 물의 상태변화에 쓰이기 때문에 아무리 센 불로 가열해도 물의 온도는 올라가지 않는다. 물에 여러 가지 재료가 들어 있다고

● **메일라드 반응** 열 또는 화학 처리에 의해 일어나는 반응으로, 색깔이 갈색으로 변하기 때문에 '갈변화 현상'이라고도 한다. 고온으로 가열된 포도당이 아미노산과 결합하여 생기는 반응이다.

하더라도 끓는점은 크게 높아지지 않는다. 30퍼센트짜리 설탕물의 끓는점도 순수한 물보다 겨우 1℃ 높을 뿐이다. 찌는 음식도 마찬가지로 아무리 센 불로 쪄도 수증기(엄밀하게는 눈에 보이는 것은 수증기가 아니라 물방울이다)의 온도는 100℃를 넘지 않는데, 이것도 물이 끓는 중이기 때문이다.

언뜻 보기에 고기를 굽는 일은 가장 쉬운 요리처럼 보이지만 제대로 굽기란 쉽지 않다. 숯불에 직접 고기를 구우면 훈연향이 더해져 맛이 좋지만 불의 온도가 너무 높아 주의하지 않으면 고기가 탄다. 고기는 140~180℃에서는 메일라드 반응이 일어나 특유의 구운 고기향이 나지만 더 높은 온도에서는 원하지 않는 해로운 화학물질들이 생겨나기 시작한다(쉽게 말해 탄다). 그렇다고 프라이팬에 고기를 굽는다고 간단하게 문제가 해결되는 것은 아니다. 단백질이 금속과 결합해 눌어붙으면서 고기가 타기 때문이다. 그래서 일부 고깃집에서는 돌판을 사용하기도 한다. 고기를 맛있게 구워 먹으려면 불판의 온도가 충분히 높아졌을 때 빠르게 구워야 고기가 질겨지지 않고 육즙이 빠져나오지 않아 맛있다. 물론 복잡한 화학반응에 대해 몰라도 잘 숙성된 고기를 야외에서 숯불에 굽기만 해도 맛있게 먹을 수는 있다.

오감으로 즐기는 요리

〈대장금〉이나 〈신들의 만찬〉처럼 요리를 소재로 삼은 드라마에서는 종종 요리경연대회가 열린다. 경연대회의 평가를 맡은 왕이나 심사위원들은 요리를 바로 먹고 평가하지는 않는다. 이는 드라마틱한 연출을 위한 것도 있지만 그것이 요리를 제대로 즐기기 위한 방법이기 때문이다. 요리는 단지 입으로 먹었을 때 느껴지는 맛에 의해 모든 것이 좌우되는 것은 아니며, 오감을 만족시켰을 때 진정 훌륭한 요리가 될 수 있다. '보고, 듣고, 맛보고, 즐기는' 것이 바로 요리이기 때문이다.

요리가 시각에 영향을 받는 것은 오랜 진화의 산물이다. 인류는 직립보행을 하면서 후각보다 시각에 대한 의존성이 높아져 일단 먹을 수 있는 것인지 판단하는 데 시각을 사용한다. 청색에 가까운 고기는 부패했을 가능성이 크고, 초록색 과일은 아직 덜 익었다는 것과 같은 중요한 정보가 시각을 통해 전해진다. 그래서 보기 좋은 음식이 먹기도 좋은 것이다. 물론 시각에 의한 것은 1차적 판단일 뿐이고 냄새를 맡고 먹어봐야 요리의 제맛을 알 수 있다. 이때 재미있는 것은 소리와 촉감도 맛에 영향을 준다는 것이다. 스낵이나 튀김에서 느낄 수 있는 바삭함과 같은 소리와 함께 느껴지는 촉감을 텍스처(texture)라고 부른다. 면 종류에서는 얼마나 쫄깃하게 조리하는지가 맛에 상당한 영향을 준다.

시각이나 청각, 촉감이 맛에 영향을 주기는 하지만 역시 가장 큰 영향을 주는 것은 후각이다. 요리를 먹기 전에는 음식 중의 휘발성 분자들이 숨을 들이마실 때 공기와 함께 코로 들어와 후각세포를 자극해 냄새를 맡게 된다. 홍어회와 같은 일부 음식을 제외하면 대체로 향이 좋은 음식이

맛도 좋다. 이는 음식을 입에 넣고 씹게 되면, 입 안에서 맛과 함께 휘발성 분자의 향이 코로 빠져나올 때 향기가 더해져 생긴 향미(flavor)를 느끼기 때문이다. 일반적으로 음식의 온도가 높을수록 휘발되는 분자가 많아 음식의 향미를 더해주기 때문에 따뜻한 음식이 더 맛있다.

요리의 맛은 다섯 가지 미각 수용기에 의해 결정된다. 전통적으로 미각은 쓴맛, 짠맛, 단맛, 신맛의 4원미가 존재한다고 알려져 있었으나, 최근에는 여기에 감칠맛(umami)을 포함해 5원미가 존재한다고 보는 것이 일반적이다.

미각 중 쓴맛은 다른 맛에 비해 민감하게 느껴지는데 이는 쓴맛을 내는 물질 중 알칼로이드가 많기 때문이다. 알칼로이드 중에는 독소인 것이 많이 있는데, 쓴맛은 독으로부터 몸을 보호하기 위한 것이다. 아이들이 쓴맛을 싫어하는 것은 이러한 이유가 있는 것이다.

짠맛은 나트륨염과 염화이온에 의한 맛이며, 단맛은 당에 의한 맛으로 공통적으로 수산기(-OH)를 포함하고 있다. 그리고 신맛을 내는 모든 음식에는 수소이온(H^+)이 들어 있다.

한때 논란이 되었던 것은 감칠맛을 내는 MSG에 대한 것이다. 감칠맛은 1908년 일본의 이케다 기쿠나에 교수가 다시마를 넣은 국물의 맛을 연구하여 찾아냈다. 감칠맛은 일본말로 umai(うまい)는 '맛있다'와 mi(味: 맛)를 조합한 말로 글루탐산염에 의한 맛이다. 글루탐산은 필수아미노산의 하나로 여기에 나트륨이 첨가된 것이 글루탐산나트륨염(MSG)•이

● MSG 처음에는 다시마에서 추출했고 요즘은 사탕수수를 '코라네박테리움'이라는 발효균에서 발효시켜 생산한다. 오해에서 비롯된 유해성 논란이 있었다. 정상적으로 섭취한 경우 대부분의 사람에게는 문제를 일으키지 않는다.

다. MSG의 재미난 특징은 순수하게 이것만 물에 탄 것은 맛이 없을 뿐 아니라 농도가 진하면 역겹게 느껴지지만, 음식 속에 적당히 넣으면 맛있게 느껴진다는 점이다. 그래서 대부분의 식당에서는 간편하게 맛을 내기 위해 MSG를 즐겨 사용한다. MSG는 적당히 넣으면 음식의 맛을 내는 데 효과적이다. 오히려 MSG를 전혀 사용하지 않고 맛을 내기 위해 소금이나 설탕을 과하게 넣는 것이 더 문제가 되기도 한다.

✚ 향신료와 신대륙의 발견

이탈리아의 탐험가 크리스토퍼 콜럼버스(1451~1506).

콜럼버스가 항해에 나선 것은 선교나 신대륙에 대한 지적 호기심이 아닌 황금과 향신료를 찾기 위해서였다. 음식물 보존 방법이 거의 없었던 중세에는 육두구 열매나 정향과 같은 향신료를 뿌려 상하기 시작한 고기의 악취를 감추거나 보존 기간을 늘였다. 고기를 주로 먹었던 서양인들에게 역겨운 냄새를 없애주는 향신료는 없어서는 안 될 요리 재료였다. 하지만 실크로드를 따라 동양에서 전해진 향신료는 그 가격이 너무 비싸 후추는 알갱이 단위로 거래가 될 정도였고, 1파운드(약 450g)의 육두구 열매는 양 3마리와 맞먹을 정도였다. 향신료 무역항로의 독점은 엄청난 부와 직결되는 문제였으니, 당시 유럽의 열강들은 이러한 항로를 찾기 위해 혈안이 되어 있었다.

✚ 분자요리학을 아시나요?

물질의 상태를 변화시키고, 새로운 분자를 만들어내기 위해서는 물리와 화학의 원리를 알아야 한다. 1988년 옥스퍼드 대학교의 물리학자 니콜라스 쿠르티와 프랑스의 화학자 에르베 티스는 요리의 물리적 화학적 측면을 연구하여 '분자물리요리학(molecular and physical gastronomy)'이라는 말을 만들어냈다. 오늘날 세계에서 가장 유명한 레스토랑 순위에서 분자요리점들이 항상 1, 2위를 다툴 만큼 인기를 끌고 있다. 아쉽게도 얼마 전 국내에서는 분자요리점이 문을 닫기도 했지만, 갈수록 분자요리에 대한 사람들의 관심은 높아지고 있다. 이는 분자요리가 기존의 요리에서는 느낄 수 없는 색다른 재미와 맛을 선사하기 때문이다.

더 읽어봅시다!

이영미의 『요리로 만나는 과학 교과서』, 피터 바햄의 『요리의 과학』, 조 슈워츠의 『장난꾸러기 돼지들의 화학피크닉』.

조선시대 아이들의 팽이치기 모습을 담은 기산풍속도 〈팽이 돌리는 모양〉. (프랑스 기메 박물관 소장)

사람을 죽이고 살리는 팽이의 비밀은?

팽이치기의 과학 마찰력, 회전 관성, 에너지 전환, 세차 운동

팽이만큼 '온고지신(溫故知新)'이라는 말이 잘 들어맞는 물건도 드물 것이다. 팽이치기는 겨울이면 즐겨했던 전통놀이다. 하지만 팽이치기도 도시화되고 디지털화되는 변화의 물결 속에서 차츰차츰 사라져간 옛 놀이가 되어 버렸다. 그래서 예전에는 설이 되면 세뱃돈을 받고 친척들끼리 모여 즐기던 다양한 놀이 중의 하나였지만, 이젠 썰매타기와 팽이치기를 돈을 주고 체험학습을 해야 하는 처지에 이르렀다.

그러나 옛날에 아버지와 할아버지가 어린 시절에 팽이치기를 즐겁게 했다면 오늘날에도 즐겁지 않을 이유는 없다. 그래서 등장한 것이 탑블레이드라고 불리는 완구형 팽이다. 아이들은 다양한 종류의 팽이를 구입해 '배틀'이라며 경기를 펼치기도 한다.

탑블레이드는 애니메이션과 장난감이 동시에 출시되면서 한때는 아이들에게 많은 인기를 끌었지만, 장난감의 속성상 이제 그 인기도 시들해졌다. 그러고 보면 온고지신이라는 말과 함께 옛것이 좋은 것이라는 말도 팽이치기에 잘 어울리는 듯하다. 여전히 채로 치는 팽이는 겨울이 되면 그 명맥을 유지하기 때문이다. 채로 치는 전통 팽이는 선풍적인 인기는 끌지 못해도, 으레 설날이면 찾는 이들이 꾸준해 참으로 다행이다.

쓰러지지 않는 '핑이'

팽이놀이가 시작된 시기는 정확하게 알 수 없으나 중국의 당나라에서 전해져 통일신라시대에는 널리 행해졌다. 조선시대인 18~19세기가 되면서 겨울철 전통놀이로 정착된다.

'핑핑 돈다'는 의미에서 '핑이'로 불리다가 오늘날의 '팽이'라는 말이 생겼다고 한다. 고대 서양에서도 도토리나 나무, 돌 등을 이용해 팽이를 만들었으며, 놀이와 함께 주술에 사용되거나 점을 치기 위한 용도로도 사용되었다. 이러한 주술적 의미의 팽이는 영화 〈인셉션〉에서 코브(레오나르도 디카프리오 분)가 자신이 꿈을 꾸고 있다는 것을 꿈속에서 깨닫기 위해 돌리던 토템 팽이로도 잘 나타난다.

토템 팽이(위)와 탑블레이드(아래).

영화에서 매우 중요한 역할을 한 이 팽이는 영화의 흥행과 함께 많은 인기를 끌기도 했다. 하지만 다소 철학적이며 이야기의 구조가 복잡한 〈인셉션〉보다는 아이들을 대상으로 한 애니메이션 〈탑블레이드〉에 등장하는 탑블레이드가 더 친숙할 수도 있다['탑(top)'은 팽이라는 뜻이다]. 〈탑블레이드〉는 완구를 홍보하기 위해 한일합작으로 만든 애니메이션으로 흥행과 홍보에 성공하면서 팽이의 대명사처럼 되었다.

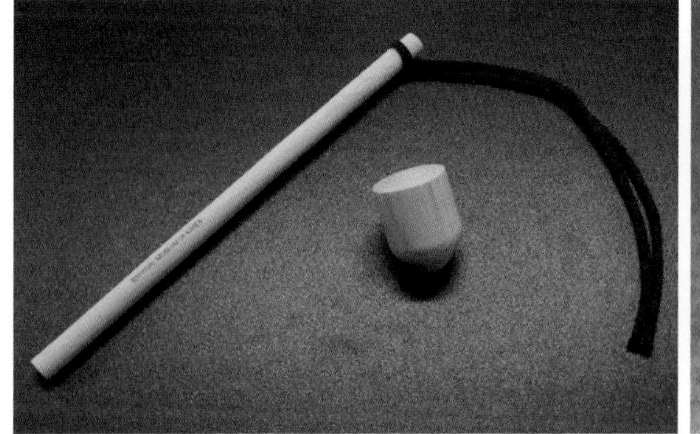

한국의 전통 나무 팽이.

인기만큼이나 종류도 다양한 팽이는 돌리는 방법에서도 서로 차이가 난다. 전통적인 팽이는 줄을 팽이에 감아 돌린 후 팽이채로 쳐서 돌리며, 줄팽이는 줄로 감아서 던져 돌린다. 작은 팽이의 경우에는 그냥 축 부분을 잡고 손으로 돌리기도 하며, 탑블레이드와 같은 장난감 팽이의 경우에는 런처(발사장치)에 달린 줄을 잡아당겨 팽이를 돌린다. 이렇게 돌리는 방법이 다양하더라도 결국 팽이에 힘을 가해 회전시켜야 돌아간다는 점에서는 모두 같은 방법으로 돌린다고 할 수도 있다.

우리나라의 전통 나무 팽이의 경우에는 채로 쳐서 쓰러지지 않도록 계속 일을 해줄 수 있지만, 그 외의 팽이들은 처음 팽이를 돌릴 때 해준 일만큼만 팽이의 운동에너지로 전환된다. 회전하는 팽이는 바닥과의 마찰, 공기저항에 의해 운동에너지가 열에너지로 전환된다. 따라서 팽이에 작용하는 마찰력이 작을수록 팽이의 운동에너지가 열에너지로 적게 전환되기 때문에 팽이는 더 오래 돌 수 있다.

나무 팽이의 바닥에 쇠구슬을 박거나 얼음판 위에서 팽이를 돌리는 이유도 이 때문이다. 그렇다고 무조건 마찰력이 없는 것이 좋은 것은 아니다. 마찰력이 없다면 팽이의 선단부에서 바닥으로 아무런 힘을 작용시키지 못하기 때문에, 팽이는 기울어질 것이고 그러면 계속 돌리기가 어려워 그대로 쓰러지고 만다. 그래서 얼음판 위에서는 팽이를 안정된 상태로 돌리기가 쉽지 않다.

그렇다면 회전하는 팽이는 왜 쓰러지지 않을까? 이는 달리는 자전거가 쉽게 쓰러지지 않는 것처럼 회전 관성을 가졌기 때문이다. 즉 움직이는 물체에 외부의 힘이 작용하지 않으면 계속 움직이려고 하듯이, 회전하는 물체는 축을 중심으로 계속 회전하려는 회전 관성을 가지고 있다. 따라서 팽이는 마찰력에 의해 회전 속도가 충분히 줄어들기 전까지 쓰러지지 않고 계속 돌 수 있다. 회전 관성은 질량이 클수록 크기 때문에 밀도가 큰 나무로 만들고, 금속테를 두르거나 못을 박기도 한다.

또한 같은 질량의 팽이라도 중심축에서 더 먼 거리에 질량이 분포할수록 회전 관성이 커진다. 그래서 채로 치는 팽이의 경우에만 치기 좋도록 원통형으로 만들 뿐, 대부분의 팽이는 원뿔형으로 만들어진다.

공룡을 멸종시킨 팽이?

회전하는 팽이가 보여주는 가장 놀라운 기술은 기울어진 채로 회전할 수 있다는 것이다. 정지한 물체가 기울어지면 중력에 의해 그대로 쓰러지는 것과 달리 매우 신기한 현상이다. 팽이싸움을 한다며 팽이끼리 부딪치게 해도 팽이는 쉽게 쓰러지지 않는다. 축이 기울어진 채로 계속 회전한다. 회전하는 팽이의 옆부분에서 힘을 가하면, 팽이는 축이 옆으로 기울어지면서 그대로 쓰러지는 것이 아니라 기울어진 채로 계속 회전한다.

이때는 팽이만 회전하는 것이 아니라 기울어진 축도 바닥과 수직인 중심을 기준으로 빙빙 회전하게 된다. 축이 옆으로 기울었다가 원래의 축 방향을 유지하려고 하기 때문에 새로운 중심을 기준으로 빙글빙글 회전하게 되는 것이다. 이러한 팽이의 운동을 '세차 운동'이라고 하는데, 팽이의 축에 수직인 방향으로 약한 힘이 작용할 때 일어난다. 따라서 팽이처럼 운동하는 물체의 경우 외부에서 힘이 작용하면 세차 운동을 하게 되는데, 지구도 세차 운동을 한다.

지구는 자전축을 중심으로 회전하는 거대한 팽이라고 할 수 있다. 자전축이 북극성을 향해 고정된 상태가 아닌 계속 바뀌는 세차 운동을 한다. 지구의 세차 운동을 처음으로 알아낸 사람은 기원전 125년경 그리스의 천문학자인 히파르코스(Hipparchus)이다. 그는 자신의 관측 결과와 150년 전 티모카리스의 관측 결과를 비교해 모든 별의 황경(黃經)• 이 150년 동안 약 2도 증가했다는 사실을 알아낸다. 그리고 이 현상을 설명하기 위해 좌표계의 원점이 황도를 따라 1년에 약 50초만큼 이동했다고 주장하면서 이를 '세차(歲差)'라 불렀다.

• **황경** 황도 좌표의 경도. 춘분점을 기점으로 황도를 따라서 동쪽으로 돌아 0도에서 360도까지 잰다.

고대 그리스의 천문학자 히파르코스는 천체 관측용 기구를 써서 하늘을 살피며 세차를 발견하고 항성년(恒星年)과 회귀년(回歸年)의 길이의 차를 밝혀냈다. 히파르코스의 이 같은 연구 성과는 프톨레마이오스의 천문학서 『알마게스트』에 찾아볼 수 있다. 그림은 카미유 플라마리옹(1842~1925)에 의해 출판된 『대중 천문학』 삽화.

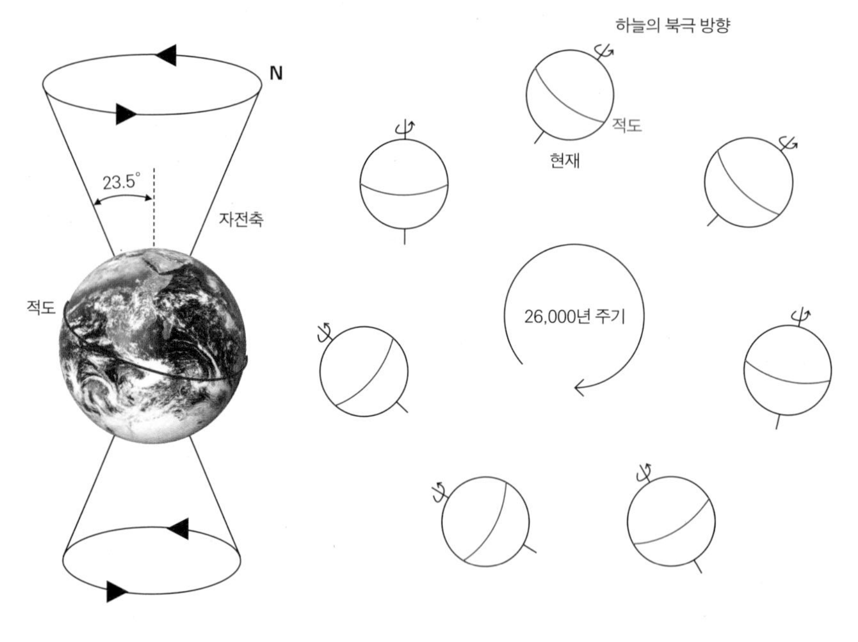

지구의 세차 운동.

히파르코스는 세차 운동 주기를 360°÷50″/년=26000년으로 구했다. 또한 이러한 세차 운동에 의해 지금으로부터 5,000년 전에는 용자리 알파별이 북극성의 역할을 했고, 오늘날처럼 작은곰자리 알파별이 북극성이 된 것은 2,000년 전쯤이라는 사실을 알아냈다. 따라서 지금은 자전축이 북극성을 가리키고 있지만 1만 2,000년 뒤에는 거문고자리의 직녀성(베가)을 가리키게 된다. 비록 히파르코스는 세차 운동의 원리를 설명하지는 못했지만, 천문학에 수학적 기법을 도입한 최초의 천문학자로 인정받고 있다.

자전축이 바뀌는 것은 단순히 재미있는 지구의 운동으로 끝나지 않는다. 지구의 기후에도 많은 영향을 미친다. 1920년 세르비아의 수학자 밀루틴 밀란코비치(Milutin Milankovitch, 1879~1958)는 빙하기의 주기를 연구하다가 세차 운동이 관련 있다는 사실을 발견했다. 밀란코비치는 「태양복사로 생기는 열 현상에 관한 수학 이론」이라는 논문에서 태양복사에너지의 분포량에 따라 지구에 빙하기가 온다는 천문학설을 주장했다. 그는 지구 공전궤도의 이심률* 변화, 자전축의 기울기 및 세차 운동에 따른 지구의 기후 변화 유형을 설명했다.

세르비아의 수학자 밀란코비치.

* **이심률** 원뿔 곡선 위의 각 점에서 초점까지의 거리와 그 점에서 준선까지의 거리 비.

46억 년의 지구 역사를 돌아보면 다섯 번의 큰 빙하기가 있었는데, 현대는 180만 년 전에 시작된 제5빙하기에 속한다. 한때는 공룡이 멸종한 이유로 빙하기가 제시되기도 했다. 하지만 오늘날에는 소행성 충돌로 공룡이 멸종했다는 주장이 가장 설득력을 얻고 있다. 어쨌건 빙하기가 생물과 인류의 역사에 많은 영향을 주고 있다는 것은 분명하다.

마술 같은 팽이들

우리가 일반적으로 알고 있는 팽이 외에 재미있는 형태의 팽이들도 있다. 티피 팽이(tippe top)라 불리는 버섯 모양의 팽이는 회전 중에 갑자기 뒤집어져서 회전한다. 티피 팽이를 돌리면 바닥이 둥글어서 쉽게 흔들리고 불안정하게 회전하다가, 결국에는 축이 아래로 뒤집어진 후 계속 회전하는 것을 볼 수 있다.

별것 아니라고 생각하기 쉽겠지만 에너지 보존 법칙의 입장에서 보면 참으로 반직관적이며 기이한 현상이다. 팽이가 뒤집어지면 질량이 큰 머리 부분이 위로 올라가면서 그만큼 위치에너지가 증가하기 때문이다. 그래서 19세기 후반부터 티피 팽이의 이상한 움직임을 연구하는 물리학자들이 나타나기 시작했다.

물리학자들의 연구에 따르면 팽이는 뒤집어져서 회전하더라도 원래의 방향을 유지하기(그래서 반대로 도는 것처럼 보이지만) 때문에 회전 운

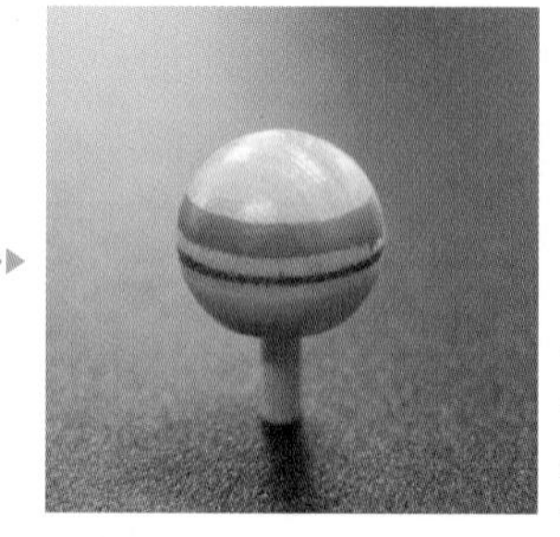

티피 팽이는 바닥이 둥글어서 회전 중 쉽게 흔들리며 불안정한 모습을 보이다, 갑자기 뒤집어져 계속 회전한다.

동(각 운동량)이 보존된다. 그리고 질량 중심이 높아지면 그만큼 위치에너지도 증가하는 것은 맞지만, 뒤집어지면서 지면과의 마찰에 의해 운동에너지가 감소하기 때문에, 실제로 역학적 에너지는 증가하는 것이 아니라 감소한다.

가장 신기한 팽이는 레비트론(Levitron)일 것이다. 이 공중부양 팽이는 공중에 뜬 채로 돌기 때문에 바닥과의 마찰이 작용하지 않는다. 그래서 매우 오랜 시간 동안 회전한다. 이 팽이가 공중부양이 가능한 것은 팽이에 작용하는 중력과 평형을 이루는 자기력이 작용하기 때문이다. 팽이와 받침대가 모두 자석으로 만들어져 공중에 뜰 수 있다. 즉 팽이와 받침대는 같은 극을 이루고 있어 팽이와 받침대 사이에는 척력이 작용한다.

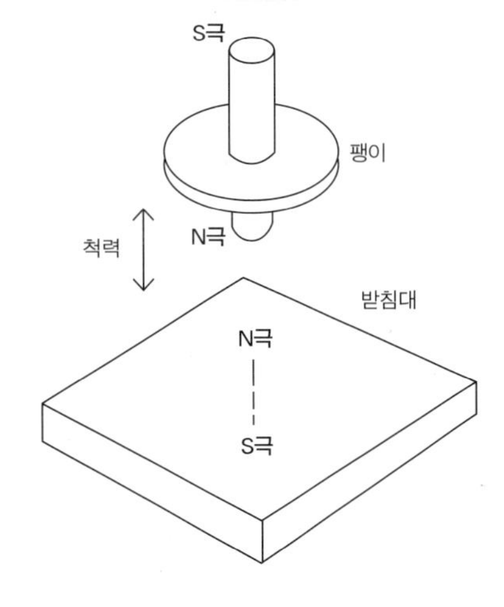

공중부양 팽이 레비트론은 중력과 평형을 이루는 자기력으로 공중에 뜰 수 있다.

물론 이 척력은 팽이를 공중부양시키기에 충분한 힘이지만, 정지 상태의 팽이는 절대로 공중에 뜨지 못한다. 팽이보다 더 띄우기 쉬울 것 같은 원형 자석 두 개를 이용해 자석을 공중에 띄워보려 해도 자석은 공중에 떠 있지 않는다. 아무리 조심해서 자석을 올려놓더라도 원형 자석이 회전하여 순식간에 붙어버린다. 이는 자기력이 완벽하게 힘의 평형을 이루지 못하면 회전력이 생겨 그대로 회전해버리기 때문에 나타나는 현상이다.

마찬가지로 공중부양 팽이도 이러한 현상이 생기기 때문에 분당 1,000회전 이상의 빠른 속도로 돌려줘야 한다. 그렇지 않으면 더 이상 회전하지 못하고 뒤집어져 바닥과 붙어버린다.

공중부양 팽이의 받침대가 휘어진 것은 팽이가 중심을 벗어날 때 복원력으로 작용하기 위한 것이다. 팽이와 받침대 사이의 힘은 중력과 나란한 방향이기 때문에, 수평 방향으로 힘이 작용하면 팽이는 그대로 받침대를 벗어나버린다. 하지만 받침대를 휘어지게 만들었기 때문에 모퉁이로 이동한 팽이는 옆에서 미는 힘을 받아 다시 가운데로 오게 된다.

사람을 죽이고 살리는 팽이

영화 〈원티드〉에는 총알을 휘어지게 쏘는 킬러들이 등장한다. 그들은 권총을 쏘기 직전에 재빨리 총을 옆으로 밀어 총알에 힘을 가한다. 그러면 총알이 휘어지며 발사된다. 이와 비슷한 것이 영화 〈최종병기 활〉에서 신궁 남이(박해일 분)가 활시위를 비틀어 잡고 화살을 쏘는 장면이다. 두 장면 모두 총알과 화살을 회전시켜 목표물에 정확히 명중시킨다. 즉 총알과 화살을 곡사(曲射)하기 위해 회전을 시켰던 것이다.

물론 총을 휘두르며 쏜다고 총알이 휘어지지는 않는다. 일단 총구를 벗어나면 총알에 작용하는 힘은 공기의 저항력과 중력밖에 없다. 따라서 총을 아무리 빠르게 휘두르며 쏴도 총알은 휘어지지 않는다. 물론 총알은 회전하면서 날아가지만 이는 총구 내부의 나선형 홈인 강선에 따라 회전하며 발사되기 때문이다. 이렇게 총알을 회전시키면 회전 관성에 의해 안정된 상태로 목표물을 향해 날아간다.

화살 깃과 닮은 로켓의 뒷날개.

하지만 이는 팽이 모양으로 생긴 총알에 해당되며 로켓처럼 지름에 비해 길이가 길 때는 회전시켜도 안정적으로 날아가지 않는다. 이때는 로켓을 회전시키는 것이 아니라 로켓 뒤에 화살 깃과 같은 날개를 달아 안정성을 높인다. 마찬가지로 화살도 대의 직경에 비해 길이가 길기 때문에 깃을 이용해 안정성을 높이다. 재미있는 점은 깃털이 휘어져 있어 화살도 회전하며 날아간다는 사실이다.

총알이나 화살은 안타깝게도 사람을 죽이는 무기에 팽이의 원리가 사용된 경우다. 하지만 팽이의 세차 운동은 핵자기공명영상장치(MRI)처럼 사람을 살리는 영상 의료장비에도 사용된다. 모든 원자는 원자핵과 그 주변을 도는 전자들로 구성되어 있다. 수소 원자의 경우에는 원자핵으로 양성자를 가지고 있고, 주변에 전자 한 개가 회전하는 구조다. 양전하를 가진 수소의 원자핵은 회전하기 때문에 자기적 성질을 띤다. 따라서 원자핵은 회전하는 자석 팽이처럼 행동하며, 회전 방향에 따라 한쪽 끝은 N극, 반대쪽은 S극이 된다.

MRI를 촬영할 때 환자가 들어가는 커다란 통은 거대한 자석이며, 이 안에서 사람의 몸을 구성하는 원자들은 강력한 자기장 속에 놓이게 된

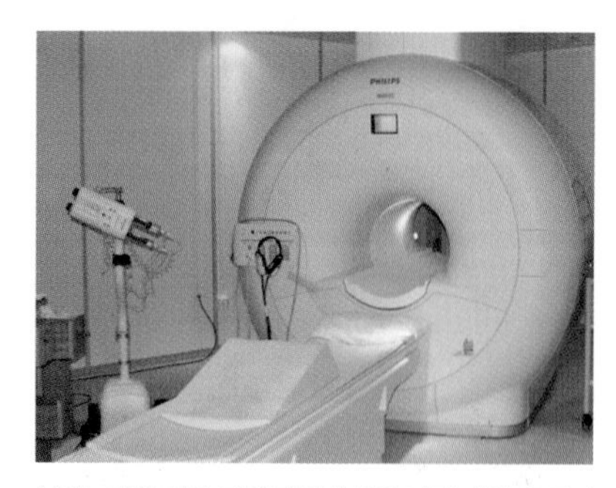
MRI는 마치 여러 개의 팽이에 힘을 가해 세차 운동이 일어나는 것을 보고 팽이를 구분하는 것과 같은 원리다.

다. 이렇게 자기장을 걸어준 상태에서 고주파를 쏘면 원자핵들이 세차 운동을 하며 저마다 다른 특정 주파수를 흡수하는 공명 현상이 일어난다. MRI는 마치 여러 개의 팽이에 힘을 가해 세차 운동이 일어나는 것을 보고 팽이를 구분하는 것과 같은 원리인 것이다. MRI는 여러 개의 원자핵 팽이 중에서 수소 원자핵만 찾아내어 영상으로 보여준다. MRI는 X선 촬영장비와 달리 안전하며, 깨끗한 영상을 얻을 수 있다는 장점이 있다.

세상의 모든 물질을 구성하는 원자들도 제 각각의 팽이로 행동하며, 천체는 그 회전 속도와 방향에서만 차이가 날 뿐 모두 회전하는 팽이라 할 수 있다. 이렇게 원자부터 거대한 천체에 이르기까지 세상에는 팽이로 가득하다. 그러니 갈릴레이의 말을 "그래도 팽이는 돈다"라고 고쳐 말해도 틀리진 않다.

+ 비행기와 로켓을 날리는 지구 팽이

자이로스코프.

로켓이 먼 거리에 정확히 날아가려면 자세를 정확히 유지해야 한다. 이때 사용되는 것이 자이로스코프(gyroscope)인데, 회전의 또는 지구 팽이라고 부르기도 한다. 자이로스코프는 금속 팽이를 삼중의 원형 고리로 둘러싸 자유롭게 회전할 수 있게 만든 것이다.

자이로스코프 팽이는 자세가 바뀌거나 힘이 가해지면 세차 운동을 통해 자세를 바로 잡으려 한다. 이를 이용해 로켓의 관성유도장치를 만들 수 있다. 자이로스코프는 선박이나 항공기, 잠수함 등에 활용되고, 최근에는 스마트폰에도 자이로센서가 들어 있어 휴대폰이 스스로의 운동 상태를 감지할 수 있게 한다.

+ 에너지를 저장하는 팽이

회전하는 팽이는 운동에너지를 가지고 있다. 마찬가지로 회전하는 무거운 금속 바퀴는 에너지를 저장할 수 있다. 이러한 역학적 에너지 저장 장치를 플라이휠(flywheel)이라 부르는데, 미래의 전력 시스템에 꼭 필요한 장치다. 단순한 금속 바퀴가 뭐 그리 중요할까라고 생각하겠지만 바람이 잘 불 때 풍력발전으로 얻은 에너지로 플라이휠을 회전시키면, 바람이 잦아들었을 때 플라이휠을 통해 저장한 에너지로 발전기를 작동시켜 전기에너지를 얻을 수 있다. 이러한 플라이휠은 전력의 안정적인 공급을 이용해 신재생에너지를 효율적으로 사용할 수 있게 해준다.

더 읽어봅시다!

볼프강 뷔르거의 『달걀 삶는 기구의 패러독스』, 정완상의 『과학 공화국 물리 법정』.

풍선은 왜 처음 불 때가 가장 힘들까?

고무풍선의 과학 중합, 가황, 탄성, 탄성계수, 보일-샤를의 법칙, 엔트로피, 부력

"풍선을 타고 하늘 높이 날아가는~"이라는 대중가요의 노랫가사처럼 풍선을 보면 기분이 좋다. 공기를 넣으면 부풀어오르는 풍선을 보면 내 기분도 덩달아 부풀어오르는 것 같다. 그러기에 축제나 파티, 개업식처럼 흥을 돋우어야 하는 자리에는 풍선이 빠지지 않고 등장하는지도 모르겠다. 풍선이 부풀면 부피가 커지기 때문에 비교적 저렴한 비용으로 넓은 장소를 가득히 화려하게 꾸밀 수 있으니 일석이조다.

놀이공원에서는 갖가지 캐릭터 풍선이 아이들을 유혹해 들뜨게 만든다. 헬륨 풍선은 마치 살아 있는 듯 바람에 흔들리며 아이들이 부모의 손을 잡고 자기 앞으로 오게 만든다. 헬륨 풍선에서부터 지갑이 열리니 부모 입장에서는 별로 반갑지 않을 수도 있지만, 풍선을 받아 들고 즐거워하는 아이 얼굴에 덩달아 기분이 좋아진다.

학습지나 가게 홍보를 위해 공짜로 나눠주는 풍선도 있다. 아이들이 계속 가지고 다니면 풍선에 적힌 글귀를 사람들이 보게 되니 저렴한 가격에 좋은 홍보 효과를 누릴 수 있어 공짜로 나눠주는 것이다.

'풍선 효과'와 같이 풍선이 좋지 않은 의미로 사용되기도 하지만 대부분의 경우 풍선은 즐거움이나 기쁨과 관련된 경우가 많다.

불카누스의 타이어

고무풍선을 만드는 데 사용되는 대표적인 고무의 성질은 탄성이다. 이러한 탄성 때문에 고무는 신발깔창부터 자동차 타이어까지 일상생활에 없어서는 안 될 중요한 재료로 자리 잡았다. 하지만 고무가 현대문명의 필수품이라고 해서 유럽에서 최초로 사용된 것은 아니다. 이미 2,000여 년 전 남미의 아즈텍인들과 마야인들은 고무로 된 공과 코팅된 천을 만들어 사용한 고무 기술자들이었다. 아즈텍 황제인 몬테주마(Montezuma)는 하위 부족으로부터 1만 6,000개의 고무공을 받았다는 이야기가 전해올 정도로 그들의 고무 산업은 활발했다.

천연고무를 발견한 최초의 유럽인은 콜럼버스이지만 고무(rubber)라는 이름을 붙여준 사람은 프리스틀리(Joseph Priestley, 1733~1804)였다. 프리스틀리는 고무를 가지고 연필 자국을 문질러 지우는 데(rubbed out) 사용했기 때문에 그렇게 불렀다. 당시에는 고무를 덩어리로 팔았는데 19세기까지 고무제품은 널리 활용되지 못했다. 더운 날에는 끈적끈적해지고 추운 날에는 딱딱해지는 단점이 있었기 때문이다.

영국의 화학자 프리스틀리.

이러한 문제는 1839년 미국의 발명가 굿이어(Charles Goodyear, 1800~1860)가 해결했다. 물론 문제가 처음부터 쉽게 풀리지는 않았다. 고무의 가능성을 간파하고 이를 활용하기 위해 고무에 황과 백연을 섞어 고무가방을 만드는 등 많은 노력을 기울였던 굿이어는 연이은 실패를 맛보며 고무사업을 거의 포기하기에 이른다. 그런데 그 무렵 우연히 난로 위에 떨어진 천연고무와 황이 가열되는 일이 일어났고, 이렇게 만들어진 고무의 탄성이 뛰어나다는 사실을 발견하며 굿이어의 고무사업은 전환기를 맞는다. 1841년 굿이어는 이 발견으로 미국 특허를 취득한다. 굿이어의 고무는 더운 여름날에도 전혀 끈적이지 않는 우수한 성질을 가졌지만, 그는 끝내 소송에 시달리다가 가난한 최후를 맞이한다(굿이어라는 타이어 회사는 그를 기리기 위해 붙여진 이름일 뿐, 찰스 굿이어와는 아무런 상관이 없다). 천연고무에 황을 첨가하는 이 공정은 1843년 고무사업가였던 핸콕의 친구가 불의 신 불카누스의 이름에서 착안해 가황(vulcanization, 加黃)* 이라고 부른 것이 널리 알려지게 된다.

미국의 발명가 찰스 굿이어.

천연고무(생고무).

가황고무의 탄생이 굿이어의 가난을 해결해주지는 못했으며, 브라질 원주민들도 고무수액 채취 현장으로 내몰렸다. 천연고무의 수요가 폭증하자 브라질에서 몰래 씨앗을 빼돌려 동남아에서도 고무나무를 재배하게 되었다.

* **가황** 생고무에 가황체를 섞어 고분자 사이에 다리 구조[가교(架橋)]를 생기게 하여 고무의 탄성력을 증가시키는 공정이다.

1889년 영국의 던롭(John B. Dunlop, 1840~1921)은 자신의 아들이 통

탄소 가루인 카본블랙(왼쪽)은 고무타이어의 기계적 성질을 크게 향상시키는 역할을 한다.

고무타이어 자전거를 타면서 힘들어하는 것을 보고 최초의 상업적 공기타이어를 개발했다. 얼마 후 던롭은 자동차용 타이어를 생산했고, 카본블랙(carbon black)* 이라는 탄소 가루를 배합하여 기계적 성질이 크게 향상된 타이어를 만들었다.

당시에는 천연고무로 타이어를 생산했지만 제2차 세계대전 이후에는 합성고무를 이용해 생산했다. 스타이렌(styrene)* 과 부타디엔(butadiene)* 을 중합시켜 만든 스타이렌부타디엔 고무(SBR)가 널리 사용되었다. 합성고무도 천연고무와 마찬가지로 가황의 과정을 거쳐야 탄성을 띤다. 재미있게도 탄소 골격을 기본으로 한 이러한 고무만 있는 것이 아니다. 모래의 주성분이며 실리콘(silicon) 골격을 기본으로 한 실리콘고무(silicone)도 있다. 실리콘고무는 200℃에서 2년 이상 열 노화를 견딜 수 있는 우수한 성질을 가지고 있어 항공우주산업, 의약, 식품 접촉, 자동차 점화 케이블 등에 사용된다.

* **카본블랙** 천연가스, 기름, 아세틸렌, 타르, 목재 등이 불완전연소할 때 생기는 검정 가루. 먹, 인쇄 인크, 페인트 등의 원료 및 고무, 시멘트 등의 배합제로 쓴다.

* **스타이렌** 벤젠 고리에서 수소 1개를 바이닐기로 치환한 구조를 가진 방향족 탄화수소. 자극적인 냄새와 인화성이 있으며 쉽게 중합되어 고체인 합성수지로 변한다.

* **부타디엔** 두 개의 이중결합을 가진, 탄소 원자 네 개가 사슬 모양을 이룬 불포화 탄화수소. 액화하기 쉬운 무색무취의 기체로, 공업적으로는 뷰테인에서 수소 원자 네 개를 제거하여 만들며, 합성고무의 원료가 된다.

고무풍선과 용수철저울

고무풍선으로 할 수 있는 가장 간단한 놀이는 고무풍선 로켓 놀이다. 풍선에 공기를 넣고 잡고 있던 손을 놓으면 풍선이 독특한 소리를 내면 방안을 어지럽게 날아다닌다. 하지만 간단하게 즐길 수 있는 놀이라고 원리도 간단하리라 생각하면 오산이다. 고무풍선 로켓에는 생각보다 많은 과학 원리들이 숨어 있기 때문이다.

고무풍선이 날아가는 모습을 간단히 설명하기 위해서는 작용-반작용의 법칙을 이용하면 된다. 즉 풍선이 공기를 뒤로 밀어내면 공기는 같은 크기의 힘으로 풍선을 앞으로 밀어 날아간다. 이와 같은 원리로 로켓이나 오징어가 물을 뿜으면서 앞으로 나아가는 이유도 설명이 가능하다. 그렇다면 고무풍선은 어떻게 공기를 뿜어내게 될까? 여기에는 고무풍선의 탄성력에 의한 위치에너지가 공기를 밀어내는 일로 전환되는 원리가 담겨 있다.

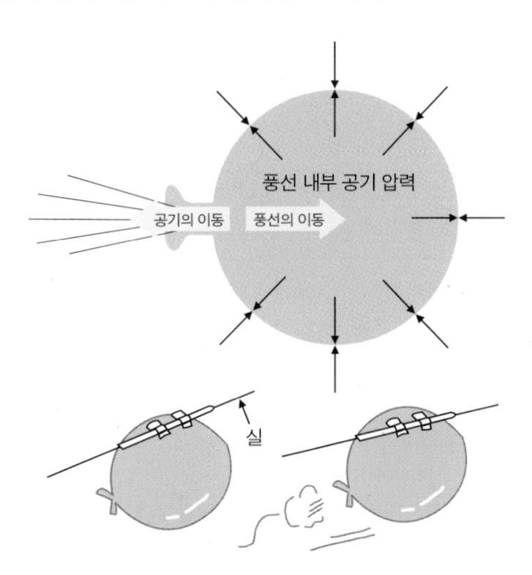

고무풍선 로켓이 날아가는 현상을 설명하기 위해서는 작용-반작용의 법칙부터 역학적 에너지 전환, 그리고 압력의 개념까지 필요하다.

손으로 풍선의 주둥이를 잡고 있을 때 풍선은 대기압과 풍선의 탄성력이 풍선 내부의 공기압력과 힘(압력)의 평형을 이루고 있다. 이때 잡고 있던 풍선의 주둥이를 놓으면 압력이 높은 내부의 공기가 밖으로 빠져나가면서 풍선 내부의 압력이 낮아진다.

내부의 압력이 낮아지면 풍선과 대기압에 의한 압력이 더 높아 풍선이 수축하게 되고, 이러한 과정은 반복되면서 풍선이 원래 상태로 돌아갈 때까지 풍선 내부의 공기가 빠져나간다.

고무풍선이 탄성체이기는 하지만 용수철저울처럼 무게를 측정하는 도구로 사용할 수는 없다. 이는 고무풍선을 구성하는 고무의 탄성계수가 계속 변하기 때문이다. 즉 용수철저울처럼 무게를 측정하는 도구로 사용하기 위해서는 훅의 법칙($F=kx$)● 을 만족시켜야 하는데, 고무의 경우 탄성계수(k)의 값이 비선형적으로 계속 변한다. 따라서 탄성력이 늘어난 길이에 비례하지 않기 때문에 무게를 측정하는 데는 사용하지 않는 것이다.

● **훅의 법칙** 고체에 힘을 가하여 변형시키는 경우, 힘이 어떤 크기를 넘지 않는 한 변형의 양은 힘의 크기에 비례한다는 법칙이다.

흔히 공학자들은 이를 모듈러스(modulus)가 일정하지 않기 때문이라고 표현한다. 모듈러스는 힘을 변형률(영률)로 나눈 값인데, 강철의 경우에는 모양에 상관없이 모듈러스 값이 일정하지만 고무의 경우에는 모양에 따라 변한다. 즉 강철은 늘어난 길이에 상관없이 변형률이 일정하

탄성력은 용수철이 변형된 길이에 비례한다. 추의 무게가 두 배가 되면 용수철이 늘어난 길이도 두 배가 된다.

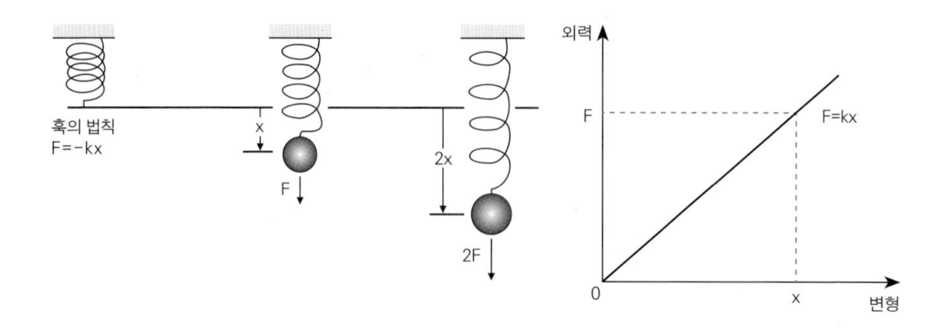

지만 고무의 경우에는 그렇지 않아 무게를 측정하는 도구로 사용할 수 없다. 심지어 고무줄의 경우 온도나 늘이는 속도, 측정하는 횟수에 따라서도 탄성계수 값이 변한다. 즉 고무풍선을 한 번 불었다가 공기를 빼고 난 후 다시 불면 한결 힘이 덜 드는 것은 탄성계수 값이 줄어들었기 때문이다.

그렇다고 용수철의 재료인 금속이 고무보다 탄성이 더 뛰어난 것은 아니다. 금속은 원래 길이의 2퍼센트 내에서만 탄성의 성질을 보이기 때문에 용수철의 형태로 만들어야 확실히 탄성체의 성질을 보인다. 하지만 이와 달리 고무는 자기 길이의 몇 배까지 늘어나도 탄성을 잃지 않는다. 이처럼 고무는 뛰어난 탄성체이기 때문에 강철보다 150배나 많은 위치에너지를 저장할 수 있다.

고무풍선의 비밀

고무풍선을 가지고 놀기 위해서는 공기를 불어넣어야 한다. 이때 고무풍선을 볼이나 입술에 가져다 대면 따스해지는 것을 느낄 수 있다. 그리고 풍선에서 바람을 빼고 난 뒤에는 차가워지는 것을 느낄 수 있다. 그렇다면 고무풍선은 왜 따뜻해지거나 차가워질까?

고무풍선에 공기를 넣었을 때 따뜻해지는 현상을 보일-샤를의 법칙(Boyle-Charles' Law)으로 설명하는 경우가 종종 있다. 보일-샤를의 법칙은 보일의 법칙과 샤를의 법칙을 조합해서 만든 것으로 압력과 부피, 온도 사이의 관계를 나타낸다($\frac{P_0V_0}{T_0} = \frac{PV}{T}$ =일정).

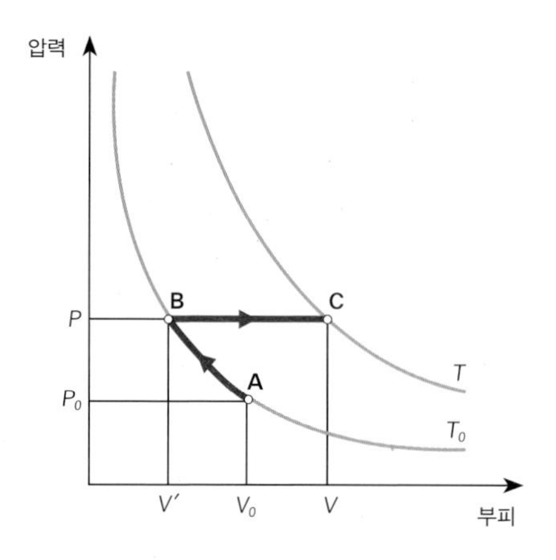

보일-샤를의 법칙. '기체의 온도가 일정할 때 부피는 압력에 반비례한다'는 보일법칙과 '압력이 일정할 때 기체의 부피는 온도에 비례한다'는 샤를의 법칙을 결합한 법칙이다. 그래프에서 초기상태(A)의 기체가 압력과 부피 및 온도가 동시에 변화하여 최종상태(C)에 도달한다고 할 때, A→B는 온도를 일정하게 했을 때의 과정(보일의 법칙), B→C는 압력을 일정하게 했을 때의 과정(샤를의 법칙)으로 나눌 수 있다.

이 법칙은 휴대용 가스레인지를 사용했을 때 가스통이 차가워지는 현상을 잘 설명해준다. 즉 가스통 내부의 압력이 낮아지면서 온도가 낮아지는 것이다. 마찬가지로 풍선의 경우에도 공기를 넣게 되면 압력이 높아져 온도가 올라가고, 공기가 빠져나가면 압력이 낮아져 온도가 내려간다. 물론 휴대용 가스레인지통의 경우에는 옳은 설명이지만 풍선의 경우에는 완전히 틀린 설명이다. 왜냐하면 풍선은 불수록 압력이 내려가기 때문이다. 풍선을 불어본 사람들은 알겠지만 처음 불 때가 가장 힘들며 조금 커지고 나면 쉽게 불 수 있다는 사실이 이를 잘 설명해준다. 또한 이것은 두 개의 풍선을 관으로 연결해놓으면 작은 풍선의 공기가 큰 풍선으로 이동하는 것으로 쉽게 알 수 있다.

사실 고무풍선이 따뜻해지고 차가워지는 현상은 풍선에 공기를 불어넣는 것과는 별 상관이 없다. 풍선이 이러한 현상을 나타내는 것은 바로 가황 처리될 때 생긴 황 다리, 즉 가교에 의한 것이다. 가황 처리된 고무는 외력이 가해지면 코일처럼 생긴 분자들이 늘어난 형태로 존재하다가 외력이 제거되면 가교에 의해 늘어나기 전의 상태로 돌아오면서 탄성을 가지게 된다.

이러한 가황된 천연고무의 탄성은 열역학적으로도 설명이 가능하다. 고무가 늘어나는 과정은 꼬여 있던 고무 분자들이 일정하게 정렬되어, 일부 영역에서는 결정화가 이루어지는 무질서도가 줄어드는, 즉 엔트로피가 감소하는 현상이다.

엔트로피가 감소하기 위해서는 그만큼 열을 방출해야 하기 때문에 풍선은 늘어나면서 열이 발생하는 것이다. 반대로 외력이 없어 수축할 때는 엔트로피가 증가하고, 열을 흡수하기 때문에 풍선이 차갑게 느껴진다. 이는 물이 무질서도가 감소한 얼음이 되기 위해서는 열을 방출하고, 얼음은 열을 흡수해 무질서하게 되는 것과 같은 현상이다. 풍선을 불지 말고 입술에 대고 양손으로 잡아당겨 보면 풍선이 따뜻해지고, 놓으면 차가워지는 것은 바로 이 때문이다.

풍선을 타고 하늘을 날다

입으로 공기를 불어넣은 풍선들은 가볍기는 하지만 공중에 뜨지는 않는다. 입으로 분 풍선과 달리 결혼식장이나 공원에서 파는 풍선들은 손으로 잡고 있지 않으면 하늘로 날아가버린다. 똑같은 풍선인데 이러한 차이가 생기는 것은 공원에서 파는 풍선에는 공기가 아닌 수소나 헬륨 가스가 들어 있기 때문이다. 그렇다면 수소나 헬륨 가스 풍선이 공중에

1783년 샤를은 니콜라 로베르와 함께 최초로 수소기구를 띄우는 데 성공한다. 〈샤를과 로베르트의 첫 열기구 비행〉(1783).

뜨는 원리는 무엇일까?

프랑스의 물리학자 자크 샤를(1746~1823).

"내 어릴 적 꿈은 노란 풍선을 타고 하늘 높이 나는 사람~"이라는 노랫가사처럼 영화 〈업〉에는 헬륨 풍선으로 집을 하늘에 뜨게 하는 장면이 나온다. 쉽게 터지고 약해 보이는 풍선을 타고 하늘을 나는 것은 영화 속에서나 가능한 꿈같은 일처럼 느껴질 수밖에 없다. 하지만 2009년 스페인에서 단지 커다란 헬륨 풍선과 우리가 흔히 사용하는 디지털카메라만으로 지구의 모습을 아름답게 촬영한 사진이 화제가 되기도 했고, 실제로 2001년에는 애시폴이라는 영국인이 헬륨 풍선을 타고 하늘을 날기도 했다.

이처럼 풍선을 타고 하늘을 나는 꿈은 열기구의 등장에서 시작되었다. 1783년 몽골피에 형제가 하늘을 날기 위해 거대한 열기구를 제작하고 있다는 소식을 들은 샤를 교수(보일-샤를의 법칙의 그 교수가 맞다!)는 그들보다 조금 늦게 수소를 넣은 기구를 하늘로 띄우는 데 성공한다. 샤를 교수가 열기구가 아닌 수소를 선택한 것은 수소가 뜨거운 공기보다 가벼워 더 잘 날 수 있으리라 생각했기 때문이다.

수소 기체는 모든 기체 중에서 밀도가 가장 낮기 때문에 샤를 교수의 선택은 옳았다. 하지만 수소는 가연성 기체로 쉽게 폭발할 우려가 있어 오늘날에는 기구에 거의 사용하지 않는다. 놀이공원의 풍선도 안전을 위해 헬륨 가스를 사용해야 하지만 가격이 저렴하고 잘 뜬다는 이유로 과거에는 수소 기체를 넣어 팔기도 했는데, 이를 모르고 풍선 근처에 불꽃을 가져갔다가 사고가 나기도 했다.

가지고 놀던 헬륨 풍선을 손에서 놓치면 풍선은 하늘 높이 계속 올라가다가 결국 터진다. 고도가 높아지면 기압이 낮아져 풍선의 크기가 점점 커지기 때문이다. 이렇게 풍선이 하늘로 계속 상승하고 크기가 점점 커지게 되는 것을 보고 부력•도 증가할 것이라고 생각하기 쉽지만 그렇지는 않다. 유체 속에 떠 있는 물체가 받는 부력은 물체와 같은 부피를 가진 유체의 무게와 같기 때문이다. 즉 지상에서 풍선이 차지하는 부피는 작지만 공기의 밀도가 높으며, 고도가 높아지면 부피는 증가하지만 밀도는 낮아진다. 따라서 풍선이 차지하는 부피에 의한 공기의 무게는 같아서 부력도 같다는 뜻이다.

● **부력** 기체나 액체 속에 있는 물체가 그 물체에 작용하는 압력에 의해 중력에 반하여 위로 뜨려는 힘.

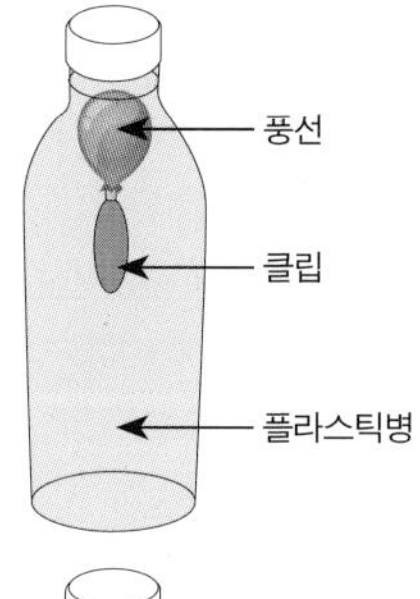

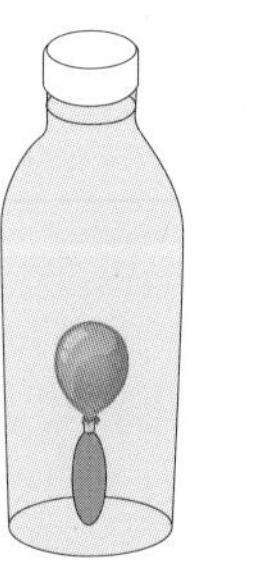

데카르트의 잠수부 실험. 플라스틱병에 힘을 가하면 부력이 줄어들어 잠수부가 병 아래로 가라앉는다.

고도 관찰을 위한 헬륨 풍선의 경우 지상에서는 길쭉한 타원형의 모습을 보이지만 높은 고도에 올라가면 원형에 가까운 모양을 갖추게 되는 것도 같은 이유다. 물론 이때도 헬륨 풍선의 부피는 증가하지만 부력은 지상에서와 거의 같다. 이와는 달리 데카르트의 잠수부(페트병에 물을 채운 후 풍선에 공기를 조금 넣고 클립으로 평형을 맞추면 쉽게 만들 수 있다)로 알려진 장난감의 경우, 병에 힘을 가하면 수압이 높아지고 풍선의 부피가 줄어들기 때문에 부력이 감소하여 잠수부가 병 아래로 가라앉는다.

이는 공기와 달리 물은 거의 압축되지 않기 때문에 수압이 높아지더라도 밀도에는 거의 변화가 없어 부력이 감소하면서 나타나는 현상이다.

+ 늙어가는 고무풍선?

놀이공원이나 개업식에서 얻은 풍선을 집에 가지고 와서 놀다 방에 두면 며칠 뒤에 크기가 줄고 결국에는 쭈글쭈글해진다. 분명 물속에 넣어 확인해보면 공기가 새어나오지 않는데도, 며칠 후면 풍선의 크기가 어김없이 줄어든다. 이와 달리 알루미늄풍선은 훨씬 오랜 시간이 지나도 크기가 잘 줄지 않는다. 이는 고무풍선에는 눈에 보이지 않지만 공기 분자들의 출입이 가능할 만큼 많은 구멍이 있기 때문이다. 이 구멍으로 압력이 높은 내부의 공기 분자들이 밖으로 빠져나갈 수 있다. 물론 구멍으로 들어오는 분자들도 있지만 내부의 압력이 높아 밖으로 빠져나가는 것이 더 많다. 반면 알루미늄풍선은 얇아 보이지만 거의 빈틈이 없어서 오랜 시간 동안 풍선의 형태를 유지한다.

+ 목숨을 살리는 풍선

풍선이 놀이나 기상 관측에만 사용되는 것은 아니다. 풍선은 탄성이 있어 기체나 액체를 넣어 쉽게 팽창시킬 수 있고, 압력도 쉽게 조절이 가능하고, 매끄러워 몸속에 넣기도 수월하다. 그래서 병원에서 의료용으로도 많이 사용된다. 동맥경화로 좁아진 혈관을 확장시키거나 담석으로 담도가 좁아졌을 때 풍선 카테터를 넣고 확장시키면 혈액이나 쓸개즙이 이동할 수 있는 통로가 생긴다. 또한 척추 수술을 할 때는 풍선으로 골 시멘트가 들어갈 자리를 만들며, 항문에 풍선을 삽입하여 항문근육을 강화할 때나 태아의 분만 유도 과정에서도 풍선을 사용한다. 이처럼 재미로 가지고 노는 풍선은 생명을 살리는 데 사용되기도 한다.

더 읽어봅시다!

마르틴 슈나이더의 『테플론, 포스트잇, 비아그라』, 외르크 마이덴바우어의 『놀랍다 과학과 발명 5』.

2부

상상력 발견

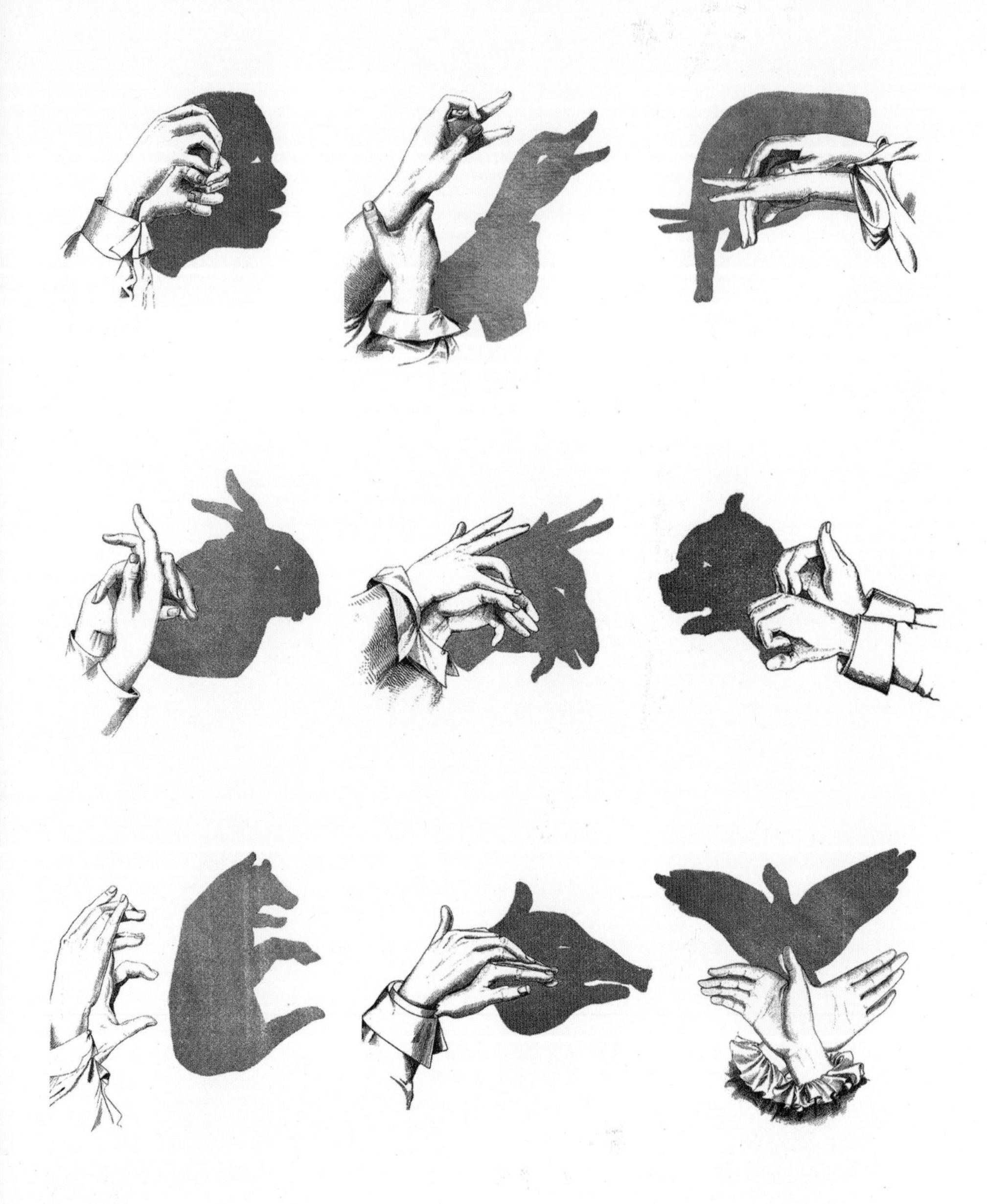

다양한 손 그림자놀이.

경계 부분이 완벽하게 선명한 그림자는 없다?

그림자놀이의 과학 빛의 회절, 일식, 구면파, 간섭

요즘에는 정전이라는 말의 의미가 '블랙아웃'과 같은 대규모 정전 사태를 뜻하는 경우가 많다. 하지만 20~30년 전만 해도 정전은 흔한 일이었고, 각 가정에서는 전기가 다시 들어올 때까지 마냥 기다릴 수밖에 없었다. 지금은 정전 시 스마트폰으로 게임이라도 하겠지만 예전에는 할 수 있는 일이 거의 없었다. 오히려 아무것도 할 수 없었기에 촛불을 가지고 여러 가지 놀이를 했을지도 모른다. 역시 필요는 발명의 어머니다. 어두운 방 안을 환하게 비춰주는 것이 촛불밖에 없으니 이를 가지고 다양한 놀이를 만들어냈을 것이다. 제일 먼저 하게 되는 장난은 촛불을 흔들고 손을 통과시키는 등의 불장난이다. 그러다가 촛농이 흘러내리면 그것을 떼어 다시 촛불 근처로 가져가 녹이기도 한다. 그래도 전기가 들어오지 않으면 이젠 벽에 생긴 커다란 그림자로 여러 가지 장난을 친다. 동생의 머리 뒤로 손가락 두 개를 올려 뿔을 만들기도 하고, 다양한 동물들을 만들며 놀았다.

물론 오늘날에도 손전등으로 그림자놀이를 할 수 있지만 촛불로 했을 때의 분위기를 느끼기는 어렵다. 에너지가 풍부해진 오늘날에는 모든 곳이 항상 지나치게 밝다. 대도시에서는 어둠을 경험할 기회가 거의 없다는 것이 많이 아쉽기도 하다.

빛이 남긴 흔적 그림자

동화 『피터 팬』에서 피터 팬은 잃어버린 자신의 그림자를 찾아 웬디가 사는 집으로 들어간다. 웬디는 피터 팬이 그림자를 잃어버리지 않도록 피터 팬과 그림자를 꿰매어준다. 물론 그림자가 따로 분리되어 돌아다닌다는 것은 동화적인 상상일 뿐 그림자는 빛과 따로 떼어 생각할 수 없는 빛의 또 다른 성질이자 일부다. 즉 피터 팬의 그림자가 사라지는 것은 빛이 사라지거나 여러 곳에서 빛이 비치는 경우에만 가능하며, 빛과 무관하게 그림자만 나타나거나 사라지지는 않는다.

그림자가 만들어지기 위해서는 광원이 필요하며, 광원에 따라 그림자의 형태와 색깔이 정해진다. 선명한 그림자를 만들기 위해서는 광원의 크기가 작고 구형인 것이 좋다. 물론 빛의 회절 현상 때문에 레이저와 같은 아무리 작은 점광원을 사용하더라도 그림자의 경계 부분이 완벽하게 선명한 그림자는 만들어지지 않는다.

기다란 형광등보다는 구형의 백열등이나 LED(Light Emitting Diode)● 의 빛이 더 선명한 그림자를 만든다. 그리고 길쭉한 형광등의 경우에는 연필을 형광등의 길이 방향으로 놓으면 직각방향으로 놓았을 때보다 그림자가 선명하다. 이는 광원의 다양한 위치에서 출발한 빛이 본그림자 외에 반그림자도 만들어내기 때문이다. 즉 형광등은 선명한 본그림자와 희미한 반그림자를 만들어내는 것이다.

● LED 발광다이오드의 줄임말이다. 갈륨비소 등의 화합물에 전류를 흘려 빛을 발산하는 반도체 소자다. 소자의 종류에 따라 다른 색깔의 빛을 얻을 수 있으며, 전자제품에서의 문자 표시, 숫자 표시 등에 쓰인다.

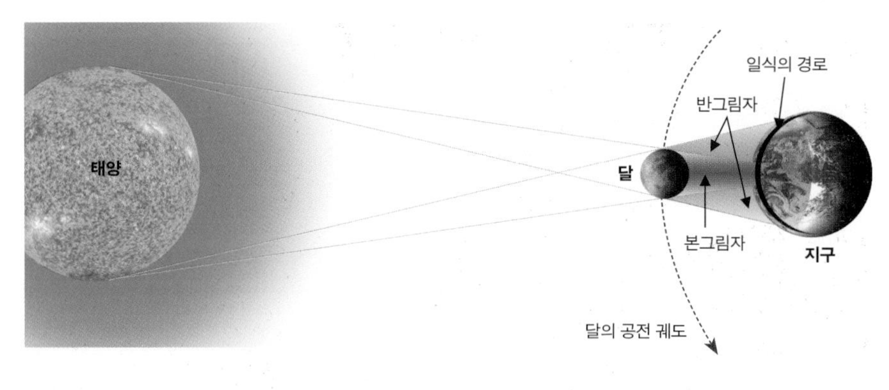

일식의 원리. 달의 본그림자 지역에서는 개기일식, 반그림자 지역에서는 부분일식을 관측할 수 있다.

마찬가지로 개기일식은 달의 본그림자, 부분일식은 반그림자에 들어갔을 때 만들어진다. 여러 가지 색의 광원이 있다면 색 그림자도 만들 수 있다. 흔히 그림자는 검은색이라고 생각하지만 광원에 따라 다양한 색의 그림자가 만들어진다. 다양한 색의 그림자는 서로 다른 색을 가진 두 개 이상의 광원을 다른 위치에서 비추어서 간단히 만들 수 있다.

그림자를 일상생활에 이용하기 시작한 것은 고대 천문학자들이었지만 그림자를 세밀히 관찰하고 그 속성을 활용한 것은 화가들이었다. 그림자는 미술에 있어 사물의 부피를 표현하는 데 중요한 역할을 한다. 특히 르네상스의 거장들은 빛과 그림자의 속성을 이용해 살아 있는 듯한 그림을 만들었다. 정면에서 얼굴을 그리면 평면적으로 보이지만 측면에 광원을 설정하고 얼굴에 그림자를 넣으면 입체적으로 보이는 방법을 활용해 그림을 그렸던 것이다. 그림자는 사진에도 꼭 필요하다. 그림자를 만들어내는 어둠상자가 없다면 외부 빛에 의해 사진이 흐릿해진다.

그림자를 활용하는 것이 아니라 아예 그림자를 찍는 '실루엣 애니메이션'이나 'X선 사진'도 등장했다. X선 사진은 X선이 남긴 그림자를 찍

르네상스의 거장 레오나르도 다 빈치가 그린 〈담비를 안고 있는 여인〉(1489~1490).

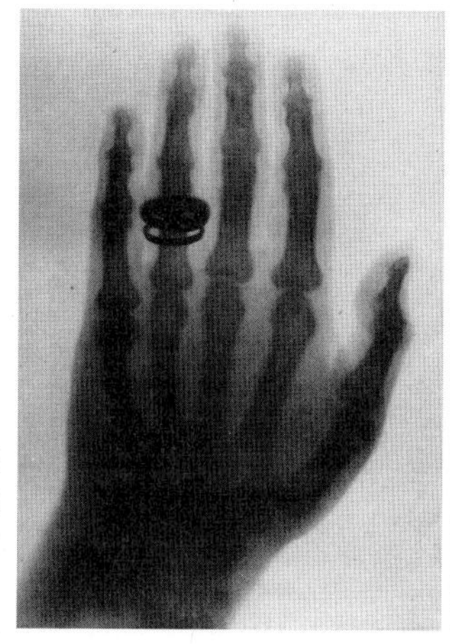

그림자를 직접 찍어서 만드는 X선 사진(왼쪽)과 실루엣 애니메이션(오른쪽)은 과학이 탄생시킨 그림자놀이라 할 수 있다.

은 사진이고, 실루엣 애니메이션은 단순한 그림자로 만든 애니메이션이지만 제작자의 능력에 따라 단조로움을 극복하고 깊이 있는 내면을 표현하는 작품으로 완성시킬 수도 있다. X선 사진이나 실루엣 애니메이션은 우리의 몸과 마음을 건강하고 즐겁게 해주는 과학이 탄생시킨 그림자놀이라 할 수 있다.

시간을 알려주는 그림자

인간을 비롯한 많은 생물들이 밤낮이 바뀌며 계절이 변하는 것에 맞추어 생활한다. 생물들이 시간의 흐름에 맞춰 생활할 수 있는 것은 생물시계로 불리는 체내의 시계가 있기 때문이다. 인간의 경우 뇌 속에서 생물시계 역할을 하는 송과선•이 있어 해가 뜨면 활동하고 밤이 되면 잠을 자게 된다. 많은 생물들이 생물시계를 가지고 있지만 시간을 인식하는 생물은 인

• **송과선** 솔방울샘이라고도 하며, 좌우 대뇌 반구 사이 셋째 뇌실의 뒷부분에 있는 솔방울 모양의 내분비 기관이다. 생식샘 자극 호르몬을 억제하는 멜라토닌을 만들어낸다.

고대 이집트의 오벨리스크.

간이 유일하다. 이는 시간을 측정하는 것이 시계가 아니라 시계가 측정한 물리량이 시간이기 때문이다.

오래전 인류는 태양의 움직임에 의해 규칙적으로 밤낮이 바뀌고, 그림자의 모양도 일정하게 변한다는 사실을 깨달았을 것이다. 인간이 주기적인 태양 운동을 이용해 시간을 측정하기 시작한 것은 기원전 13세기 중국이며, 고대 이집트에서는 기원전 10세기쯤에 해시계를 만들었다고 전해진다.

고대 그리스의 철학자 아낙시만드로스(Anaximandros)는 그노몬(gnomon)이라는 막대기로 시간을 측정하는 해시계를 고안했으며, 고대 이집트의 유적 오벨리스크(obelisk)도 일종의 해시계이다. 그노몬은 막대기 그림자의 길이가 가장 짧아지는 때를 관찰해 그때의 시각을 정오라고 정했다. 정오의 태양 위치를 남중(南中)이라 부르는데, 태양의 고도가 하루 중 가장 높아 그림자의 길이가 가장 짧다. 이를 기준으로 정해 일정한 간격으로 눈금을 새기면 해시계가 되었다.

해시계는 태양의 운동에 의해 생기는 그림자의 운동 방향이 시곗바늘의 역할을 하도록 한 것이다. 동쪽에서 해가 떠서 남쪽과 서쪽으로 운동하면 그림자의 운동 방향이 서쪽에서 북쪽, 동쪽으로 움직이는데 이것이 오늘날 시계 방향의 기원이 되었다.

중국의 영향을 받았던 우리나라도 삼국시대에 이미 시간을 측정했을 것으로 추측되지만 아쉽게도 남아 있는 유물이 없다. 하지만 1434년 세종대왕의 명을 받은 장영실, 이천, 김조 등이 제작한 앙부일구(仰釜日晷)라는 해시계가 남아 있다. 앙부일구에서 앙부는 '입을 벌린 가마솥'을 뜻하며, 일구는 '해 그림자'를 뜻한다. 가마솥처럼 오목한 시계판이 하늘을 향하고 있는 데서 붙여진 이름이다.

세종대왕은 글자를 모르는 백성을 위해 시간을 십이지신 그림으로 표시하고, 종로 혜정교와 종묘에 두어 누구나 쉽게 시간을 확인할 수 있게 했다. 앙부일구가 다른 나라의 해시계보다 우수한 점은 가마솥처럼 생긴 시계판에 있다. 시계판이 평평할 경우에는 아침과 저녁에 그림자가 길게 누워버리는 바람에 정확히 읽을 수 없지만, 앙부일구는 오목하게 제작되어 시각을 정확히 읽을 수 있었다. 또한 절기에 따라 그림자의 길이를 정확하게 측정해 13개의 줄을 그어놓아 그림자의 위치만으로 시각과 계절까지 알 수 있도록 했다.

앙부일구

거리를 알려주는 그림자

그림자놀이는 촛불이나 전등 앞에서 다양한 모양을 만들고 이를 벽면에 투영시키는 놀이다. 이때 벽면에 생긴 그림자는 광원에 가까울수록 커지고 벽면에 가까울수록 실제 크기에 가깝게 줄어든다. 이는 촛불이나 전등과 같은 광원에서 만들어진 빛이 구면파의 성질을 띠어 거리의 제곱에 비례하는 크기로 빛이 퍼져나가 나타나는 현상이다.

따라서 그림자와 물체는 닮은꼴이기 때문에 비례를 이용하면 크기를 구할 수 있다. 이와 달리 레이저와 같은 평면파는 아무리 멀리 가도 퍼지지 않아 거리와 상관없이 항상 같은 크기의 그림자를 만든다. 레이저가 거리에 상관없이 일정한 세기를 가지는 것은 퍼지지 않는 평면파이기 때문이다.

빛이 직진하여 그림자를 만들기 때문에 물체의 크기나 거리 측정에 사용할 수 있다는 사실은 일찍부터 알려져 있었다. 고대 그리스의 수학자들은 그림자와 삼각함수를 이용하여 직접 잴 수 없는 산이나 건물의 높이를 측정했다. 이 방법은 오늘날에도 달에 있는 산이나 분화구의 높이를 측정하는 데 사용된다.

그리스의 철학자 에라토스테네스.

빛과 그림자를 이용해 가장 놀라운 일을 해낸 사람은 그리스의 천문학자 에라토스테네스(Eratosthenes, BC 273?~BC 192?)이다. 그는 지구에 입사하는 태양광선은 평행하다는 가정(이외에도 엇각의 크기는 같다는 것과 지구는 완전한 구라는 가정을 했다)을 통해 지구의 크기를 측정했다. 태양의 경우에도 지구에서 거리가 멀기 때문에 평행광선으로 간주할 수 있었던 것이다.

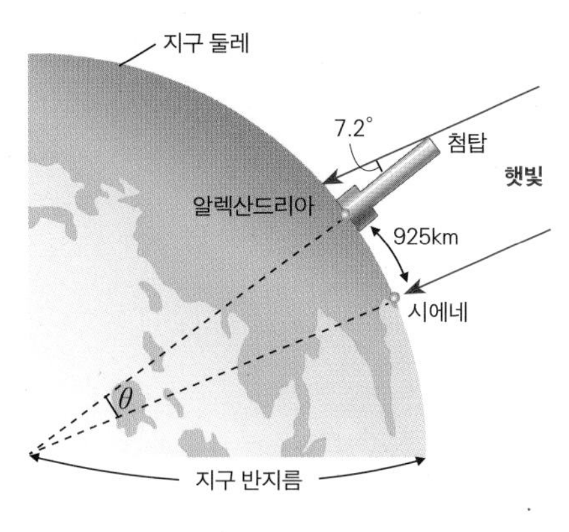

에라토스테네스는 원의 둘레에 대한 부채꼴의 호 길이는 호의 중심각 크기에 비례한다는 사실을 이용해서 지구의 크기를 측정했다.

대낮에 축구공의 그림자를 관찰해보면 바닥에 있을 때와 지면에서 튀어 올랐을 때 그림자의 크기가 같다는 것을 알 수 있다. 이는 태양광선이 평행하기 때문에 높이에 상관없이 일정한 크기의 그림자를 만들기 때문이다. 에라토스테네스는 하짓날 시에네 지역에서는 그림자가 사라지고 같은 날 같은 시각 알렉산드리아에서는 그림자가 생긴다는 사실을 관찰해 지구의 크기를 측정했다.

에라토스테네스가 비율을 이용해 측정한 지구의 크기는 4만 6,250킬로미터로 오늘날의 정확한 수치인 4만 120킬로미터와 큰 차이가 없다. 단지 발걸음과 계산만으로 인공위성으로 측정한 수치에 근접했다는 사실이 놀랍기만 하다.

그림자로 큰 물체의 길이만 잴 수 있는 것은 아니다. 무아레(moire) 무늬를 이용하면 아주 짧은 길이도 정밀하게 측정할 수 있다. 무아레는 '물결무늬'라는 의미의 프랑스어에서 나온 말로 중국에서 수입된 비단에 나타난 무늬를 보고 이렇게 불렀다. 무아레 무늬는 일종의 맥놀이•가 시각적으로

• **맥놀이** 진동수가 약간 다른 두 개의 소리가 간섭을 일으켜 소리가 주기적으로 세어졌다 약해졌다 하는 현상. 이 같은 현상은 소리에만 국한되는 것이 아니라 여러 가지 파동에서도 나타난다.

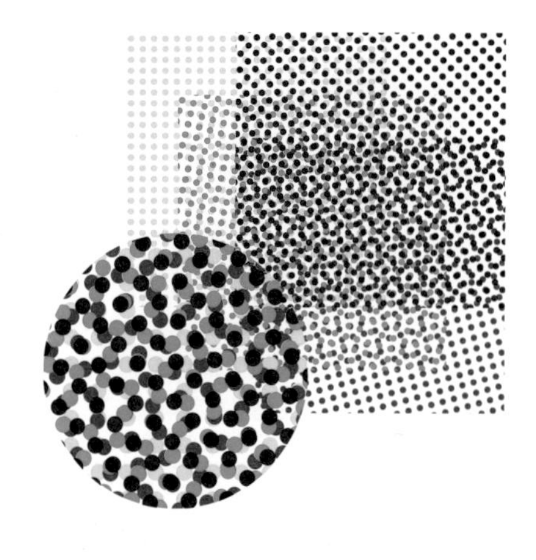

무아레 무늬의 예.

발생하는 것으로 생각할 수 있는데, 비슷한 간격을 가진 줄무늬 사이의 간섭으로 만들어진다.

카메라 촬영 때 무아레 무늬가 생기는 것을 막기 위해 방송 출연자나 모델들은 좁은 줄무늬 옷을 잘 입지 않는다. 방송에서는 조심해야겠지만 이를 이용해 굴곡이 있는 3차원 물체의 길이를 정확히 측정할 수 있다. 무아레 무늬로 3차원 형상을 측정할 때는 측정 대상물 앞에 규칙적인 줄무늬 격자를 두고 빛을 비춰 측정한다. 규칙적인 줄무늬 격자는 물체 표면에 규칙적인 그림자를 만들고 물체 표면에서 반사된 빛과 간섭 현상을 일으켜 무아레 무늬가 만들어진다.

이렇게 지도에서 등고선을 이용해 높이를 표시하는 것처럼 무아레 무늬를 이용해 물체의 굴곡을 측정하는 방법을 무아레 토포그래피(moire topography)라고 한다. 무아레 무늬는 이미 1970년에 의학적인 목적으로 인체를 측정하는 데 사용되었고, 지금은 의학과 공학, 패션산업에 이르기까지 폭넓게 활용되고 있다.

생명을 살리는 그림자

전통적으로 그림자는 공포와 관련이 많다. 조용히 다가오는 그림자에 두려움을 느끼는 것은 단순히 그림자만으로는 정체를 알 수 없다는 불

확실성에 기인한다. 달빛을 배경으로 조용히 다가오는 그림자가 친구라면 상관없겠지만, 만의 하나 적이라면 매우 위험한 상황이 발생할 것이기 때문이다.

'어둠의 그림자'라는 말은 불길한 일을 두고 사용되는데, 과학적으로 본다면 옳은 표현이 아니다. 어둠은 빛이 존재하지 않는다는 것으로, 빛이 없을 때는 그림자가 생길 수 없기 때문이다. 재미있는 것은 영화나 드라마에서는 그림자를 이용해 공포심을 조장한다는 점이다. 과거 여름철 납량특집 단골 드라마였던 〈전설의 고향〉에서 귀신이 등장할 때는 얼굴 아래쪽에서 파란색 조명을 비췄다. 조명을 아래쪽에서 비춘 이유는 대부분의 광원이 머리 위에 있는 일상과 다르게 보이려는 연출 때문이다. 그림자가 사람의 발끝에서 지면으로 생기는 것이 정상적인 상황이지만 귀신의 경우에는 비정상적인 모습으로 묘사하기 위해 그림자가 위로 생기도록 조명을 비춘 것이다.

영화나 드라마에서는 그림자가 어두운 이미지로 그려지지만, 그림자의 존재가 소중할 때도 있다. 과도한 조명에 의해 빛을 많이 받으면 생물은 광스트레스를 받는다. 사람은 잠을 잘 때 불빛이 비치면 숙면을 취하지 못하며, 농작물의 경우 빛을 많이 받으면 개화 시기에 문제가 생겨 생산량이 감소하기도 한다. 사막의 동물들은 한낮의 직사광선이 체온을 상승시켜 소중한 수분을 손실케 만들므로 그림자가 소중한 피난처가 된다.

강렬한 직사광선에 포함된 자외선은 피부노화를 촉진하기 때문에 사람들은 모자나 양산을 이용해 그림자를 만들어 피부를 보호한다. 또한 그림자는 더워지고 있는 지구를 식혀주기도 한다. 그래서 온실 효과로 시달리고 있는 지구도 그림자 속에 넣어 식힐 수 있다고 생각하는 과학자들도 있다. 실제로 지표면이 온실 효과로 인해 기온이 0.4℃ 상승할 동안 대류권은 0.2℃밖에 상승하지 않았는데, 이는 화산폭발에 의한 화산재와 가스에 의해 햇빛이 반사되어 나타난 현상으로 과학자들은 보고 있다.

과학자들의 연구에 따르면 태양광선의 1퍼센트 정도만 반사시키면 인간이 발생시킨 온실 효과를 모두 상쇄시킬 수 있다고 한다. 이 때문에 우주에 거대한 거울이나 풍선, 미세먼지로 거대한 그림자를 만들 계획을 제시하기도 했다. 그림자가 항상 어두운 면만 보이는 것은 아니다.

+ 붉은 달이 뜬다

월식은 달이 지구의 그림자 속으로 들어갈 때 일어나는 현상이다. 개기월식이 진행되면 달이 조금씩 지구의 그림자에 가려지다가 결국은 완전히 그림자 속으로 들어간다. 이때 달이 지구의 그림자 속으로 완전히 사라지는 것이 아니라 붉은 달, 즉 레드문(red moon)이 된다. 이는 지구의 대기를 통과한 빛 가운데 파장이 긴 붉은빛이 달에 비치기 때문에 일어나는 현상이다. 저녁놀이 생기는 원리와 비슷하며 그림자와 빛의 산란이 만들어내는 재미있는 천문 현상이다.

+ 태양광선은 과연 평행할까?

태양의 한 지점에서 빛이 나오거나, 태양이 별과 같이 점광원이라면 태양광선이 평행하게 지구에 도달한다는 에라토스테네스의 가정이 옳다. 하지만 태양은 멀리 떨어져 있지만 크기가 거대해 점광원이 아닌 커다란 광원으로 보인다. 따라서 태양의 위쪽에서 나온 광선과 아래쪽에서 나온 광선에 의해 만들어진 그림자는 완벽하게 일치하지 않는다. 만약 태양광선이 완벽하게 평행하다면 일식 때 반그림자 영역이 없어야 한다. 또한 축구공이 지면에서 위로 올라가도 그림자는 선명할 것이다. 하지만 실제로 축구공에는 반그림자가 생기기 때문에 조금만 올라가면 흐릿해져버린다.

더 읽어봅시다!

로제 게느리의 『온실효과 어떻게 막을까』, 윤혜경의 『드디어 빛이 보인다』.

증강현실은 사용자의 현실세계에 3차원 가상물체를 겹쳐 보여주는 기술로서 스마트폰, 태블릿 PC 열풍과 함께 다양하게 발전하고 있다. 사진과 같은 증강현실 지도는 일상 속 길 찾기부터 장거리 여행까지 효율적으로 즐길 수 있게 해준다.

스마트폰이 더 똑똑하게 진화하려면?

스마트폰의 과학 전자기파, 축전기, 볼타 전지, 전자기 유도, 장, 맥스웰 방정식, 전위차

아이들이 자신의 분신처럼 생각하며 소중하게 여기는 물건이 있다. 바로 스마트폰이다. 아이들은 스마트폰의 알람 기능을 이용해 아침 일찍 잠자리에서 일어난다. 물론 일어나서 제일 먼저 하는 것도 메시지 확인이며, 밥 먹으면서도 친구들에게 메시지를 보내다가 엄마에게 꾸중을 듣기도 한다.

학교에 가면서도 쉴 새 없이 친구들과 메시지를 주고받고, SNS를 하지 않으면 친구들에게서 고립된 느낌을 받을 정도다. 아이들은 SNS로 문자를 보내는 동시에 음악을 들으며 학교에 간다. 학교에 와서는 삼삼오오 모여 새로운 게임에 대해 이야기하거나 자신이 세운 기록을 자랑하기도 한다. 아이들은 수업 시작종이 울리기 전까지 조금이라도 더 스마트폰을 만지려고 무척이나 애를 쓴다. 이는 단지 스마트폰에 중독된 아이들의 이야기가 아니다. 정도의 차이만 있을 뿐 대부분 아이들의 생활 모습이다. 어른들의 경우라고 크게 다르지는 않다. 버스나 지하철에서 신문이나 책을 보는 사람보다는 스마트폰으로 자신만의 세계 속에 빠져 있는 사람들이 훨씬 많다.

스마트폰이 너무 스마트해서 생긴 폐해가 아닌가 싶어 한편으로는 씁쓸하기도 하지만 문제는 스마트폰의 진화는 여기가 끝이 아니라는 점이다. 과연 스마트폰의 미래는 어떨까?

봉화에서 스마트폰까지

사회생활을 하는 동물들에게 있어 가장 중요한 것은 의사소통, 즉 커뮤니케이션이다. 동물들은 소리를 이용하거나 몸 색깔이나 다양한 신체 동작(보디랭귀지) 또는 화학적 신호를 이용해 의사소통을 한다. 이렇게 인간을 포함한 동물들은 자신이 가진 신체기관에 맞는 음파나 초음파, 가시광선, 화학물질을 이용해 다양한 방법으로 의사소통을 했다.

동물들의 의사소통 방법은 생활 영역과 감각기관에 의해 좌우된다. 물속에서 생활하는 돌고래의 경우 초음파를 이용하는데, 이는 수중에서 음파보다 직진성이 강하고 가시광선보다 멀리 전달되기 때문이다. 음파를 만들어내기 어려운 나방은 화학물질을 분비해서 의사소통을 하는데, 수 킬로미터 떨어진 곳에서 몇 개의 분자만 감지해도 상대방의 위치를 확인할 정도로 뛰어난 화학적 수용기를 지녔다. 인간의 경우에도 뛰어난 발성기관과 시각을 이용해 다양한 의사소통을 해왔다.

물속에서 생활하는 돌고래의 경우 초음파를 이용하여 의사소통을 한다. 이는 수중에서 음파보다 직진성이 강하고 가시광선보다 멀리 전달되기 때문이다.

하지만 인간 사회가 공간적으로 확대되면서 단지 음성이나 시각적 신호만으로는 의사소통에 어려움이 따랐다. 그래서 발명한 것이 바로 통신이다. 초창기의 통신 방법은 북소리나 나팔소리, 봉화나 연, 비둘기를 이용하거나 전령이 말을 타고 달리는 방법을 사용했다.

물론 이러한 전달 시스템조차 갖춰지

봉수는 초창기 통신 방법 중 가장 훌륭한 체계였으나, 아무리 빨리 불을 피운다 해도 한양에서 부산까지 신호를 보내는 데 12시간 이상 걸렸다. 남산봉수대에서 서울시 주최로 열린 봉수의식 재현 모습.

지 않았을 때는 마라톤의 병사처럼 소식을 가지고 상대방에게 직접 달려갈 수밖에 없었다. 이 중 가장 훌륭한 통신 체계였던 봉수(烽燧)조차 아무리 빨리 불을 피운다 해도 부산에서 한양까지 신호를 보내는 데 12시간 이상 걸렸다.

수천 년 동안 큰 변화가 없었던 이러한 원시적 통신 방법에 급격한 변화를 가져온 것은 전기였다. 1838년에 모스(Samuel Morse, 1791~1872)가 전기를 이용해 신호를 보내는 전신을 발명하면서 과거와는 비교할 수 없는 새로운 통신세계가 열렸다. 전기가 통신에 사용되자 1876년에는 벨(Alexander G. Bell, 1847~1922)이 전화를 발명하고, 1889년에는 마르코

무선통신시대를 연 이탈리아의 과학자 마르코니.

니(Guglielmo Marconi, 1874~1937)가 무선통신 실험에 성공하면서 인류는 유무선통신을 모두 할 수 있게 된다.

초창기 무선통신은 해상의 선박에서 긴박한 사항을 알리기 위해 사용되었는데, 안타깝게도 1912년 타이타닉호가 침몰하면서 무선전신을 이용해 구조신호를 보낸 것이 최초다. 타이타닉호 침몰 이후 선박에는 의무적으로 무선전신기를 장착하게 했고, 1920년대에 접어들어서는 미국의 디트로이트 경찰국 순찰차에도 장착되었다.

이러한 초창기의 이동통신 장비들은 전력을 지속적으로 공급받을 수 있는 고정된 건물이나 선박, 자동차에서 제한적으로 사용될 수밖에 없었다. 그래서 진정한 의미의 이동전화라 불리기는 어려웠지만 배터리와 통신기술의 발달 덕분에 오늘날에는 어디서든 자유롭게 통화할 수 있는 스마트폰이 등장할 수 있었다.

맥스웰과 스마트폰

오늘날 스마트폰과 같은 무선통신 기기를 사용하기 위해 전파가 필요하다는 것은 초등학생에게조차 시시한 상식으로 통하지만, 150여 년 전만 해도 그렇지 않았다. 전기와 자기에 대해서는 이미 고대 그리스 때부터 알려져 있었지만, 눈에 보이지 않는 전파의 대해서는 아무것도 알려져 있지 않았다. 놀라운 것은 전파의 정체를 밝혀내고 100여 년이 채 흐르기도 전에 세상은 전파 없이는 아무것도 할 수 없을 만큼 전파에 의존하게 되었다는 점이다. 그렇다면 과연 전파는 어떻게 발견되었을까?

고대 그리스부터 뉴턴의 시대에 이르기까지 전기와 자기에 대해 밝혀진 것은 거의 없었다. 기껏해야 사람들은 마찰전기나 자석을 가지고 간단한 실험을 하는 정도였고, 그나마 대부분은 정성적 실험이었다. 하지만 축전기의 일종인 라이덴병(leyden jar)이 발명되면서 전기에 대한 좀 더 다양한 실험이 이루어졌다. 쿨롱(Charles A. de Coulomb, 1736~1806)이 비틀림저울로 전하 사이에 작용하는 힘의 크기를 측정하면서 정량적인 실험이 가능하게 된다.

● **볼타 전지** 묽은 황산 용액을 전해질로 하여 동판을 양극, 아연판을 음극으로 하여 만든 전지.

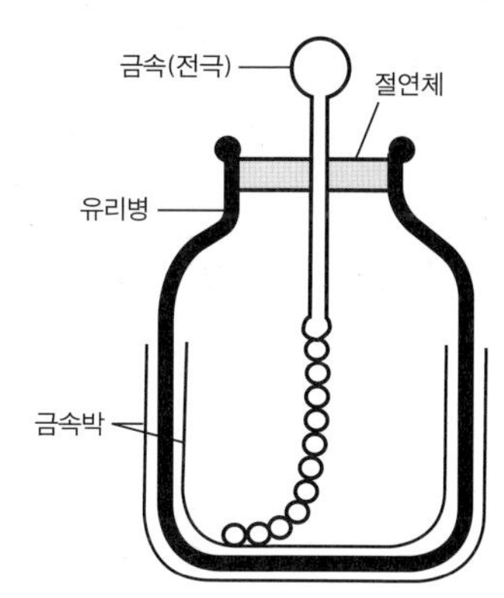

전기를 담는 라이덴병의 원리. 네덜란드의 뮈스헨브루크와 독일의 에발트 폰 클라이스트가 발명한 라이덴병은 전기 실험이 크게 발전할 수 있는 계기가 되었다.

물론 라이덴병으로는 전류를 지속적으로 공급할 수 없었기 때문에 전류에 대한 연구는 볼타 전지●가 만들어진 후에야 활발히 이루어질 수 있었다. 볼타 전지로 전선에 전류를 흐르게 할 수 있게 되자 전류와 자기가 서로 연관이 있다는 사실이 밝혀지는 것은 시간문제였다. 이 역사적 발견의 행운은 물리학자 외르스테드(Hans C. Oersted, 1777~1851)에게 돌아갔다.

● **맥스웰 방정식** 전자기 현상의 모든 면을 통일적으로 기술하는, 전자기학의 기초가 되는 방정식이다. 맥스웰은 이 방정식을 기본으로 하여 전자기장 이론을 확립했다. 물리학자들처럼 이 식에서 아름다움을 느끼기 위해서는 미적분과 전자기학에 대한 지식이 필요하다. 표현 방법도 여러 가지가 있는데, 사진은 미분형으로 표시된 것이다. 방정식은 위로부터 전기장의 가우스 법칙, 자기장의 가우스 법칙, 패러데이 법칙, 맥스웰이 확장한 앙페르 법칙이라고 부른다.

영국의 과학자 패러데이.

영국의 물리학자 맥스웰.

독일의 과학자 헤르츠.

1820년 외르스테드는 저녁 실험 강의 도중 전류가 흐르는 도선 주변에 놓인 나침반 바늘이 움직이는 현상을 보고 깜짝 놀란다. 당시에는 전기와 자기가 별도의 학문으로 여겨졌기 때문인데, 이 발견으로 전기와 자기가 연관이 있다는 전자기학이 탄생했다.

유럽 대륙에서 전류에 의한 자기효과가 실험으로 밝혀지는 동안, 영국에서는 뛰어난 과학적 직관력을 가진 패러데이(Michael Faraday, 1791~1867)가 새로운 실험을 준비 중이었다. 패러데이는 정규 교육을 전혀 받지 못했지만, 제본소에서 일하면서 꾸준히 독서를 통해 자신의 꿈을 키워온 인물이었다.

그는 전류가 자기 현상을 일으킨다면 자기장에 의해서도 전류가 유도되어야 한다는 사실을 직관적으로 깨달았다. 하지만 그는 수학 교육을 전혀 받지 못했기에 자신의 발견을 수학적으로 표현하지 못했고, 장(field)의 개념을 사용하여 설명했다. 패러데이의 발견을 수학적으로 표현한 이는 뛰어난 수학 실력을 가지고 있었던 맥스웰(James C. Maxwell, 1831~1879)이었다. 흔히 맥스웰의 업적은 맥스웰 방정식•으로 널리 알려져 있는데, 이는 역학에서 뉴턴의 운동 법칙과 비견되는 것으로 평가

된다.

맥스웰은 방정식을 정리하는 과정에서 전자기파의 속력이 빛의 속력과 같다는 사실을 바탕으로, 직감적으로 빛이 전자기파의 일종이라는 사실을 알아낸다. 이러한 맥스웰의 예견은 헤르츠(Heinrich R. Hertz, 1857~1894)가 라이덴병을 사용한 스파크 실험•을 통해 멋지게 증명한다. 그리고 헤르츠의 실험을 전해들은 마르코니에 의해 전파 통신의 시대가 활짝 열리게 된 것이다.

• **스파크 실험** 맥스웰에 의해 예언된 전자기파의 존재를 입증하고자 헤르츠가 실시한 실험으로 '헤르츠의 실험'이라고도 한다. 헤르츠는 발진기로서 유도 코일을 사용해 그 양끝에 불꽃을 일으키고, 간극이 있는 고리 모양의 철사를 검측기로 사용하여 그 양끝에도 전기 불꽃이 생기는 것을 발견했다.

오늘날 우리는 무선통신을 발명한 마르코니를 기억하지만 실제로 이렇게 많은 과학자들의 연구가 있었기에 전파가 발견되어 스마트폰을 활용할 수 있는 무선통신의 시대가 열리게 된 것이다.

본능을 자극하는 터치스크린

혁신의 아이콘 스티브 잡스(Steve Jobs, 1955~2011)가 탄생시킨 아이팟(iPod)과 아이폰(iPhone)은 감각적인 인터페이스가 얼마나 중요한지를 보여주는 대표적 성공 사례다. 애플이 아이팟을 처음 만들 때만 해도 다른 제품보다 성능이 특별이 뛰어나거나 가격이 싼 것도 아니었다. 하지만 사용자를 배려한 단순하고도 고급스러운 인터페이스 덕분에 아이팟은 출시와 동시에 날개 돋친 듯 팔려나갔고, 이러한 애플의 디자인 철학은 아이폰과 아이패드(iPad)로 이어졌다. 그때만 해도 휴대용 단말기에 터치스크린을 사용하는 것을 많이 꺼렸지만 잡스는 과감하게 이를 밀고 나갔고, 한 시대를 풍미하는 문화 아이콘으로서 자리 잡게 되었다.

미국의 기업가이며 애플사의 창업자인 스티브 잡스.

터치스크린이 성공할 수 있었던 것은 인간의 본능적인 욕구와도 많은 관련이 있다. 아이들은 새로운 것을 보면 손으로 만지고 싶어하는데, 이는 손가락이 몸의 다른 어느 부위보다도 뛰어난 촉각을 지녔기 때문이다. 터치스크린은 마우스나 키보드보다 직관적인 인터페이스를 갖추어, 무엇이든 만지고 싶어하는 인간의 본질적 욕구를 잘 충족시킨다는 장점을 가지고 있다.

그리고 동물 실험에 사용될 정도로(즉 동물도 사용할 만큼) 직관적이면서도 사용이 쉬운 인터페이스가 터치스크린이었다. 현금인출기나 기차역의 무인발급기, 공공기관의 민원처리시스템과 같은 키오스크(kiosk)에 터치스크린이 널리 활용된 것도 이러한 이유 때문이다. 물론 터치스크린이 장점만 지닌 것은 아니다. 마우스에 비해 조작 속도가 느리며 정밀하지 못하고, 과거에는 싱글터치밖에 안 되는 경우가 많아 PC용 인터페이스로는 적당하지 않다는 평가를 받았다. 이러한 상황에서도 과감하게 터치스크린을 장착한 아이폰이 대성공을 거두면서 터치스크린을 이용한 스마트폰이 경쟁적으로 출시되기에 이른다.

터치스크린의 원리는 의외로 간단하다. 마우스 포인터가 가리키는 스크린 상의 지점을 클릭을 통해 데이터를 입력하듯, 터치패널(touch panel)을 손가락으로 누르는 동작을 통해 데이터를 입력한다. 터치패널

공공장소에 설치된 터치스크린 방식의 정보 전달 시스템인 키오스크는 이제 거리 곳곳에서 찾아볼 수 있다.

에 부착된 센서의 종류에 따라 터치스크린은 저항막 방식, 정전용량 방식, 적외선 방식, 초음파 방식 등으로 구분할 수 있다.

가격이 저렴해 가장 많이 사용되는 저항막 방식은 터치스크린을 눌러 저항값이 변했을 때 발생하는 전위차를 감지하여 위치를 확인한다. 즉 스크린상에 보이지 않는 저항선을 통해 스크린상의 좌표값을 읽는 구조이며, 이때 한 번에 여러 개의 값을 동시에 읽을 수 있는 것이 멀티터치스크린이다. 최근 스마트폰에 많이 사용되는 정전용량 방식은 저항값이 아닌 스크린 표면의 정전기를 이용한다는 것만 다를 뿐 좌표값을 읽어 위치를 확인하는 원리는 같다.

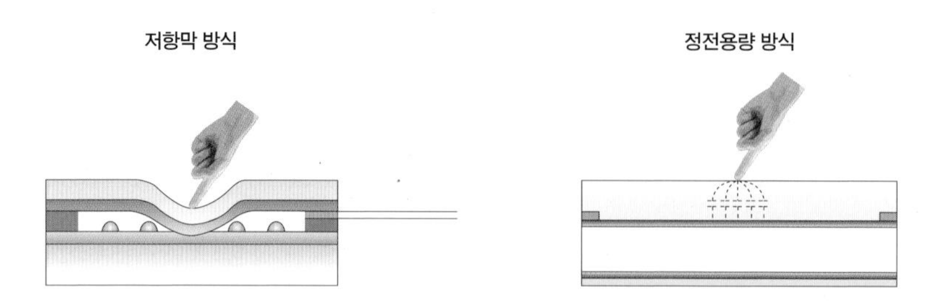

저항막 방식의 터치스크린은 화면을 직접 눌렀을 때 발생하는 저항값의 변화를 통해 위치를 확인하는 반면, 정전용량 방식의 터치스크린은 저항값이 아닌 화면 표면의 정전기를 이용하여 위치를 감지한다.

난 센서 있는 놈이야!

스마트폰은 터치스크린과 OLED● 와 디스플레이가 잘 결합되어 있어 기존의 피처폰● 보다 훨씬 화려한 멋을 낸다. 여기에 자신의 위치를 인식하는 GPS 기능은 기본이고, 움직임이나 충격도 감지할 수 있으며, 전화를 받기 위해 폰을 귀에 대면 저절로 화면이 꺼지는 등 다양한 기능을 갖추고 있다. 이렇게 확실한 차별성을 가지고 있었기에 스마트폰으로 불릴 수 있었다.

● **OLED** 형광성 유기화합물에 전류가 흐르면 빛을 내는 발광 현상을 이용하여 만든 유기물질로, 화질 반응 속도가 초박막 액정표시장치(TFT-LCD)에 비해 1,000배 이상 빨라 동영상을 구현할 때 잔상이 거의 나타나지 않는 차세대 평판 디스플레이이다. 자연광에 가까운 빛을 내고, 에너지 소비량도 적다.

● **피처폰** 스마트폰보다 낮은 연산 능력을 가진 저성능 휴대전화를 일반적으로 이르는 말이다.

디스플레이 전쟁이라고 불릴 만큼 스마트폰 제조사들은 자사의 폰에 장착된 디스플레이의 장점을 부각시키기 바쁘다. 그중 하나인 OLED는 유기발광다이오드(Organic Light Emitting Diodes)의 머리글자로 백라이트가 필요한 LCD(Liquid Crystal Display, 액정디스플레이)와 달리 스스로 빛을 방출하기 때문에 화면이 더 밝고 화려하게 보인다.

스마트폰 배터리의 30퍼센트를 디스플레이가 소모하기 때문에 소비전력이 적은 OLED가 차세대 디스플레이로 많은 주목을 받고 있다. 아직까지 제조 원가가 비싸고 LCD 디스플레이에 비해 개선할 사항도 많아 현재는 두 디스플레이가 공존하고 있는 상황이지만, OLED는 매우 얇고 투명하게 만들 수 있는 등 다양한 활용법이 있어 차세대 디스플레이가 될 것이다.

OLED는 영화 속에서 볼 수 있었던 얇은 두루마리 디스플레이와 같이

차세대 디스플레이.

환상적인 모습으로 곧 우리에게 다가올 것이다. OLED가 빛을 내는 원리는 일반 원자들이 빛을 내는 것과 비슷하다. 전압을 걸어주면 전자가 에너지를 가지고 들뜬 상태가 되었다가 다시 안정된 상태로 되면서 그 차이만큼의 빛을 방출하는 것을 이용한다.

스마트폰의 또 다른 우수성은 주변 상황을 인지하여 다양한 정보를 제공할 수 있는 상황인지 인터페이스에 있다. 스마트폰이 주변의 상황을 인식할 수 있는 것은 여러 가지 센서를 내장하고 있기 때문이다. 스마트폰을 회전시켰을 때 화면이 회전하는 것이나, 폰을 직접 움직여 자동차 게임을 할 수 있게 하는 가속도센서와 자이로센서, 디스플레이의 밝기를 자동으로 조절해주는 조도센서, 폰을 귀에 가까이 가져가면 화면이 꺼지게 하는 근접센서, 지구 자기장을 탐지하는 지자기센서 등 다양한 센서가 있다. 센서(sensor)는 힘, 열, 빛, 소리, 자기장 등의 물리량을 전류와 같은 기계적 신호로 바꿔주는 장치를 말한다. 스마트폰에 장착하는 센서의 수가 증가할수록 스마트폰은 더 똑똑하게 진화한다. 마이크를 이용해 다양한 명령을 수행하게 하는 것도 일종의 음파센서에 해당하는데, 인식률이 환경에 따라 차이가 많이 나서 자주 사용되지는 않지만 목소리로 모든 것을 제어한다는 것 자체가 매우 매력적이기 때문에 꾸준히 연구가 이어지고 있다.

스마트폰이 제공하는 놀라운 기능인 증강현실(增强現實, Augmented Reality, AR)도 이러한 센서 덕분에 가능하다. 낯선 곳에서도 스마트폰만 있으면 주변의 다양한 정보가 실시간으로 화면을 통해 제공되며, 박물관에서는 전시물을 비춰주면 스마트폰에 다양한 설명과 함께 유물이 복원되었을 때의 모습까지도 볼 수 있다. 이 모든 것이 바로 증강현실이다.

증강현실은 가속도센서와 자이로센서, 지자기센서, GPS와 스마트폰의 카메라를 이용해 현실에 가상의 정보를 결합하여 보여준다. 스포츠 중계를 할 때 운동장에 컴퓨터그래픽을 통해 양 팀의 점수를 보여주거나, 차량 운행 정보를 앞 유리에 투영하는 HUD가 증강현실 기술이다. 하지만 스마트폰에는 다양한 센서가 있어 위치 기반 정보가 더해지기 때문에 증강현실의 활용도가 더 높아진다.

증강현실도 결국 가상현실을 이용한다고 할 수 있지만 오로지 컴퓨터

속의 가상환경에만 사용자가 몰입하는 가상현실(Virtual Reality, VR)과는 달리 현실세계를 기반으로 제공된다는 점에서 차이가 있다.

이제 스마트폰을 중심으로 모든 전자기기의 통합이 이루어져 모바일 융합 서비스의 세계로 나아가고 있다. 스마트폰만 있으면 다양한 멀티콘텐츠는 물론이고 모바일 홈네트워킹이나 로봇 제어, U-헬스케어와 같은 다양한 서비스도 제공받을 수 있다. 스마트폰은 마치 '천지창조'처럼 모든 것이 손끝에서 완결되는 마법의 도구로 진화할 것으로 보인다.

+ 팝콘브레인

2011년 CNN은 스마트기기나 게임에 중독되어 우리의 뇌가 팝콘처럼 튀어 오르는 것에는 쉽게 반응하지만 현실세계와 같이 느리게 움직이는 것에는 잘 반응하지 않는 현상을 두고 '팝콘브레인(popcorn brain)'이라는 용어를 사용했다. 2012년 대표적인 SNS인 카카오톡이 10여 분간 중단되는 사고가 발생하자 그사이를 못 참은 수많은 사용자들이 회사에 항의했다고 한다. 이를 보면 SNS에 대한 의존도가 적지 않다는 것을 짐작할 수 있다. 어느덧 스마트한 기기들이 많은 정보를 대신 기억하고 처리해주다 보니, 우리는 가까운 사람의 전화번호조차 잘 기억을 못한다. '디지털 치매(digital dementia)', '스마트 치매(smart dementia)'라는 용어는 이런 상황을 두고 생겨난 신조어다.

+ 블루투스?

스마트폰에는 블루투스 기능이 내장되어 있다. '블루투스(bluetooth)'라는 용어는 10세기 스칸디나비아 반도를 통일한 북유럽의 바이킹 왕 헤럴드 블루투스(Harald "Bluetooth" Gormsson)의 이름에서 따온 것이다. 블루투스에는 헤럴드 블루투스가 스칸디나비아 국가들을 통일한 것처럼 서로 다른 통신장치들을 하나의 통신규약으로 통일한다는 의미가 담겨 있다. 서로 다른 기기들 간의 통신을 연결하기 위해서는 통신규약이 같아야 하는데, 이를 통일하면 다양한 기기들을 연결해서 사용할 수 있는 장점이 있어 블루투스로 통합한 것이다. 블루투스는 2.4기가헤르츠 대역의 주파수를 사용하며, 전송거리가 10미터 정도로 짧아 스마트폰과 노트북, 이어폰 등 근거리에 있는 주변기기들을 이어주는 데 사용된다.

더 읽어봅시다!

김태일 외 3인의 『살아 있는 과학 교과서 1』, 니케이 커뮤니케이션의 『스마트폰과 웹의 혁명: 증강현실의 모든 것』.

해변의 모래는 왜 사라져갈까?

모래놀이의 과학 규산염광물, 사막, 지구 대기 대순환, 열용량, 표면장력

여름의 상징은 역시 부서지는 파도와 드넓게 펼쳐진 하얀 백사장일 것이다. 해변에 펼쳐진 부드러운 모래를 밟고, 모래찜질을 하는 재미도 수영만큼이나 즐거운 추억을 선사한다.

특히 아이들은 수영보다 더 많은 시간을 할애할 정도로 모래놀이를 좋아한다. 모래를 파서 바닷물을 끌어들이기도 하고 모래성을 쌓기도 한다. 모래의 물리적 성질을 잘 알고 있는 전문적인 모래조각가들은 해변에 근사한 모래 작품을 남기기도 한다.

해변에서 할 수 있는 또 다른 모래놀이는 글씨 쓰기다. 해변의 모래들이 마치 글씨를 써주기를 바라는 듯 일정한 높이로 넓게 펼쳐져 있어 누구나 쉽게 글씨를 쓰고 그림을 그린다. 모래 위에 쓴 글씨는 쉽게 지워지는데도 많은 연인들은 모래 위에 자신들의 사랑을 새기는 위험한(?) 놀이를 즐기기도 한다.

나아가 모래는 알갱이로 이루어져 있다는 특징 때문에 놀잇감을 넘어 과학자들의 연구 대상이 되기도 한다.

사라지는 해변

바다가 아름다운 이유는 부드럽게 빛나는 모래 해변이 있기 때문이라고 할 만큼 모래는 중요하다. 모래놀이를 하는 아이들부터 모래찜질을 하는 어른들까지, 해변의 모래는 사람들에게 즐거움을 선사한다. 또한 모래사장에 사랑을 표현하거나 저녁놀을 배경으로 해변을 거니는 연인들에게는 아름다운 추억을 선사한다.

그래서 많은 휴양지가 해변에 자리 잡고 있고, 고급 호텔들은 모래 해변과 이어지는 곳에 지어진다. 이처럼 사람들의 지나친 해변 사랑이 안타깝게도 해변에서 모래가 사라지게 하고 있다. 그렇다면 해변의 모래들은 어떤 과정으로 사라지는 것일까?

우리가 흔히 대수롭지 않게 여기는 모래는 입자의 화학적 조성에 따른 구분이 아니라 입자의 크기에 따른 분류다. 기준에 따라 조금씩 차이가 있지만 일반적으로 모래는 입자의 직경이 0.05~2밀리미터 사이의 광물입자를 지칭하는 것으로 이보다 크면 자갈, 작은 경우에는 미사와 점토라 부른다.

석영 결정.

해변에 따라 색이 조금씩 다른 것은 모래의 구성 성분이 다르기 때문이다. 즉 검은 모래 해변은 현무암 성분이 풍부하기 때문이며, 백사장의 흰 모래는 조개와 같은 해양생물의 탄산칼슘($CaCO_3$)에서 기원한다. 하지만 가장 흔

한 모래는 규소와 산소로 이루어진 이산화규소(SiO_2), 즉 석영이다. 지구를 규산염 행성이라 부르듯이 지구에는 규산염광물이 가장 흔하다. 그래서 바위들의 풍화로 만들어진 모래에도 석영이 제일 풍부하다.

지구에 존재하는 대부분의 모래는 육지와 바다의 경계인 해안에 존재하지만 모래가 만들어지는 곳은 건조지대인 사막이다. 강물이 흐르면서 침식작용에 의해 모래가 만들어지는 것이 아니라 육지의 암석들이 풍화작용을 받아 작은 조각들로 부서진 후 해안으로 운반된 것이 해변의 모래다. 하지만 해변이 모래의 종착점은 아니다. 일부 모래들은 대륙붕으로 들어가 차곡차곡 쌓여 교결작용을 통해 사암이 되며, 계속된 퇴적으로 사암은 지각의 아래쪽 맨틀로 침강되어 들어간다. 맨틀로 들어간 모래는 결국 녹아서 마그마가 되어 지상으로 올라오고 풍화를 거쳐 다시 해변으로 향하는 기나긴 여정이 시작된다.

모래의 여정이 다양하듯 해변의 모습도 시간에 따라 다양하게 변한다. 장시간에 걸친 해수면의 변동에 의해 해변의 모습이 변하기도 하지만 파도와 조류에 의해 대량의 모래가 이동하여 짧은 시간에 바뀌기도 한다. 모래사장은 바닷물 밖에만 존재하는 것이 아니라, 수면 아래 9미터 정도까지 펼쳐져 있다. 이 모래들은 파도에 실려 계속 이동을 한다.

따라서 해변의 모양은 바뀌더라도 모래사장은 그대로 유지된다. 하지만 해안의 도로나 호텔, 방파제나 심지어 모래 유실을 막기 위한 방사제 등 인공구조물에 의해 자연적인 모래의 이동이 방해를 받으면서 해변의 모래가 사라지는 일이 생기고 있다. 우리나라의 최대 해수욕장인 부산 해운대의 경우에는 1992년부터 매년 수천만 원의 비용을 들여 모래를 사서 충당하고 있을 만큼 해변 모래 유실이 심각한 실정이다.

거대한 포식자 모래

모래는 해변에만 있는 것이 아니라 사막에도 많이 분포한다. 하지만 사막이라 하더라도 모래 사막인 경우는 아라비아 사막이 30퍼센트를 차지할 뿐, 유명한 사하라 사막도 겨우 11퍼센트밖에 되지 않는다.

고비 사막의 고비는 몽골어로 '자갈이 많은 평원'이라는 뜻이다. 사막이라고 해서 항상 사구가 펼쳐진 것은 아니다. 사막은 흔히 비가 내리지 않는 지역으로 오해하는 경우가 있다. 사막은 비가 내리지 않는 것이 아니라 강수량보다 증발량이 많은 지역이다. 즉 사막 중에는 한 번에 200밀리미터가 넘게 비가 내리는 지역도 있지만, 이러한 비가 건조한 환경을 바꾸지는 못한다. 이렇게 갑자기 내린 비는 지표에 흡수될 시간도 없이 순식간에 흘러가버리기 때문이다.

● **북회귀선** 북위 23도 27분의 위도를 연결한 선. 춘분에 적도에 있던 해가 점점 북으로 올라가 하지에 이 선을 통과하고, 다시 남으로 내려간다.

지도를 펼쳐놓고 보면 지구에 분포하는 거대한 사막들은 모두 북회귀선●과 적도 사이에 몰려 있다는 공통점이 있다. 이는 거대한 사막들이 해들리 세포(hadley cell)라고 불리는 거대한 지구 대기 대순환과 관련 있기 때문이다. 적도 지역에서 태양복사에너지로 데워진 고온 다습한

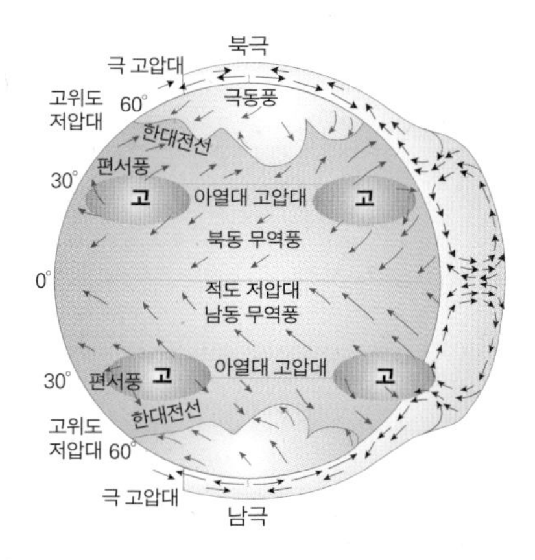

지구 대기 대순환.

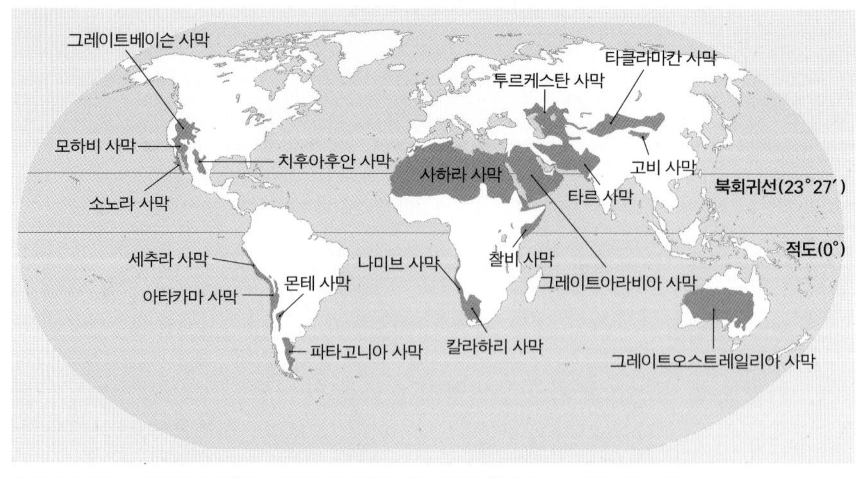

세계 사막 지도. 지구상에 분포하는 거대한 사막들은 모두 북회귀선과 적도 사이에 몰려 있다.

공기는 저온 건조한 공기로 변해 북위 30도에서 하강한다. 이때 공기가 하강하는 중위도 고압대에서는 강수량이 적고 증발량이 많아 사막이 형성된다. 물론 이 밖에도 지리적 요인에 의해 생긴 중국의 타클라마칸 사막도 있고, 차가운 바닷물이 솟아오르는 용승(upwelling)에 의해 공기가 건조해져 생긴 페루의 아타카마 사막도 있다.

이처럼 자연적인 요인으로 넓은 사막 지역이 형성되기도 하지만, 최근에 문제가 되는 것은 인간에 의한 사막화 현상이다. 사막화 현상은 일반적인 생각과 달리 사막이 전체적으로 전진하면서 면적이 넓어지는 것은 아니다. 바람에 의해 군데군데 생긴 조그만 사구들이 연결되면서 사막이 넓어지는 것이다.

인구가 증가하면서 대규모 방목이 행해지고, 농경지가 필요해 삼림을 황폐화시키면서 표토가 유실되어 사막화가 급격하게 진행되고 있다. 사하라 사막의 경우 1년에 10킬로미터씩 사막이 확대되고 있을 만큼 사막화 현상은 심각하게 일어나고 있다.

모래놀이의 원리

해변에 도착했다고 급한 마음에 신발과 옷을 벗어던지고 시원한 바다를 향해 달려가다 보면 정오의 태양이 달군 모래에 뜨거움을 맛볼 수도 있다. 모래는 열용량(heat capacity)이 작지만 물은 열용량이 크기 때문에 나타나는 현상이다.

열용량은 물질 1g의 온도를 1℃ 올리는 데 필요한 열의 양으로, 순수한 물의 경우에는 열용량이 1cal/g으로 크지만 모래의 경우에는 겨우 0.2cal/g로 작다. 따라서 모래는 오전 동안 비춰진 태양복사에너지로도 쉽게 온도가 올라간다.

만약 모래가 열용량이 크다면 달아오른 모래를 밟는 순간 화상을 입을 수도 있다. 열용량을 이용한 가장 인상적인 묘기는 새빨갛게 달아오른 숯 위로 걷기다. 달아오른 숯은 숯불구이에 이용될 만큼 뜨겁지만 열용량이 작기 때문에 적당한 속도로 걸을 경우 사람에게 심각한 부상을 입히지는 않는다. 물론 숯 위로 걷다가 실수하면 화상을 입을 수 있기 때문에 흉내는 쉽지 않지만, 원리상 뜨거운 모래 위를 걷는 것과 같다.

모래찜질이 어른들의 놀이라면, 모래성 쌓기는 아이들의 놀이다. 모래성 쌓기를 할 때는 모래뿐 아니라 물도 필요하다. 보통의 마른 모래는 뭉쳐지지 않고 그냥 흩어져버려서 조각은 고사하고 일정한 각도 이상 쌓아 올리지도 못하기 때문이다.

모래더미를 포함한 지상의 모든 건물들은 중력의 영향을 받기 때문에 언젠가는 무너진다. 물론 지면과 수직으로 잘 지어진 건물은 중력에 의해 작용하는 횡압력만 견디면 오랜 세월 만고풍상을 겪고도 든든하게 잘 버틴다. 돌이나 나무 같은 건축자재들이 옛날부터 집을 지을 때 많이 사용된 것도 횡압력에 잘 견디기 때문이다.

모래더미의 경우에도 정확하게 수직으로 쌓을 수 있다면 상당한 높이까지 쌓을 수 있다. 하지만 다양한 모양의 모래알들을 수직으로 정확하게 쌓아올리는 것은 불가능하며, 기울어진 모래알이 생기게 마련이다. 모래더미의 제일 측면에 있는 모래알을 상당한 기울기에서도 떨어지지 않게 하려면 중력에 저항할 수 있는 힘이 필요하다. 이는 책상 위에 책을 올려놓고 책상을 점점 기울이면 결국 책이 미끄러지는 것과 마찬가지다.

모래도 비탈면을 굴러가려는 모래 알갱이를 모래 사이의 마찰력이 잡아주지 못하면 무너져내리는데, 건조한 모래 사이의 마찰력은 빗면에서 모래알을 잡을 수 있는 정도가 되지 못하기 때문에 조금만 쌓여도 계속 무너지는 것이다. 하지만 모래에 물을 첨가하면 물과 모래 사이의 전기적 인력이 작용해 모래알이 뭉칠 수 있도록 해준다.

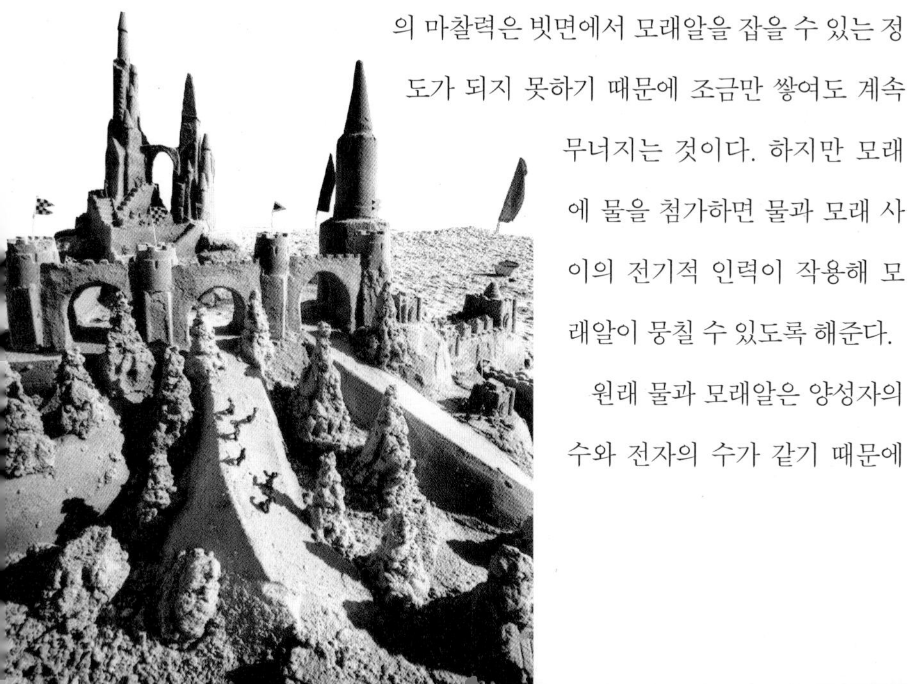

원래 물과 모래알은 양성자의 수와 전자의 수가 같기 때문에

전기적으로 중성이다. 하지만 물 분자는 전자를 끌어당기는 힘의 차이가 생겨 극성을 띠어(이러한 분자를 전기 쌍극자라고 부른다) 중성인 모래 알갱이에 전기력을 작용할 수 있게 된다. 이렇게 작용한 전기력으로 나타나는 힘이 모래 알갱이를 뭉치게 하는 표면장력이 되는 것이다. 표면장력으로 모래가 뭉치기 때문에 물이 너무 많으면 오히려 죽처럼 흘러내리는 액상화 현상이 생긴다. 표면장력으로 뭉쳐진 모래는 물을 너무 많이 섞으면 오히려 죽처럼 흘러내리는 액상화 현상이 생긴다. 이는 모래 알갱이 사이에 물이 있는 것이 아닌, 물속에 모래가 섞인 형태가 되어 물의 표면장력이나 모래 알갱이 사이의 마찰력이 작용하지 않기 때문이다.

모래놀이를 즐기는 과학자들

모래놀이가 해변에서 즐기는 아이들의 놀이라고 생각하면 큰 오산이다. 모래놀이는 알갱이 물질(granular material)을 연구하는 과학자들에게는 아주 소중한 실험 중 하나다. 모래나 쌀알, 시멘트, 설탕과 같은 물질을 알갱이 물질이라고 하는데, 알갱이 물질은 알갱이들 사이에 서로 비탄성 충돌을 일으켜 운동에너지가 보존되지 않는다. 그래서 이러한 알갱이 물질은 액체처럼 흐르기도 하다가 갑자기 막히기도 하는 등 다양한 물리적 현상을 일으켜서 많은 과학자들의 연구대상이 되고 있다.

알갱이 물질이 일으키는 현상 중 가장 널리 알려진 것이 브라질 땅콩 효과(Brazil nut effect)다. 다양한 크기의 땅콩이 담긴 믹스 캔의 뚜껑을 열면 항상 크기가 가장 큰 브라질 땅콩이 제일 위에 올라와 있는 데서 붙

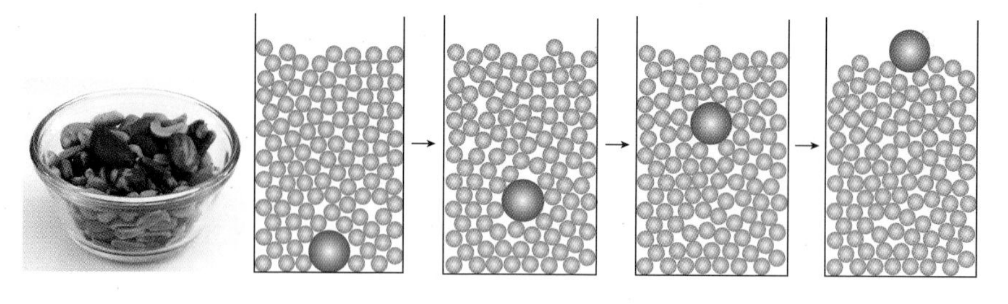

브라질 땅콩 효과. 여러 종류의 견과류가 들어 있는 그릇을 흔들면 항상 가장 큰 브라질 땅콩이 위로 올라오게 된다.

여진 이름이다. 해변에서도 투명 페트병에 다양한 모래와 자갈을 넣고 흔들어주면 저절로 굵은 자갈이 위로 올라오는 '갈라놓기' 현상이 생긴다. 이는 자연은 항상 무질서한 상태로 진행해가려는 경향이 있다는 열역학 제2법칙을 어기는 듯 보인다. 우리는 직관적으로 모든 것은 무질서한 방향으로 흘러간다는 것을 알고 있다. 하지만 신기하게도 페트병 안의 모래나 믹스 캔 속의 땅콩은 오히려 시간이 갈수록 크기 별로 갈라지는 질서 상태로 변해간다.

이 놀라운 현상은 단순해 보이는 모래놀이에 과학자들이 MRI까지 들이대도록 만들었다. 시카고 대학의 하인리히 재거 교수는 MRI까지 동원해 모래더미 내부를 촬영해 갈라놓기 현상이 알갱이 물질의 대류로 발생한다는 것을 알아냈다. 하지만 모래놀이를 통해 가장 유명해진 과학자는 알갱이계의 '자기 조직화된 임계성(Self-Organized Criticality, SOC)'을 발표한 브룩헤이븐 연구소의 페르 박(Per Bak, 1948~2002)일

덴마크의 이론 물리학자 페르 박.

것이다.

페르 박은 모래를 평면에 천천히 떨어트리면 일정한 기울기를 가질 때까지 모래 알갱이가 계속 쌓이다가 기울기가 급해지면 무너지는 일을 반복하는데, 항상 일정한 기울기를 보인다는 것을 발견했다. 그는 일정한 기울기를 유지하는 모래더미처럼 모래 알갱이에 없는 새로운 질서가 나타나는 현상을 자기조직화라고 불렀다.

그리고 고비성(criticality)이라고 불리기도 하는 임계 상태는 과도한 민감 상태 또는 질서와 무질서의 불안정한 균형 상태를 뜻한다. 일정한 각도에 도달한 모래더미가 단지 한 알의 모래에 의해 무너져내리는 것은 임계 상태이기 때문이다. 지진 예보가 어려운 것은 스트레스가 누적된 지층이 임계 상태에 도달해 사소한 자극에도 큰 지진으로 발전하기 때문이다. 즉 임계 상태에 도달한 지층은 언제든지 지진이 발생할 수 있어 지진 예보가 어렵다. 그래서 대형 눈사태를 막기 위해 사소한 눈사태를 일으키는 것은 눈이 쌓여 임계 상태에 도달하지 않게 하기 위한 것이다.

아직도 모래더미의 비밀은 완벽하게 풀리지 않았으며, 많은 과학자들이 알갱이계를 연구하기 위해 컴퓨터상에서 모래놀이를 시뮬레이션하고 있다. 이 정도면 한 줌의 모래라고 무시해버릴 수는 없을 듯하다.

+ 모래시계의 원리

모래시계는 모래가 마치 유체처럼 일정하게 흐르는 성질을 이용한 것이다. 모래가 아닌 물을 사용한다면 그처럼 정확하게 작동하지 않는다. 액체의 경우 수압에 따라 물이 흐르는 양이 변하기 때문이다. 모래는 액체처럼 흐르지만 압력(높이)과 상관없이 일정하게 구멍을 빠져나간다. 이는 모래의 흐름이 모래와 유리 벽면 사이의 마찰력에 의해 조절되기 때문이다. 모래시계 안의 모래를 자세히 보면 얇은 표면층에서는 액체처럼 흐르고, 내부에서는 알갱이 사이의 정지마찰력에 의해 고체처럼 정지 상태를 유지한다. 이러한 사실은 모래더미를 전자현미경으로 관찰한 결과 알려졌다.

+ 모래놀이와 토양공학

아무리 잘 다진 흙이라도 흙 입자 사이에는 간극(또는 공극)이라 불리는 공간이 있다. 간극은 토양의 물리적 성질을 결정하는 중요한 요소로 흙 알갱이와 공기, 간극수로 구성되어 있다. 건물의 하중으로 간극이 줄어들 경우 지반 침하 현상이 일어나 건물이 기울기 때문에, 간극은 토양공학에서 매우 중요한 위치를 차지한다. 또한 간극 사이에 물이 많은 경우 액체 상태가 되며, 적을 경우에는 다양한 모양을 만들 수 있는 찰흙 같은 상태가 된다. 그리고 물이 없을 경우에는 고체 상태가 되어 충격에 부서질 수 있다. 이처럼 모래놀이에서 얻어지는 다양한 경험들을 과학적으로 분석하여 발전시킨 것이 토양공학이다.

더 읽어봅시다!

서울과학교사모임의 『시크릿 스페이스』, 이혜진의 『모래가 꼭 필요해』, 정재승의 『과학콘서트』.

연(鳶)은 장난감이 아니다?

연날리기의 과학 베르누이의 정리, 작용-반작용의 법칙, 방구멍

하루가 멀다 하고 새로운 컴퓨터 게임이나 스마트폰용 게임이 등장하고, 예전에는 볼 수 없었던 신기하고 재미있는 장난감들이 속속 만들어지고 있다. 인터넷 커뮤니티에서도 새로운 게임을 만들어 놀기도 하는 등 세상은 온통 게임과 장난감으로 가득하다.

이렇게 날마다 새롭게 쏟아져나오는 놀이와 장난감 속에 전통놀이는 점점 설 자리를 잃어가고 있는 것 같아 아쉽기도 하다. 아마 개그콘서트의 '현대레알 사전'에서와 같이 전통놀이는 "추석이나 설이 되면 뉴스에서 볼 수 있는 놀이" 또는 "아이는 별 흥미를 느끼지 못하지만 아빠 혼자서 옛 추억에 사로잡혀 정신없이 노는 놀이"라고 정의될지도 모르겠다.

이렇게 전통놀이가 초라한 신세가 된 것은 요즘 아이들이 디지털 환경에 너무 익숙해져 있고, 놀이 환경이 너무나 많이 변했기 때문이다. 아이들로서는 컴퓨터나 스마트폰만 있으면 다양한 게임을 즐길 수 있는데, 굳이 자치기나 비석치기를 하려고 차가운 바람을 맞아가며 넓은 공터를 찾아다닐 이유가 없는 것이다.

그래도 그나마 연날리기는 초등학교에서 전통놀이 체험을 할 때 한 번씩 만들어보기도 하고, 겨울이면 강가에서 연날리기대회가 열리기도 해서 겨우

한국의 서양화가 이중섭(1916~1956)이 그린 〈연을 띄우는 아이들〉.

명맥을 유지하는 편이다. 하지만 이제 연날리기는 더 이상 아이들만의 놀이가 아니다. 어른들의 레포츠로서 그리고 미래를 밝혀줄 새로운 친환경 발전 수단으로도 조명을 받고 있기 때문이다.

연은 장난감이 아니다

연(鳶)은 동양의 전통놀이처럼 여겨지지만, 동서고금을 막론하고 많은 사람들의 호기심과 사랑을 받았던 역사 깊은 놀이기구다. 또한 연은 단순히 놀이기구에 그치지 않고 역사적 순간에 화려한 활약을 펼치기도 했다.

'사면초가(四面楚歌)'라는 고사성어도 연과 관련이 있다. 기원전 200년 초(楚)의 항우는 유방의 군사에 둘러싸여 필사적으로 항전하고 있었다. 이때 유방의 장수 한신은 소가죽으로 만든 커다란 연에 피리를 잘 부는 병사를 태워 초나라의 노래를 애절하게 불게 했다고 한다. 한신은 연을 띄워 거리를 측량하고, 신호용으로 사용하는 등 군사적 목적으로 연을 활용하는 데 전문가였다.

우리나라에도 연을 사용하여 전쟁에 승리한 경우가 종종 있었다. 드라마 〈근초고왕〉에서 백제가 고구려의 성을 공격할 때 말갈족이 글라이더처럼 생긴 거대한 연을 타고 성을 넘는 장면이 나온다. 이를 보고 많은 사람들이 다소 황당하다는 반응을 보였지만, 완전히 근거 없는 장면은 아니다. 신라의 김유신은 비담과 염종의 반란군을 제압하기 위해 연

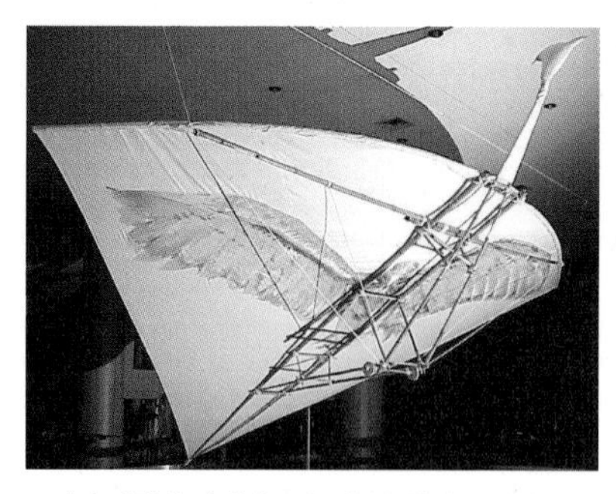

조선조 비행체 비거의 모습. 충북 청원군 공사 공군 박물관에 전시되어 있다.

에 허수아비를 매달고 불을 붙여 높이 날렸고, 고려 말에 최영은 탐라를 정벌하기 위해 연에 불을 붙여 날리는 책략을 사용했다.

실제로 근대 실학자 신정준이 쓴 『책차제(策車制)』에 따르면 임진왜란 당시 진주성이 포위되었을 때 정평구라는 인물이 대나무와 소가죽으로 만든 커다란 연인 비거(飛車)로 사람을 탈출시켰다고 전해진다. 안타까운 것은 비차에 관한 기록만 존재할 뿐 설계도나 유물이 남아 있지 않아 이를 증명하지 못한다는 것이다(여기서 얻을 수 있는 교훈은 과학적 업적을 인정받기 위해서는 그만큼 기록이 중요하다는 것이다).

연으로 번개를 잡다

서양에서도 전쟁에서 연이 신호의 수단으로 사용되었다. 하지만 그보다 널리 알려진 것은 벤저민 프랭클린(Benjamin Franklin, 1706~1790)의 연처럼, 과학적인 업적과 관련 있는 경우다. 프랭클린은 1752년 번개가 치는 날, 연을 날려 번개가 일종의 전기 현상이라는 사실을 증명했고, 이를 응용해 피뢰침을 발명했다. 운이 좋아 실험에 성공했지만 이를 따라 하다가 번개에 맞아 죽은 과학자도 있을 만큼 프랭클린의 실험은 위험했다.

연은 비행기의 역사에서도 빼놓을 수 없는 역할을 했다. 최초로 글라이더를 만들어 직접 비행했던 독일의 오토 릴리엔탈(Otto Lilienthal, 1848~1896)은 연을 가지고 항력(drag, 抗力)● 과 양력(lift, 揚力)● 을 측정하는 실험을 했다. 릴리엔탈은 글라이더 시험 비행 도중 사고로 사망하면서 "희생은 필요하다"라는 유명한 말을 남겼다.

미국의 역사화가 벤저민 웨스트가 그린 〈하늘에서 전기를 끌어들이는 벤저민 프랭클린〉(1816).

가장 재미있고 놀라운 주장은 피라미드를 만드는 데 연이 활용되었다는 것이다. 2001년 미국에서는 피라미드를 건설하는 데 연을 이용했다는 주장을 뒷받침하기 위해 실제로 사막에서 연으로 거대한 돌을 세우는 실험을 했다.

● **항력** 어떤 물체가 유체(기체와 액체) 속을 운동할 때 운동 방향 반대쪽으로 물체에 미치는 저항력이다.

● **양력** 유체 속을 운동하는 물체가 수직 방향으로 받는 힘이다.

연을 과거의 유물로만 생각한다면 큰 오산이다. 다목적으로 활용되던 연은 오늘날에 그 가치를 새로 인정받아 유용하게 활용되기도 한다. 뱃머리 상공에 무려 160제곱미터나 되는 거대한 연을 달아 운항하는, 소위 연이 끄는 배가 등장하기도 했다. 독일의 벨루가에서 만든 'MS 벨루가 스카이 세일스' 호는 컴퓨터로 대형 연을 조종해 연료를 10~35퍼센트나 절감할 수 있다.

미래에는 고고도(高高度) 풍력발전에도 연이 활용될 것으로 보인다. 일반적으로 고도가 높아질

수록 풍속이 증가하는데 지상에서 10킬로미터 상공 부근에는 강한 제트기류(jet stream)● 가 형성되어 풍력발전에 제격이기 때문이다. 이탈리아에서는 800미터 고도에서 풍력발전할 수 있는 연을 제작하여 시험 가동하고 있다고 한다. 연을 이용한 풍력발전은 지상에 풍력발전 탑을 세우는 것보다 건설비용도 적고 효율이 좋아 미래형 발전소로 주목받고 있다. 프랭클린이 연을 이용해 번개에서 전기를 얻어낸 것과 같이 이제는 연을 통해 발전을 하는 날이 올 것으로 보인다.

● **제트기류** 북위 30~40도의 중위도 지역의 고도 8~13킬로미터 상공에 존재하는 빠른 공기의 흐름. 제2차 세계대전 당시 일본을 폭격하러 가던 폭격 편대에 의해 알려졌다. 당시 이 폭격 편대가 발견한 제트기류를 오늘날에는 연료와 시간을 단축시키는 중요한 항로로 사용하고 있다.

연날리기에 실패한 베르누이

연은 과거에 전쟁에서 혁혁한 공을 세웠고, 미래 그린에너지원으로 주목받고 있지만, 역시 우리에게 가장 친숙한 것은 장난감으로 활용되는 연들이다. 아이들이 가장 흔하게 가지고 노는 가오리연과 방패연부터 성인들이 대회 출전용이나 행사용으로 제작하는 거대한 연에 이르기까지 그 종류는 매우 다양하다. 이렇게 다양한 연들이 하늘을 나는 원리는 베르누이의 정리(Bernoulli's theorem)● 로 간단히 설명 가능하다고 흔히 알려져 있다.

비행기가 나는 원리를 설명하는 데 자주 등장하는 베르누이의 정리에 따르면 볼록한 날개의 윗면을 지나는 공기는 아랫면을 지나는 공기보다 속도가 빠르기 때문

● **베르누이의 정리** 다니엘 베르누이가 1738년에 발표한 유체역학의 기본 법칙. 역학적 에너지 보존 법칙에서 유도된 것으로 유체의 속도와 압력, 높이 사이의 관계를 나타낸다. 공기의 속도가 빠르면 압력이 낮아지고, 속도가 느리면 압력이 커진다는 것으로 널리 알려져 있다.

연은 바람이 연에 가하는 힘과 연줄에 의한 장력, 연의 무게가 힘의 평형을 이루면서 난다. 이탈리아 세르비아에서 열린 국제연날리기축제의 모습. (2012. 4. 21)

에 압력이 낮아지고 아래쪽은 속도가 느려 압력이 높다고 한다. 그래서 날개의 아래쪽에서 위쪽으로 미는 힘인 양력이 발생해 비행기가 날게 된다는 것이다.

연에서도 마찬가지로 연의 뒷면으로 흐르는 공기가 빠르게 움직이기 때문에 양력이 생겨 연이 난다고 종종 설명된다. 하지만 연은 비행기의 날개와 달리 매우 얇은 모양을 하고 있어, 베르누이의 정리로만 설명하기에는 모자라다는 점을 직감적으로 알 수 있다. 그리고 더욱 중요한 사실은 비행기조차 베르누이의 정리만으로 설명되지 않는다는 것이다. 만약 비행기가 베르누이의 정리에 따라 비행을 한다면 뒤집어져서 나는 곡예비행은 설명이 어려워진다. 그렇다면 베르누이의 정리는 정확하지 않은 것일까?

연은 뉴턴이 날린다

사실 연이 하늘을 나는 원리는 달리는 차창 밖으로 손을 내밀어보면 쉽게 이해할 수 있다. 창밖으로 내민 손바닥이 지면과 나란한 방향으로 향할 경우 양력은 거의 느끼지 못하며, 공기의 저항인 항력도 작다. 하지만 손바닥을 조금씩 세울수록 항력과 양력이 증가하는 것을 느낄 수 있으며, 손은 공기 중을 날게 된다.

이러한 현상은 손바닥에 부딪친 공기가 방향을 바꾸면서 손바닥을 밀기 때문에 생긴다. 즉 손바닥이 공기를 밀면 공기도 손바닥을 밀기 때문에 손바닥이 뜨는 힘을 받게 되는 것이다. 연의 경우에도 마찬가지로 비스듬한 연에 부딪친 공기가 아랫방향으로 방향을 바꾸어 흐르고, 이때 공기가 연을 미는 힘이 작용한다. 즉 연이 공기를 밀면 공기도 연을 밀게 되어 연이 하늘로 뜨는 것이다. 따라서 연이 하늘을 나는 것은 베르누이의 정리가 아닌 뉴턴의 운동 제3법칙인 작용-반작용의 법칙(또는 운동량 보존 법칙)으로 설명되어야 한다.

연날리기가 뉴턴 운동 법칙으로 설명 가능하듯이 비행기의 비행도 마찬가지다. 이러한 사실을 잘 이해하고 나면 양력과 관련된 일반적인 오해도 쉽게 풀린다. 흔히 비행기의 양력이 비행기의 무게와 같거나 커야 비행기가 날 수 있다고 생각하지만, 이는 틀렸다. 물론 양력이 비행을 가

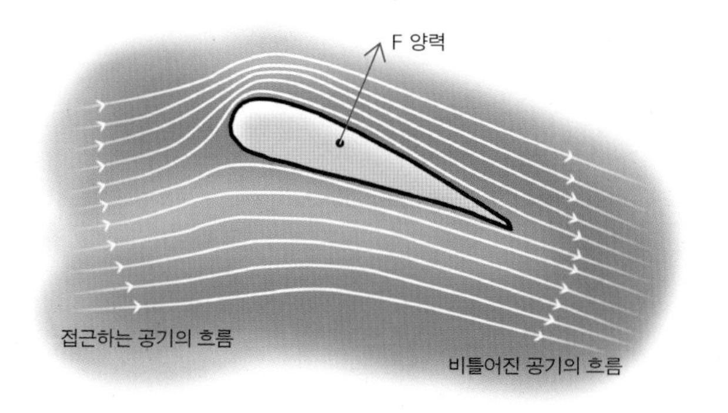

뉴턴의 운동 제3법칙에 따른 양력 발생 원리.

능하게 하기 때문에 이렇게 생각하는 것도 무리가 아니지만, 비행기는 양력이 비행기의 무게(비행기에 작용하는 중력)보다 작아도 날 수 있다. 비행기가 일정한 속력으로 상승할 경우 양력은 비행기의 무게에 지면과 이루는 코사인값을 곱한 값과 같다(양력=무게×cosθ). 따라서 비행기의 양력이 비행기의 무게보다 작아도 하늘을 날 수 있는 것이다.

구멍 난 낙하산

이제 창밖으로 내민 손바닥을 점점 더 세워보자. 손바닥을 세울수록 손바닥은 뜨는 것이 아니라 점점 뒤로 밀리는 느낌을 받게 된다. 이것은 양력보다는 항력이 크게 증가해 생기는 현상으로 비행기나 연에서도 이는 매우 중요하다. 양력은 16℃ 부근까지는 일정하게 증가하다가 20℃ 부근이 되면 급격히 감소한다. 이와 달리 항력은 서서히 증가하다가 20℃ 부근에서 갑자기 증가하기 때문에 비행기의 경우 이런 현상이 생기면 추락할 수도 있다.

안정된 비행을 위해 방패연(위쪽)의 중앙에 방구멍이 뚫린 것처럼 낙하산의 가운데 부분에도 난류의 영향을 억제하는 구멍(아래쪽)이 뚫려 있다.

하지만 연은 각도가 증가하여 양력이 감소하고 항력이 증가해도 실속(失速)하는 일 없이 날 수 있다. 이는 연이 비행기와 달리 연줄이 달려 있기 때문인데, 연은 바람이 연에 가하는 힘과 연줄에 의한 장력●, 연의 무게가 힘의 평형을 이루면서 난다. 따라서 항력이 증가하더라도 결국 연줄에 의한 장력과 힘이 평형을 이루기 때문에 떠오를 수 있는 것이다.

하지만 연의 고도가 증가하면서 강한 바람이 불 경우에는 연이 부서질 수도 있다. 이러한 경우를 대비해 우리의 방패연에는 방구멍이라는 구멍이 뚫려 있다. 이는 다른 나라 연에서는 찾아볼 수 없는 독특한 구조로, 방패연이 안정되게 날게 하는 역할을 한다. 바람을 받아서 날아야 하는 연에 구멍을 뚫으면 날지 못할 것 같지만 오히려 연 뒤에 발생하는 난류를 억제하여 안정되게 날게 된다.

● 장력 물체에 연결된 줄을 팽팽하게 잡아당겼을 때 줄의 힘을 장력이라고 한다. 줄에 걸린 장력은 물체에 작용하는 힘의 크기와 같다.

재미있는 것은 낙하산에도 이러한 구멍이 있다는 것이다. 만약 낙하산에 이런 구멍이 없다면 낙하산 윗부분에 난류에 의한 소용돌이가 생겨 강한 진동이 발생할 수도 있다. 별것도 아닌 장난감인 연 속에 이렇게 많은 과학 원리와 인류의 희망까지 담겨 있다는 사실이 놀랍지 않은가!

+ 베르누이는 틀리지 않았다!

비행의 원리를 베르누이의 정리만으로 설명하는 것에 무리가 있다는 것이지 원리 자체는 틀리지 않았다. 베르누이의 정리로 비행기의 날개 모양이 에어포일(airfoil) 형태를 하고 있는 이유를 설명할 수 있다. 만약 비행기 날개의 위쪽과 아래쪽의 공기가 동시에 통과한다면 양력을 베르누이의 정리로 설명할 수 있다. 하지만 베르누이의 정리는 물과 같이 비압축성 유체에 적용되는 이론이다. 실제로 풍동 실험을 통해 밝혀진 바에 따르면 날개에서 갈라진 공기는 뒤쪽에서 만나지 않는다. 그래서 베르누이의 정리로 비행기가 나는 원리를 설명하기 부족하다는 것이다.

+ 극초음속 비행이 가능할까?

1903년 라이트 형제의 플라이어호가 첫 비행에 성공한 후 비행기술은 꾸준히 진보해왔다. 비행기의 속력도 음속의 벽을 돌파할 때까지는 꾸준히 증가했다. 하지만 초음속의 영역(마하 1에서 5까지)에서 극초음속의 영역(마하 5 이상)으로 전이하는 것은 쉽게 이루어지지 못하고 있다. 마하 5를 넘어서기 위해서는 램제트 엔진이나 스크램제트 엔진이 사용되어야 하는데, 문제는 이들 엔진은 초음속의 속도에서 작동시킬 수 있고, 빠르게 흡입되는 공기에 연료를 분사시켜 점화하기가 쉽지 않다는 점이다. 또한 엔진 내부의 온도가 높아 이를 장시간 견딜 수 있게 만들기도 어렵다. 그렇지만 극초음속 비행기의 매력이 워낙 크기 때문에 미국과 중국을 비롯한 각국에서는 이를 개발하기 위해 꾸준히 노력 중이다.

더 읽어봅시다!

손영운의 『놀이공원에서 만난 뉴턴』, 테디 디어리의 『놀이 공원에 숨어 있는 과학』.

3부

■

모험심 발견

■

한 길 사람 속은 몰라도 열 길 물속은 알기 쉽다?

물놀이의 과학 굴절률, 부력, 아르키메데스의 원리, 작용-반작용의 법칙, 보일의 법칙, 파동

태양이 작열하는 여름은 역시 물놀이의 계절이다. 사람들은 도심의 더위를 피해 시원한 물을 찾아 바다와 계곡으로 떠나거나 워터파크에 가서 신나게 물놀이를 즐긴다.

시원한 계곡물에 발을 담그고 쪼개 먹는 수박도 일품이지만 튜브를 타고 물놀이를 하다 보면 어느새 더위는 사라진다. 용감한 아이들은 조금 높은 곳에서 깊은 물로 뛰어내리기도 하고 서로 물을 튀기며 놀기도 한다. 바다에는 계곡에서 즐길 수 없는 색다른 놀이도 있다. 바로 파도타기다. 서핑보드로 전문적인 파도를 타는 이가 있는가 하면, 단지 튜브에 몸을 맡기고 밀려오는 파도의 짜릿함을 즐기는 사람들도 있다. 이때 파도가 심하게 치면 짜릿함이 아니라 진짜로 바닷물의 짠맛을 보기도 하지만 그래도 물놀이는 마냥 즐겁기만 하다. 워터파크에서는 유수풀에서 흐르는 물에 몸을 맡기고 여유롭게 떠다니거나 짜릿한 물놀이 기구가 있어 흥미롭다.

이렇게 물이 있는 곳이라면 그곳이 계곡이든 바다든 어디서든 쉽게 즐길 수 있는 것이 물놀이다. 수영을 능숙하게 할 수 있는 사람은 물론이고, 수영을 못하는 사람이라도 구명조끼에 튜브만 있으면 큰 문제 없이 즐길 수 있기 때문이다.

열 길 물속은 알기 쉽다?

푹푹 찌는 더위가 몰려오면 사람들은 바다나 계곡으로 피서를 떠난다. 그곳에서 물놀이를 즐기다 보면 어느새 더위를 잊는다. 물놀이는 들어갈 수 있는 물만 있다면 아무런 장비 없이도 남녀노소 쉽게 즐길 수 있다. 하지만 물을 얕보고 함부로 뛰어들다 보면 예기치 못한 사고를 당할 수도 있다. 이는 물속이 물 밖과는 다른 물리적 환경을 지녔다는 것을 생각하지 못해 일어나는 사고이다. 그렇다면 수상안전사고를 예방하기 위해 알아야 할 물의 물리적 특성에는 어떤 것이 있을까?

'열 길 물속은 알아도 한 길 사람 속은 모른다'는 말이 있다. 이는 사람의 마음속이 그만큼 알기 어렵다는 뜻이지만, 사실 아무런 장비 없이 열 길 물속을 알아내기도 쉽지 않다. 이 속담에서 '길'이라는 단위는 보통 사람의 키 또는 2~3미터 정도의 길이를 나타내는 말로, 열 길 물속은 20미터 남짓의 깊은 물속이라 할 수 있다.

이 정도 깊이의 물속에서는 일단 공기 중과는 시야가 다르다. 보통 연안에서는 6미터 정도만 들어가면 흡수나 산란에 의해 수면에서 빛 중 25퍼센트 정도밖에 도달하지 않고, 청색 파장의 빛이 제일 깊이 도달하기 때문에 깊은 물속은 대부분 암청색으로 보인다. 그리고 물속에서는 수경(물안경)을 착용하지 않으면 공기 중과 달리 흐릿하게 보인다. 이는 우리 눈의 각막이 제역할을 못하기 때문에 생기는 현상이다. 즉 공기 중에서는 공기와 각막의 굴절률 차이에 의해 각막으로 들어오는 빛이 동공 쪽으로 굴절되는데, 물속에서는 물과 각막 사이의 굴절률이 비슷하

여 빛이 거의 굴절되지 않는 것이다. 그래서 물속에서도 선명한 시야를 확보하기 위해 수경을 착용한다. 하지만 이 때문에 또 다른 문제가 발생한다. 물속에서 수경으로 빛이 굴절되어 들어오면서 물체가 확대되고, 더 가까이 있는 것처럼 보이기 때문이다.

물속에서는 또한 청각에 의한 거리 판단 능력도 상실된다. 이는 소리의 전달 속도가 물속에서는 공기 중보다 4배 정도 빨라 소리가 양쪽 귀에 도달하는 시차가 거의 없기 때문이다.

물론 이러한 감각 능력이 물놀이를 하는 데 큰 문제를 야기하지는 않지만 수온이나 비중●, 수압의 경우는 다르다. 물은 공기에 비해 밀도가 높고, 열전도율이 크기 때문에 물속에서는 공기 중에 있을 때보다 체온 유지가 어렵다. 아무리 더운 여름이라도 대부분의 물은 체온보다 낮기 때문에 장시간의 물놀이는 피로를 누적시킨다. 그래서 안전을 위해서는 항상 물놀이 중간에 충분한 휴식을 취해야 한다. 해수욕장에서 부표를 띄워놓고 해안가에서만 수영을 즐기도록 하는 것은 해안에서 멀리 갔을 때 낮은 수온의 영향으로 생각보다 빠르게 에너지가 소진될 수 있기 때문이다.

● **비중** 어떤 물질의 질량과 이것과 같은 부피를 가진 표준물질의 질량과의 비율이다. 비중은 기체의 경우 온도와 압력에 따라 달라지며, 여기서는 밀도와 같은 개념으로 생각해도 무방하다.

이처럼 물놀이를 할 때는 물의 여러 가지 물리적 특성들을 고려해야 한다. 그 가운데 우리가 가장 중요하게 고려해야 할 특성은 바로 부력이다.

부력의 원리에 따르면 쇠로 만들었든 플라스틱으로 만들었든 물체의 부피가 같다면 부력의 크기도 같다. 아르키메데스의 원리(부력의 원리)

부력의 원리에 따르면 강철로 만들었거나 플라스틱으로 만들었거나 모두 물에 뜰 수 있다.

가 발견되고도 많은 사람들이 쇠로 만든 배는 물에 뜰 수 없다고 생각했는데, 이는 부력의 원리를 제대로 이해하지 못한 탓이다. 그래서 철선이 등장하는 데는 제법 오랜 시간이 걸렸다.

물속에서 비행하기

부력의 원리를 이해했다면 물속에서 가장 쉽게 즐길 수 있는 물놀이가 수영이다. 수영은 아무런 도구도 필요치 않으며 단지 수영을 즐길 수 있는 물만 있으면 된다. 물론 수영을 쉽게 즐길 수 있다고 해서 수영의 원리가 그리 단순한 것은 아니다. 수영을 정확히 이해하기 위해서는 부력의 원리 외에도 마찰력, 작용-반작용의 법칙, 항력과 양력 등 실로 복잡하고 다양한 힘과 과학 원리까지 알아야 하기 때문이다.

수영은 물속에서 팔과 다리를 움직이는 전신운동으로 다른 육상 종목들과 달리 부력에 의해 무중량감이라는 독특한 느낌을 받을 수 있는 운동이다. 수영을 하기 위해서는 물에 떠야 하는데, 사람은 비중이 1보다 약간 크기 때문에 가만히 있으면 물에 가라앉는다. 인체를 구성하는 조직 중 지방만 비중이 0.94로 물보다 밀도가 낮아 지방층이 두꺼울수록 수영에 유리하다. 일반적으로 수영선수들이 다른 종목 선수들에 비해 피하지방층이 더 두껍다.

부력을 좌우하는 또 다른 중요한 요인은 폐의 용적으로 폐활량이 크면 밀도가 낮아져 그만큼 부력이 증가하는 효과를 가져온다. 박태환 선수의 폐활량은 일반인의 2.4배나 될 만큼 뛰어나다. 이는 그만큼 부력이 증가하여 수영에 유리하게 작용한다. 그래서 수영복 제조사들은 꾸준히 부력을 증가시켜왔고, 결국 이를 두고 '기술도핑'이라는 비난이 일자 국제수영연맹(FINA)이 수영복의 두께와 재질을 제한하기에 이르렀다.

물에 뜬 다음에는 작용-반작용의 법칙을 이용해 앞으로 나가게 된다. 하지만 작용-반작용의 법칙을 수영에 적용할 때는 세심한 주의가 필요하다. 수영은 흔히 생각하듯 노를 저을 때 배가 앞으로 나가는 것처럼 손이나 발로 물을 뒤로 밀기 때문에, 몸이 앞으로 움직이는 것만은 아니기 때문이다.

오히려 수영하는 사람은 카누보다 프로펠러 비행기가 공기 중을 날아갈 때와 더 비슷하다. 즉 공기보다 무거운 비행기가 프로펠러에 의해 공기 중을 날아가듯, 물보다 무거운 사람도 팔을 회전시켜 물속을 날아가듯 수영하기 때문이다. 실제로 비행기가 날아가는 것은 프로펠러의 회전에 의해 발생한 공기를 뒤로 밀어낼 때의 작용-반작용에 의한 것이 아니라, 프로펠러가 회전할 때 발생한 상대적 공기의 흐름이 날개를 밀어올려서 공기 중을 날아갈 수 있게 된다.

마찬가지로 팔을 움직이고 발로 물을 차는 동작은 몸 주위에 물의 흐름을 만들어 추진력과 부력을 얻게 한다. 그래서 발로 물장구를 칠 때는 발이 수면 아래서 움직이도록 하는 것이 중요하다. 수영에서 추진력의 60~70퍼센트는 팔로 물을 끌어오는 스트로크 동작에서 나오는데, 이때

수영에서 추진력의 60~70퍼센트는 팔로 물을 끌어오는 스트로크 동작에서 나온다. 사진은 박태환 선수의 스트로크 동작.

중요한 것은 팔을 빨리 움직여 물을 빠르게 내보내는 것이 아니라, 정확한 스트로크 동작으로 더 많은 물을 뒤로 보내는 것이다. 그러면 앞으로 나아가는 데 더 큰 힘을 받을 수 있다.

물놀이의 꽃 파도타기

파도타기의 기원은 해안가에서 생활했던 고대의 인류가 널빤지 형태의 나뭇조각을 타고 물고기를 잡거나 물놀이를 한 것에서 찾을 수 있다. 따라서 파도타기는 수영과 더불어 인류의 가장 오래된 스포츠 중 하나인 셈이다. 특히 파도타기가 발달한 곳은 폴리네시아 지역이었는데, 영국의 탐험가였던 제임스 쿡(James Cook, 1728~1779)● 선장이 그들의 뛰어난 파도타기 실력을 유럽에 전하기도 했다. 많은 인류가 해안가에서 물놀이를 즐겼지만, 특히 폴리네시아 지역에서 파도타기가 널리 행해진 이유는 그 지역이 파도타기에 적합한 파도가 많이 발생했기 때문이다.

● **제임스 쿡** 캡틴 쿡으로 불리는 영국의 탐험가. 뉴질랜드와 오스트레일리아에 이어 1772년에는 남극권까지 갔다. 1776년에는 북태평양 탐험을 떠나 베링해협을 지나 북극해에 도달했다. 그의 탐험으로 태평양에 있는 많은 섬들의 위치와 명칭이 결정되고, 현재와 거의 같은 태평양 지도가 만들어졌다.

파도는 바람에 의해 발생하는데, 넓은 바다인 태평양에서는 한 방향으로 일정한 바람이 불어서 커다란 파도가 잘 만들어진다. 파도가 바람에 의해 생기지만 아무리 바람이 잘 불어도 바다 한가운데서는 파도타기를 할 수 없다. 파도타기는 해안에서만 할 수 있는데, 넓은 바다에서는 파도가 높지 않고(진폭이 크지 않고) 파도는 해안으로 접근하면서 점점 더 커지기 때문이다. 먼 바다에서 생긴 파도는 해안으로 접근하면서 수심이 얕아지면 전파 속도가 느려지고, 이때 먼저 해안으로 도달하고 있는 파도의 마루와 뒤쪽에서 밀려오는 마루가 겹치면서 큰 파도로 형성된다. 이렇게 먼 바다에서는 크기가 작았던 파도가 해안으로 접근하면서 점점 크기가 커지는 것이다. 이 때문에 우리나라에서는 서핑을 할 수 있는 장소와 시간이 극히 제한적인 데 비해, 태평양에 접해 있는 캘리포니아 연안이나 하와이는 서퍼들의 천국이 될 만큼 많은 사람들이 서핑을 즐길 수 있다.

서퍼는 보드에 엎드려 파도를 향해 수영을 하는 패들링(paddling)을 해

흔히 '파도를 탄다'고 표현하지만 파도타기는 파도의 마루 부분이 아니라 빗면에서 행해진다.

서 파도의 마루 부분에 접근한다. 그리고 보드 위에 올라서서 스케이트보드를 타고 언덕을 미끄러져 내려오듯 파도를 탄다. 이때 서퍼에게 작용하는 힘은 중력과 파도에 의한 수직항력과 마찰력이다.

중력은 파도의 마루에서 골을 향해 서퍼가 미끄러져 내려오도록 하는 역할을 하며, 중력에 의한 일이 운동에너지로 바뀌면서 서퍼는 빠르게 움직일 수 있다. 이때 보드와 물 사이에 작용하는 마찰력이 보드의 속력을 떨어트리는 것을 막기 위해 서퍼들은 보드 바닥에 왁스를 칠해둔다.

'파도를 탄다'고 표현하고 파도의 마루 부분에서 파도타기를 하는 것으로 묘사되는 경우가 종종 있다. 하지만 이러한 생각과 달리 파도타기는 파도의 마루 부분이 아닌 빗면에서 행해진다. 이는 파도의 마루 부분이 서퍼를 떠받칠 만큼 충분히 빠르게 움직이지 않기 때문이다. 파도와 접촉한 보드의 수직 방향으로 파도가 떠받치는 힘인 수직항력이 작용하는데, 마루 부분은 앞쪽 방향으로 미는 힘이 거의 작용하지 않는다. 따라서 마루보다 조금 아래로 내려온 비탈진 부분에서 보드를 타면 서퍼는 파도가 미는 수직항력으로 인해 계속 미끄러지며 파도타기를 할 수 있다. 실제로 서퍼가 미끄러져 내려온 만큼 서퍼 아래의 파도가 계속 올라오면서 해안 쪽으로 이동하기 때문에 서퍼는 파도가 부서질 때까지는 계속 파도를 타면서 이동할 수 있다.

잠수함보다 튼튼한 인간

수영에 익숙해져 물에 뜨는 것에 자신이 생겼다면 그다음에 도전하는 것이 잠수다. 기록상 잠수는 기원전 4500년경 메소포타미아 지방의 진주잡이로 거슬러 올라간다. 하지만 실제로는 더 오랜 역사를 가질 것이다. 사람들은 깊은 물속에서 오랫동안 잠수하기 위해 잠수종과 같은 여러 장비를 만들었고, 결국 인간의 꿈은 잠수함을 발명하여 심해저까지 탐험할 수 있게 되었다.

깊은 바다에 들어가 잠수를 하는 것이 쉽지 않기에 흔히 육중한 쇠붙이로 만든 거대한 잠수함이 잠수부보다 튼튼할 것이라고 생각하기 쉽다. 물론 망치로 때리는 것과 같이 경도 측면에서는 이 생각이 옳겠지만 항상 그렇지는 않다. 깊은 물속으로 잠수함과 잠수부가 들어갔을 때 누

체내의 압력만 잘 조절하면 보통 잠수함의 잠항 깊이보다 더 깊은 곳도 인간은 잠수할 수 있다.

가 높은 수압에 더 잘 견디는지를 비교하면 항상 잠수함이 이긴다고 보장할 수 없기 때문이다.

깊은 바다에서는 특수 강철로 만든 잠수함이 허약해 보이는 사람보다 더 쉽게 찌그러지기도 한다. 사람의 몸은 폐와 내이 같은 몇 군데를 제외하면 대부분 액체나 고체 상태로 되어 있어 높은 수압에서도 부피가 줄지 않는 반면, 잠수함은 내부가 공기로 가득 차 있어 높은 압력에서는 찌그러질 수 있다. 그래서 일반적인 군용 잠수함이 200~300미터 정도의 안전 잠항심도를 가지는 데 비해 뛰어난 체력을 가진 잠수부들은 이보다 더 깊은 바닷속으로 잠수할 수 있다.

놀라운 점은, 단지 얇은 막에 불과한 고막조차도 수압에 따라 외이와

중이 사이의 압력만 조절해주면 파열되지 않고 잠수를 즐길 수 있다는 점이다. 그렇다고 아무나 잠수함만큼 깊은 바닷속으로 들어갈 수 있는 것은 아니다. 스쿠버• 장비 없이 하강 기구와 부력 장비를 이용한 스킨다이빙 세계기록 214미터는 불가사의한 인간의 능력으로 평가되고 있다. 스킨다이빙은 익스트림 스포츠•의 일종으로 함부로 도전했다가는 사고로 이어질 수 있는 매우 위험한 운동이다.

• **스쿠버** 휴대용 수중 호흡기 또는 자급식 잠수 장치. 압축 공기를 채운 봄베(고압 상태의 기체를 저장하는 데 쓰는 두꺼운 강철 용기)를 등에 지고 압력 자동 조절기를 통해 마우스피스로 호흡하게 만든 것이다.

• **익스트림 스포츠** 생명의 위험을 무릅쓰고 여러 가지 묘기를 펼치는 레저 스포츠를 통칭한다. 엑스게임이라고도 불리며 모험을 즐기는 특성 때문에 위험 스포츠, 극한 스포츠라고도 한다.

보통 사람이 깊은 곳으로 잠수할 경우에는 스쿠버 장비를 이용하여 폐 안의 압력을 수압과 같도록 조절해주어야 한다. 하지만 이때도 주의해야 할 것이 있는데, 급하게 올라와서 물 밖으로 나오면 안 된다. 폐 속의 공기를 내보내며 물속에서 천천히 올라오지 않고 급하게 상승하면 폐 속의 공기가 팽창해 폐를 파열시킬 수 있기 때문이다. 보일의 법칙에 따르면 기체의 부피와 압력의 곱은 일정한데, 수압이 낮아지면 폐에 가해지는 압력이 낮아져 폐 속의 공기가 팽창할 수 있다.

깊이 잠수하기 위해서는 고압 산소통으로 압력만 맞춰주면 되는 것이 아니다. 대기 중의 공기를 압축하여 사용할 경우 산소나 질소 중독 증세를 일으킬 뿐 아니라 고압신경증 등의 문제도 발생할 수 있기 때문이다. 이러한 중독 증세를 없애기 위해 200미터 이내의 잠수에서는 헬리옥스(heliox)라고 하는 헬륨과 산소의 혼합기체를 산소통에 넣어 사용한다. 또한 200미터 이상에서는 삼합가스라는 헬리옥스에 질소를 첨가한 가스를 사용한다. 헬륨은 질소에 비해 용해도가 작아 혈액 속에 녹아드는 양이

물속 1,100미터까지 잠수가 가능한 향유고래 어미와 새끼의 모습.

적고 감압에 드는 시간을 줄여준다. 그리고 혼수상태를 유발시키지도 않는다.

사람은 이렇게 첨단 잠수 장비를 갖추고도 600미터 이상을 잠수하기가 어렵다. 하지만 같은 포유동물인 향유고래는 1,100미터까지 잠수할 수 있다. 많은 해양 포유동물이 이렇게 뛰어난 잠수능력을 지닌 것은 폐활량 크기 때문이 아니라, 혈액의 헤모글로빈이나 근육의 미오글로빈 속에 산소를 충분히 저장할 수 있기 때문이다. 그래서 장시간 숨을 쉬지 않고 잠수가 가능한 것이다.

+ 파도 vs 파동

대부분의 과학책에서 파도는 물결, 즉 파동만 이동할 뿐 물은 이동하지 않는다고 설명한다. 매질은 제자리에서 진동만 할 뿐 이동하지 않는다는 것이다. 하지만 해변에 가보면 분명히 물이 해안가로 다가오는 것을 볼 수 있다. 우리는 분명히 해안으로 밀려드는 파도를 피해본 경험이 있다. 해안가의 파도가 책에서와 달리 이동하는 것은 이 파도가 더 이상 책에 등장하는 것과 같은 물리적 파동이 아니기 때문이다. 많은 사람들이 과학책에 등장하는 파도와 실제 파도에서 혼동을 일으키는 것은, 이처럼 부서지기 직전의 파도와 파동으로서의 파도를 구분하지 못하기 때문이다.

+ 무중량 vs 무중력

물속에서 몸이 둥둥 뜨는 것을 두고 우주 유영을 하듯 무중력을 느끼게 된다고 하는 경우가 있다. 하지만 두 경우 모두 정확하게는 무중력 상태가 아니라 무중량 상태(weightless condition)라고 표현하는 것이 옳다. 우주 공간이나 물속에서 중력과 같은 크기의 힘이 작용해 마치 중력이 없는 것처럼 느낄 뿐, 실제로는 중력이 존재하기 때문이다. 즉 물속에서는 중력과 부력의 크기가 같아서 물체의 무게가 없을 뿐이지 중력이 사라진 것은 아니다. 만약 물속의 잠수함이 무중력 상태라면 그 속의 승조원들은 둥둥 떠 다녀야 할 것이다. 중력은 거리의 제곱에 반비례하는 힘으로 지구로부터 무한히 멀리 떨어진 곳이라야 '0'이 된다. 따라서 이론적으로 무중력인 곳은 존재하지 않는다.

더 읽어봅시다!

김정훈의 『맛있고 간편한 과학 도시락』, 필립 볼의 『H_2O』.

히말라야 에베레스트 산. 네팔과 중국 국경 사이에 있는 세계 최고봉으로 높이는 8,848미터다. 인도 대륙판과 유라시아 대륙판의 충돌로 생성되었다.

히말라야 에베레스트는 아무나 오르나?

등산의 과학 판구조론, 조산 운동, 습곡산맥, 이슬점, 기압, 분압

중고등학교 수학여행을 갈 때 싫었던 것이 있다. 바로 등산이다. 당시 등산을 하는 것은 단지 정복을 위한 것이었을 뿐 아름다운 경치를 감상하고 산행을 즐긴다는 생각은 없었다. 등산은 성인들의 운동일 뿐 아이들에게는 별로 즐거운 일이 아니었던 셈이다.

물론 지금도 학생들을 인솔해 산에 오르다 보면 산행을 즐기는 아이들은 많지 않다. 단지 수학여행이나 소풍 코스에 들어 있으니 갈 뿐이다. 그래서 최근에는 수학여행이나 소풍 코스에 산행을 넣는 경우가 그리 많지 않다.

이렇게 학교에서 강제로 가는 산행이 별로 달갑지 않은 것과는 달리, 가족끼리 캠핑을 즐기거나 동호회 모임과 같이 등산을 즐기는 사람들은 점점 늘고 있다. 각종 캠핑 장비를 차에 싣고 가족들과 함께 주말을 즐기다 보면 한 주의 피로가 말끔히 사라지는 느낌을 받는다.

야외에서 산행을 즐기고 캠핑을 할 수 있는 것은 그만큼 삶의 여유가 생기면서 다양한 캠핑 장비를 갖출 수 있게 되었기 때문이다. 물론 이제는 아웃도어 의류가 너무 유행하는 바람에 산이 아니라 일상에서도 쉽게 볼 수 있을 정도다.

여하튼 다양한 등산 장비 덕분에 이제는 전문 산악인이 아닌 사람들도 동호회 모임을 통해 암벽 등반이나 빙벽을 오르는 용기를 가져볼 수 있게 되었다.

산이 거기 있기 때문에

전설적인 산악인 조지 맬러리(George Mallory, 1886~1924)는 산에 왜 오르느냐는 질문에 "산이 거기에 있기 때문에(Because it is there)"라는 유명한 말을 남겼다고 한다. 하지만 그는 안타깝게도 이 말을 남기고 에베레스트 산에 올랐다가 불귀의 객이 되고 만다.

맬러리처럼 그냥 산이 있기에 오르는 사람부터 건강을 생각해서 산에 오르는 사람까지 수많은 사람들이 저마다 다양한 이유로 등산을 한다. 여기서 분명한 사실은 산이 그곳에 있어야 산에 오를 수 있다는 것이다. 그렇다면 산은 언제부터 거기에 있었을까?

1924년 에베레스트 등반에 나선 조지 맬러리(뒷줄 왼쪽에서 두 번째)와 동료들.

공자는 "지자요수인자요산(智者樂水仁者樂山)"●이라 하여 물은 항상 변하는 것으로 봤지만 산은 움직이지 않고 변하지 않는 것으로 보았다. 산이 만고불변이라고 생각했던 것은 공자뿐 아니라 동서고금을 막론하고 많은 사람들이 그랬다. 하지만 이는 기껏해야 1만 년의 역사를 지닌 인간의 기준으로 봤을 때의 이야기이며, 45억 년의 지구 나이로 본다면 지표면은 끊임없이 변화하고 있는 격동의 장소다. 즉 수많은 산이 생겨났다 사라졌으며, 오늘날 우리가 오를 수 있는 대부분의 산들은 그중 가장 최

● **지자요수인자요산** 『논어』에 나오는 말로, 지혜로운 사람은 물을 좋아하고, 어진 사람은 산을 좋아한다는 뜻이다. 지혜로운 사람은 마음이 밝고 깨끗하기 때문에 이해심이 깊고 넓어서, 흐르는 물처럼 시대와 환경에 따라 항상 새롭게 산다. 반면에 어진 사람이 산을 사랑할 수밖에 없는 이유는, 움직이지 않고 변하지 않으며 고요하기 때문이다.

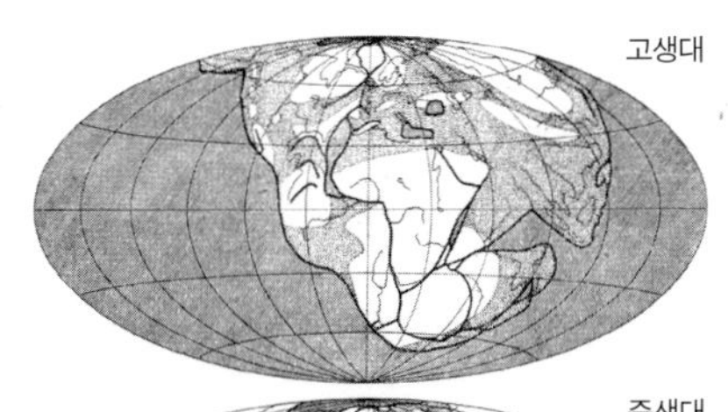

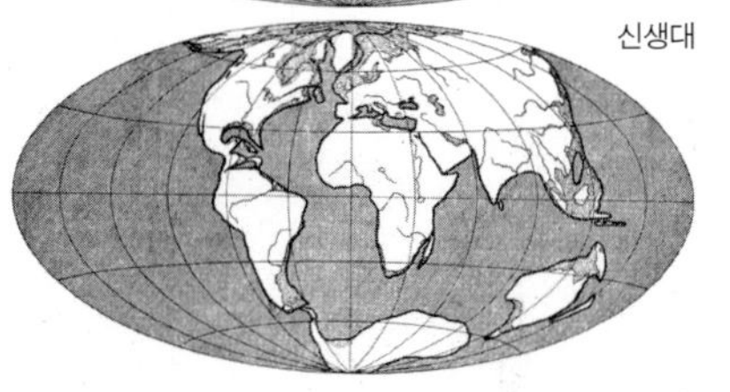

베게너는 판게아라는 초대륙이 작은 대륙들로 나뉘어 오늘날의 위치로 이동했다는 대륙이동설을 주장했다. 그가 제시한 대륙이동의 증거는 해안선의 유사성, 화석상의 증거, 빙하의 흔적과 이동 방향, 지질 구조의 연속성이다.

근에 생긴 것들이다. 세계에서 가장 높은 산인 에베레스트 산조차 가장 최근(신생대 제3기)에 생겨난 산들 중 하나라는 것을 보면 지각이 얼마나 변동이 심한지 짐작할 수 있다.

19세기만 하더라도 과학자들은 뜨거웠던 지구가 식으면서 생긴 주름에 의해 산과 산맥들이 형성되었다고 믿었다. 마치 오래된 사과에 주름이 지듯이 초기의 뜨거웠던 지구가 식으면서 산맥이 형성되었다고 생각했던 것이다. 이 이론은 산맥이 균일하게 대륙에 분포하는 것이 아니라 특정한 지역에만 분포하는 것을 설명하지 못했고, 결정적으로 지구가 식고 있는 것이 아니라 일정한 온도를 유지하고 있다는 사실이 밝혀지면서 폐기되었다. 그리고 1915년 알프레드 베게너(Alfred Wegener, 1880~1930)는 대륙이동설을 주장했고, 이를 발전시킨 판구조론(plate tectonics)이 등장하면서 더 이상 땅이 변함없이 영원할 것이라는 믿음은 이제 완전히 사라졌다. 판구조론은 두께가 대략 160킬로미터 정도의 판들이 맨틀 대류에 의해 움직인다는 이론으로, 판들의 충돌로 지진이나 화산 활동 그리고 습곡산맥도 형성된다고 설명한다.

히말라야 산맥이나 알프스 산맥 같은 대규모 산맥들이나 우리나라의

● **조산 운동** 산맥을 형성하는 지각 변동. 마그마의 활동이나 변성작용이 없어도 습곡이나 단층작용에 의하여 지각이 융기되어 대규모의 습곡산맥을 만든다.

태백산맥이나 마천령산맥은 조산 운동●으로 생겨났지만, 모든 산이 조산 운동으로 생기는 것은 아니다. 사실 우리나라에 있는 500미터 전후의 낮은 산지들은 융기하거나 지각 변동을 겪은 땅이 오랜 세월 동안 침식작용을 거치며 만들어진 노년기 산들이 대부분이다.

물론 이렇게 낮은 산만 존재하는 것은 아니다. 백두산이나 한라산처럼 화산 폭발에 의한 화산도 존재한다. 웅장한 바위산으로 유명한 청송의 주왕산도 화산 분출에 의해 생긴 재가 굳어서 만들어진 응회암으로 이루어져 있다.

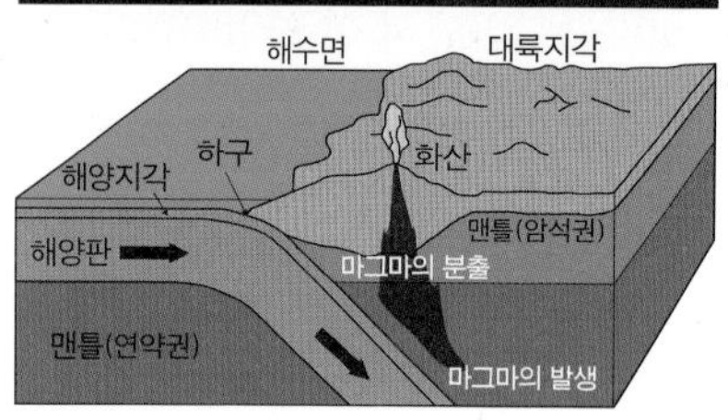

밀도가 큰 해양판이 밀도가 작은 대륙판 밑으로 밀려 들어가는 섭입대에서 마그마가 발생한다. 이러한 대륙이동의 원동력은 맨틀 대류이다.

이처럼 화산에 의해 형성된 산들은 다른 산들과는 구별되는 독특한 지형을 형성한다. 또한 대보 조산 운동이 일어났던 중생대에는 화산 활동이 활발했기 때문에 화강암으로 이루어진 산들이 많다. 부산과 대구, 포항 일대를 제외한 바위로 된 대부분의 유명한 산들이 이때 생겼다.

대표적인 것이 서울 시민의 휴식처인 북한산을 비롯한 서울 인근의 산들인데, 대부분 1억 3,000만 년에서 2억 1,000만

지금으로부터 약 1억 3,000만 년에서 2억 1,000만 년 전 마그마의 관입으로 생긴 거대한 화강암체로 이루어진 북한산은 서울 시민의 휴식처이자 단골 등산코스로 인기가 높다. 사진은 북한산 정상의 모습.

년 전에 마그마의 관입으로 생긴 화강암이다. 북한산을 등산하는 중에 종종 낙석 사고가 일어나는 주된 원인은 이 화강암들에 층상절리가 발달해 있어 바위에서 돌들이 분리되어 떨어지는 경우가 있기 때문이다.

산으로 가면 달라지는 것

가벼운 산행이더라도 산에 갈 때는 만일의 사태에 대비하는 자세가 필요하다. 산 아래와 달리 정상으로 갈수록 날씨 변화가 심하기 때문이다. 산행을 하다 보면 지표면과 달리 기온이 뚝 떨어지거나 비가 내리는 등 급격한 날씨 변화를 접하는 경우가 많다. 그렇다면 산에서는 왜 이렇게 날씨가 변덕스러울까?

산행을 하는 사람들이 제일 먼저 경험하는 것은 기온 변화다. 산을 오를수록 기온이 떨어지는데 건조한 공기의 경우 100미터당 약 1C°씩 기온이 내려간다. 지면은 태양복사에너지를 흡수한 뒤 적외선복사를 하고, 이 적외선을 공기가 흡수해 공기의 온도가 상승한다. 즉 공기는 태양복사에너지의 일부 영역밖에 흡수하지 못하지만, 적외선에서는 훨씬 많은 파장 영역의 에너지를 흡수할 수 있어 공기의 온도가 올라가는 것이다. 하지만 단순히 이런 이유뿐이라면 온돌방 위쪽 공기의 온도가 높은 것처럼, 지표면 부근에서 데워진 공기가 상승하여 산 위쪽의 온도도 높아져야 한다.

온돌방 안의 공기 전체가 따뜻한 것과 달리 산 위쪽 공기의 온도는 지표면보다 낮다. 이러한 차이가 생기는 까닭은 산 위는 고도가 높아 기압이 낮기 때문이다. 지표면에서 데워진 공기는 밀도가 낮아 상승하고, 상승하는 공기는 단열팽창●에 의해 온도가 내려간다. 열의 출입 없이 공기가 상승하면 공기가 팽창하면서 외부에 일을 하기 때문에 공기의 내부 에너지가 감소하여 온도가 내려가는 것이다.

● **단열팽창** 물체가 열의 출입을 수반하지 않고 부피를 팽창시키는 단열 변화. 이때 대부분의 기체는 온도가 내려간다.

온도가 내려간 공기 덩어리가 이슬점 온도에 도달하면 구름이 만들어진다. 실제의 공기는 100미터당 온도가 0.6℃ 정도 감소하는데, 건조한 공기가 상승하면서 수증기가 응결되면 잠열이 발생하기 때문이다. 잠열은 기체 상태인 수증기가 액체 상태인 물방울로 바뀌면서 방출한 열을 말한다. 높은 산에서 갑자기 비나 눈이 내리는 것은 바로 이렇게 산사면을 타고 상승한 공기에 의해 만들어진 구름 때문이다.

높은 산 정상에 오른 사람들의 사진을 보면 고글을 쓰고 있는 모습을 볼 수 있다. 산 정상에서는 공기가 희박해 햇볕이 매우 강하게 내리쬐기 때문이다. 태양광선은 대기를 통과하면서 일부 흡수되고 산란되어 그 세기가 줄지만 산 정상에서는 그렇지 못하다. 또한 산 정산을 덮고 있는 눈에 빛이 반사되어 심한 경우에는 실명이나 피부 손상을 입기도 한다.

과학으로 즐기는 등산

최근 건강에 대한 관심이 높아지면서 가까운 산을 오르는 일이 많아졌고, 아웃도어 의류의 판매 또한 증가하고 있다. 많은 사람들이 고가에도 불구하고 전문 등산복을 찾는 이유는 화려한 디자인 때문이기도 하지만, 일반 의류에서는 볼 수 없는 기능을 갖췄기 때문이다. 일반 점퍼를 입고 산에 오르는 경우와 달리 전문 등산복은 투습방수 기능을 갖춰 산 정상에 오르더라도 몸이 거의 젖지 않는다.

일반 점퍼를 입고 산행을 하다 보면 몸에서 배출되는 땀에 옷이 젖어 느낌이 좋지 않을 뿐 아니라 체온 유지에도 문제가 생긴다. 따라서 몸의 습기를 신속하게 몸 밖으로 빼내야 하는데, 이를 투습(透濕)이라 부른다. 투습성이 좋지 못한 옷은 콜라캔에 물방울이 맺히듯 몸에서 방출된 수증기가 옷 내부에서 물방울로 맺히거나 옷을 젖게 하여 착용감을 떨어트린다.

또한 산행을 하다 보면 안개 속을 걷거나 비를 맞는 경우가 생기는데, 이때는 외부의 물방울이 옷 속으로 스며들지 않도록 해야 한다. 이를 방수(防水)라고 한다. 따라서 아웃도어 의류는 투습과 방수 기능을 모두 지녀야 한다. 투습과 방수는 서로 상반되는 현상인데, 어떻게 옷 안의 습기는 배출하면서 외부의 물은 안으로 스며들지 않게 할 수 있을까?

수증기나 물방울은 모두 물 분자로 이루어져 있지만 크기가 전혀 다르다. 'V'형으로 이루어진 물 분자는 산소 원자와 수소 원자 사이의 거리가 0.0000958마이크로미터이지만 물 분자 수백만 개가 모여서 된 물방울은 직경이 최소 0.1밀리미터 정도다. 물방울은 표면장력이 있어 방울을 이루고 있으면 떨어지지 않고 서로 뭉쳐 있으려고 하기 때문에 작은 구멍 속으로 들어올 수 없다. 따라서 원단 표면의 미세한 구멍이 가장 작은 물방울이 통과할 수 없는 정도로 작다면 투습방수 기능을 가지게 된다. 물론 원단이 미세한 구멍만 가지고 있다고 투습방수 기능성 원단이 되는 것은 아니다. 섬유는 친수성을 가지고 있는 경우가 많아 그냥 두면 물방울과 결합해 구멍이 쉽게 막혀버리기 때문이다. 그래서 구멍이 막히지 않도록 소수성 막을 입히거나 코팅을 해야 투습방수 기능성 원단이 되는 것이다.

고어텍스 소재 표면에 맺힌 물방울.

투습방수 원단으로 유명한 고어텍스(Gore-tex)는 1976년 미국 듀퐁사의 연구원이었던 윌버트 고어(Wilbert L. Gore, 1912~1986)가 처음 고안한 것으로, 옷감에 발수성이 있는 테플론계 수지(polytetrafluoro-ethylene)로 만든 얇은 막을 입혀 만든다. 이러한 원단 제조 방법을 라미네이팅이라고 하는데, 고어텍스는 수많은 구멍이 있는 다공성 막을 붙여서 만든 소재다. 다공성 막이 손상되면 투습방수 기능이 사라지기 때문에 세탁과 관리에 많은 주의가 필요한 옷감이다.

최근에는 투습방수 기능뿐 아니라 체온을 유지시켜주는 발열 등산복도 만들어지고 있다. 발열 등산복은 열선이 등산복 내부에 있어 배터리를 통해 전기가 공급되면 전기난로처럼 따뜻해진다. 또한 LED 소재를 사용해 야간 산행 시에도 쉽게 발견될 수 있도록 안정성을 높인 등산복을 비롯해, 인체공학적 디자인을 적용하여 신축성과 활동성을 높인 등산복도 있다.

고산등정은 아무나 하나?

산을 좋아하는 사람이라면 누구나 세계 최고봉인 히말라야 산을 올라보고 싶어할 것이다. 하지만 많은 사람들이 히말라야 산에서 인간 한계에 도전하다가 돌아오지 못했고, 아무리 과학 기술의 도움을 받는다고 하더라도 최고봉을 정복한다는 것은 결코 쉬운 일이 아니다. 이는 고산을 오르는 것이 단지 더 높은 산을 오르는 것과는 전혀 다른 여러 가지 어려움을 지니고 있기 때문이다. 그렇다면 고산등정은 왜 그렇게 어려울까?

19세기까지 유럽의 산악인들은 몽블랑 산(4,807미터)과 같이 알프스 산맥에 있는 높은 산들을 정복했지만 '신들의 세계'라 불리는 8,000미터 이상의 히말라야 산맥에 있는 고봉들은 쉽게 도전하지 못했다. 추위도 문제였지만 낮은 기압에 의한 산소 부족이 더 큰 문제였다.

해수면에서 고도가 상승할수록 기압은 감소한다. 고도 5,500미터에서 기압은 2분의 1로 떨어지고, 히말라야 산 정상 부근은 3분의 1기압 정도밖에 되지 않는다.

평지에 있던 사람을 갑자기 산 정상에 올려놓으면 대부분 몇 분 내에 급성저산소증으로 기절해버릴 것이다(이 정도로 산 정상의 기압은 낮다). 급성저산소증의 무서움은 등반가들이 아닌 1875년 기구 제니스호를 타고 대기를 조사하던 세 명의 과학자들에 의해 알려졌다. 그들은 기구를 타고 8,600미터 상공까지 빠르게 올라갔고, 결국 두 사람이 죽는 사고를 당했다.

1875년 기구 제니스호를 타고 대기를 조사하던 세 명의 과학자들. 8,600미터까지 급상승하는 바람에 두 명이 죽는 사고를 당한다.

고산등정을 하거나 기구를 타고 하늘로 올라갔던 과학자들이 빠르게 호흡하지 않았기 때문에 죽은 것은 아니다. 분명 기압이 낮은 산 정상의 대기 중에는 해수면과 같이 산소가 21퍼센트 포함되어 있기 때문이다. 문제는 우리 몸속 폐 안에는 항상 수증기가 풍부하게 들어 있다는 것이다.

수증기 분압이 높을수록 호흡이 힘들어진다. 폐 안의 수증기 분압은 63헥토파스칼(hPa) 정도이기 때문에 기압이

1978년 에베레스트 산을 무산소로 정복해낸 라인홀트 메스너(오른쪽)와 페터 하벨러.

63헥토파스칼이 되는 고도 1만 9,200미터에서는 외부의 산소가 체내로 들어올 수 없게 된다. 물론 계속 하늘로 올라갈 경우라면 1만 9,200미터에 도달하기 전에 이미 1만 8,900미터에서 혈액이 끓기 때문에, 이러한 걱정까지 할 필요는 없어 보인다. 여하튼 폐 속의 공기에서 산소가 차지하는 분압은 수증기에 의한 압력 때문에 더욱 줄어든다. 그래서 산 정상에서는 폐 속의 산소 분압이 해수면의 30퍼센트 정도밖에 되지 않아 호흡이 어려운 것이다.

1953년 영국의 에드먼드 힐러리가 산소마스크를 착용하고 에베레스트 산을 정복한 후 사람들은 당연히 무산소 등정이 불가능하다고 생각했다. 그래서 라인홀트 메스너가 무산소 등정을 계획했을 때 사람들은 그를 미치광이로 취급했다. 하지만 세상 사람들의 우려를 딛고 라인홀트 메스너와 페터 하벨러는 1978년에 에베레스트 산을 무산소로 정복해낸다. 메스너의 등정 이후 오늘날에도 많은 산악인들이 무산소 등정을 하지만 여전히 이는 매우 위험한 일이다. 건강한 사람이라고 해도 급성 고산병을 앓을 수 있기 때문이다.

묘한 우연의 일치기는 하지만 사람이 무산소로 등정할 수 있는 한계 높이에 세계에서 가장 높은 산들이 존재한다. 그리고 오늘도 많은 산악인들이 인간의 한계를 시험하고자 과학 기술의 도움을 받아 모험을 떠나고 있다.

+ 낙뢰 피하기

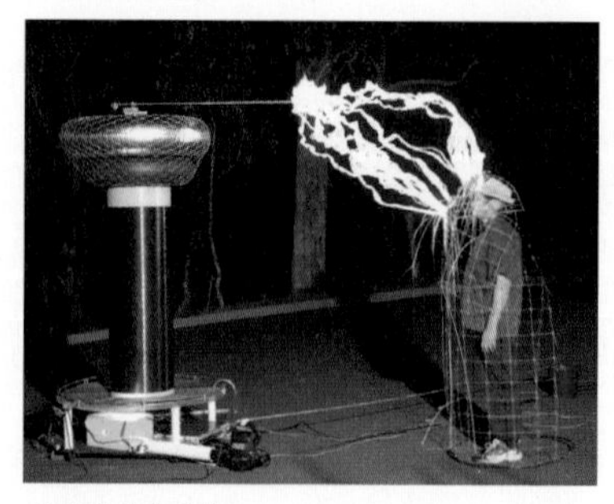

패러데이의 새장.

최근 등산객이 늘면서 낙뢰 사고가 증가하고 있다. 지난 2007년 7월, 북한산에 낙뢰가 떨어져 등산객 4명이 숨지고 4명이 다친 사고가 일어났다. 특히 낙뢰는 강한 상승기류가 발생하는 여름철에 주로 발생한다. 따라서 먹구름이 끼거나 일기예보에서 돌풍을 동반한 천둥번개의 발생 가능성이 있다는 예보를 들었다면, 산행을 그만두고 하산하여 차 안에 있는 것이 가장 안전하다. 차는 도체로 둘러싸여 있어 낙뢰를 맞더라도 전류가 땅으로 흘러 내부의 사람들은 안전하기 때문이다. 이렇게 도체로 둘러싸인 공간을 패러데이 새장(faraday cage)이라고 한다. 산중에 있다면 절대로 비를 피하려고 큰 나무 아래에 있거나 스틱을 가지고 있으면 안 된다. 동굴이나 대피소가 없을 때는 몸을 낮추고 움푹 파인 곳을 찾는 것이 좋다.

+ 프라이팬과 등산복

프라이팬을 코팅하는 데 널리 사용되는 테프론(Teflon). 사불화에틸렌이라는 물질의 상품명인 테프론은 매우 안정된 물질이라서 어떤 물질과도 결합을 하지 않으려는 성질이 강하다. 따라서 테프론 코팅을 한 프라이팬에는 음식물이 눌어붙지 않아 조리가 편하다. 물론 등산복이 요리할 때 쓰이는 것은 아니지만 테프론 코팅을 하면 물방울을 튕겨내는 발수 기능이 생긴다. 과거에는 기름을 칠해 발수 기능을 얻었지만 기름은 같은 기름 종류의 물질에 쉽게 오염되는 단점이 있었다. 하지만 테프론은 어떤 물질과도 결합하려고 하지 않기 때문에 물이나 기름 모두를 튕겨낸다.

더 읽어봅시다!

김법모의 『에베레스트: 도전과 정복의 역사』, 라인홀트 메스너의 『벌거벗은 산』, 후란시스 아스크로프의 『생존의 한계』.

명량해전과 베르누이의 관계는?

물총놀이의 과학 물의 성질, 수소결합, 압력, 기압, 파스칼의 원리, 베르누이의 정리

날씨가 점점 더워지면 마음이 급한 아이들은 물총놀이를 시작한다. 분무기 통을 물총으로 사용하는 아이들부터 그냥 빈 페트병에 물을 담아 한 번에 대량의 물을 쏘는 아이들까지 다양하다. 대형마트나 학교 앞 문구점에서 파는 물총의 종류를 보면 아이들이 얼마나 물총놀이를 좋아하는지 짐작할 수 있다. 갖가지 동물 모양의 값이 싼 물총부터 대형 물탱크를 장착한 커다란 소총 모양의 물총까지, 그 가격과 성능이 천차만별이다.

대부분의 경우 비싼 만큼 고가의 물총이 제값을 하는 경우가 많다. 공기를 압축시켜 더 많은 물을 더 멀리 분사시킬 수 있어 권총형 물총으로는 싸움이 되지 않는 경우가 많다. 이렇게 비싼 물총을 보고 있노라면 어린 시절에 볼펜과 나무젓가락으로 물총을 만들어 놀던 생각이 난다. 볼펜 물총은 매우 단순하지만 의외로 성능이 좋다. 사람의 힘을 이용하기 때문에 세게 쏘면 더 멀리 물을 쏠 수 있었다.

물총도 총이라서 그런지 간혹 뒤끝이 좋지 않은 경우도 있었다. 몸이 흠뻑 젖고 나면 아예 바가지를 들고 물을 퍼붓는 녀석들이 꼭 있었다.

물총으로 쏘기에는 너무 소중한 물

우리가 살고 있는 행성의 이름을 지구(地球)가 아니라 수구(水球)라고 바꾸어야 할 만큼 물은 흔한 물질이다. 물의 재료인 수소와 산소는 우주에도 풍부하지만 액체로 된 물은 만나기가 쉽지 않다. 그러니 드라마 〈브이(V)〉나 영화 〈월드 인베이젼〉처럼 지구의 물을 수탈하려는 외계인의 이야기가 심심찮게 등장하는 것이다.

2011년 일본에서 원전 사고가 일어났을 때 피난민들이 가장 필요로 한 것은 깨끗한 생수였다. 2011년 우리나라 경북의 구미에서도 4대강 공사 현장 사고로 단수가 일어나 많은 사람들이 물 부족으로 고통을 받았다.

'물은 곧 생명이다'라는 말에서 알 수 있듯 물은 인간뿐 아니라 지구상의 모든 생명체에게 가장 중요한 물질이다. 신생아일 때 약 80퍼센트를 차지하던 체내 물의 비율은 나이가 들면서 점점 줄어 노인이 되면 거의 50퍼센트 수준까지 떨어진다. 물의 중요성 때문에 소위 건강에 좋다는 육각수, 심층수, 이온수 등이 널리 알려지기도 했다. 물론 건강에 도움이 될 수도 있겠지만, 과연 비싼 비용을 지불하고 마실 필요가 있는지는 다시 생각해볼 필요가 있다.

그러나 분명한 것은 물을 잘 마시면 건강에 도움이 된다는 사실이다. 그렇다고 100퍼센트 순수한 물이 몸에 좋다는 뜻은 결코 아니다. 이렇게 순수한 물은 오히려 몸에 해로울 수도 있다. 일반적으로 좋은 물은 적당한 양의 미네랄과 산소가 녹아 있고, 약알칼리성을 띤다. 그런 물이 몸에도 좋고 맛도 좋다.

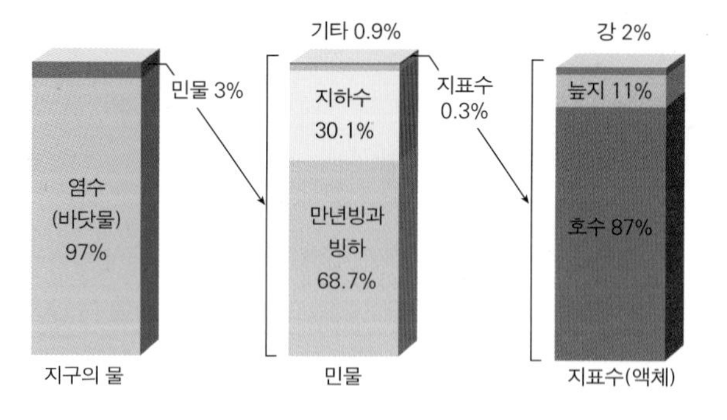

지구 물의 분포.

흔히 이야기하는 순수한 물은 증류수라 할 수 있다. 하지만 순도 100 퍼센트의 물을 만들어 보관하기란 불가능에 가깝다. 물은 유리나 금속뿐 아니라 무기물과 유기물을 가리지 않고 닥치는 대로 녹이는 '만능 용매'이기 때문이다. 결국 순수한 물은 만들기도 어렵지만 보관은 더욱 어려운 것이다. 반응성이 거의 없어 녹이 슬지 않는다는 금마저 바다에는 엄청나게 많이 녹아 있다. 바닷물이 짠 것도 이러한 이유 때문이다. 물은 이렇게 다양한 물질을 녹이기 때문에 우리는 물을 이용해 각종 영양소를 녹여 신체의 각 부분으로 수송할 수 있다. 따라서 물이 없다면 우리 몸은 아무것도 할 수 없게 된다.

하지만 아이러니하게도 이렇게 소중한 물의 중요성을 오염 사고가 일어나 많은 피해를 입은 후에야 느끼고는 한다. 1950년대 일본의 미나마타 현에서 발생한 미나마타병은 중금속인 수은이 함유된 폐수로 인해 발생했다. 또한 1950년대 체코에서 발생한 블루 베이비 증후군은 질산염이 함유된 물을 먹고 아기들의 피부가 푸르게 변한 사건이다.

우리나라의 경우에도 1991년 구미공단에서 페놀이 유출되어 정수장

필리핀 마닐라 동쪽에 있는 케손시티에 위치한 천연자원 에너지부 앞에서 한 이슬람교도인 그린피스 자원자가 푸른 피부의 아기 인형을 가지고 깨끗한 수질 정화를 요구하는 시위를 벌이고 있다. (2007.11.)

에서 소독약으로 사용되는 염소와 반응하여 클로로페놀을 형성, 식수에서 심한 악취가 났던 일이 있다. 이러한 일들을 겪으면서 사람들은 물의 소중함과 그 관리의 중요성을 깨닫게 된다.

2010년 유엔개발계획(UNDP)이 낸 보고서에 따르면 최근 5년 동안 매년 180만 명의 어린이가 물 부족으로 숨지고, 약 220만 명이 오염된 물로 인한 설사로 사망했다고 한다. 다행이 우리나라는 '물 쓰듯 한다'는 표현이 있을 만큼 물이 풍부하지만 그래도 무한한 자원이 아니다. 따라서 즐겁게 물총놀이를 하더라도 깨끗한 물을 지켜내기 위한 노력이 항상 필요하다는 점을 결코 잊어서는 안 된다.

물총놀이와 소금쟁이 그리고 타이타닉

물총놀이가 가능한 이유는 지구에 액체 상태로 된 물이 풍부하기 때문이다. 이것을 당연하게 여길지도 모르지만 태양계 내에 있는 다른 행성이나 위성과 비교해보면 이것이 결코 당연한 일이 아님을 알 수 있다. 토성의 위성 엔켈라두스를 제외하면 물은 대기 중에 수증기로 일부 존재하거나 땅속에 소량의 얼음으로 있을 뿐이다. 사실 지구와 태양 사이의 거리가 지금과 비교해 5퍼센트(800만 킬로미터) 정도만 벗어났어도 지구는 전혀 다른 모습을 하고 있었을 것이다. 그만큼 우리는 물총놀이를 할 수 있는 천혜의 조건을 지니고 있다는 뜻이다. 또 한 가지는 물이 다른 물질과 비교해 매우 독특한 성질을 지닌 물질이라는 것이다. 지구가 태양으로부터 적당한 위치에 존재한다고 하더라도, 만일 물이 분자량이 비슷한 다른 물질과 비슷한 성질을 지닌다면 모두 기체 상태로 존

재할 것이기 때문에, 우리는 물총놀이를 할 수 없게 된다. 즉 물이 모든 물질 중에서도 아주 '예외적인 특성'을 가진 덕분에 우리는 즐거운 물총놀이를 할 수 있다.

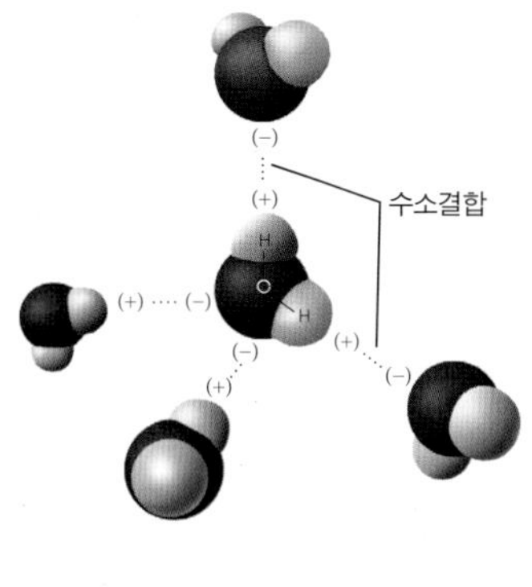

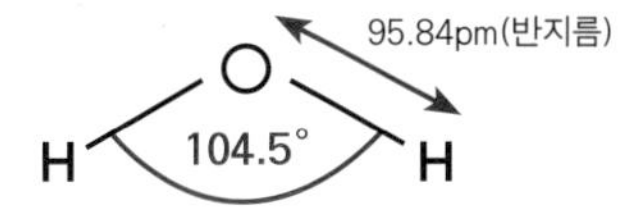

물의 분자 구조. 분자 내에 있는 수소와 산소 사이에는 공유결합, 물 분자와 물 분자 사이에는 수소결합을 한다.

물의 독특한 성질은 분자구조에 기인한다(물론 이것은 다른 모든 물질에도 해당되는 당연한 이야기다). 물 분자는 H-O-H가 104.5도의 'V'자 형태의 굽은 모양을 하고 있다. 물 분자가 이러한 모양을 하는 이유는 보통 물 분자를 그릴 때는 표기하지 않지만, 산소 원자 뒤에 두 쌍의 비공유전자쌍이 존재하기 때문이다. 전자끼리는 같은 전하를 띠기 때문에 척력이 작용해 서로 멀리 떨어지려고 밀치는데, 비공유전자쌍이 산소와 수소 사이의 공유전자쌍을 좀 더 강하게 밀어 굽은 모양을 하는 것이다. 그래서 엄밀하게 따지면 물 분자는 'V'자가 아니라 사면체 모양을 하고 있지만, 비공유전자쌍을 표시하지 않아 그렇게 보이는 것이다.

물 분자는 산소 쪽에는 비공유전자쌍이 분포하여 (-)전하를 띠게 되고, 수소 원자는 (+)전하를 띠고 있어 극성을 가진다. 물 분자의 극성은 물속에 들어온 화합물을 쉽게 녹이는 역할을 한다. 생물에게 물이 필수적인 이유는 만능 용매라고 할 만큼 다른 물질들을 잘 녹이기 때문이다. 생물이 살아가는 데 필요한 화학반응은 대부분 수용액 상태에서 일어나기에 물이 생존에 필수적인 것이다.

물 분자의 이러한 구조 때문에 물 분자 사이에는 수소결합이 일어난

● **플루오르** 할로겐족 원소의 하나. 자극적인 냄새가 나는 연한 누런 빛을 띤 녹색 기체로, 화학적 작용이 강하여 질소 이외의 모든 원소와 반응하여 화합물을 만든다. 냉매, 수지, 방부제, 불연성 가스, 충치 예방제 등을 만드는 데 쓴다.

다. 수소결합은 플루오르•나 산소와 같이 전기 음성도가 큰 원자와 수소를 가지고 있는 분자 사이에 작용하는 분자 간 결합을 말한다. 물 분자의 경우 산소 원자의 고립전자쌍과 수소 원자는 서로 다른 전하를 띠기 때문에 인력이 작용한다(물 분자끼리 서로 끌어당기기 때문에 발생하는 표면 장력에 의해, 떨어지는 물은 방울 모양을 이루며 소금쟁이는 물 위에 뜰 수 있다). 수소결합 때문에 물은 얼면 부피가 약 10퍼센트 증가해 얼음은 물에 뜨게 된다. 우리 주변에 물이 흔하고 상태변화를 쉽게 접할 수 있어 얼음이 물에 뜨는 것을 이상하게 느끼지 않지만, 사실 대부분의 물질은 고체 상태가 되면 밀도가 증가해 가라앉는다. 알코올의 경우 얼어 있는 고체 알코올을 액체 알코올에 담그면 가라앉지만 알코올처럼 대부분의 물질은 고체 상태가 되면 밀도가 증가해 액체 속으로 가라앉지만, 물의 경우에는 수소결합에 의해 부피가 증가하면서 밀도가 낮아진다. 즉 고체 상태에서 밀도가 감소하는 물의 성질이 독특한 것이다. 이렇게 얼음이 물보다 밀도가 낮기 때문에 겨울철 호수가 얼더라도 그 아래의 물은 얼지 않으니, 생물에게는 얼마나 다행한 것인지 모른다. 물론 안타깝게도 1912년 타이타닉호가 침몰한 것도 빙하가 물보다 밀도가 낮아서 생긴 현상이기는 하다.

파스칼의 물총

아이들 사이에서 인기가 좋은 소총처럼 생긴 물총은, 손잡이를 앞뒤로 피스톤 운동시켜 공기를 압축시킨 뒤 방아쇠를 당겨 물이 나아가게 하는 원리다. 이처럼 공기를 압축시켜 쏘는 물총도 있지만, 가장 흔하고 간단한 원리의 물총은 눌러서 물을 발사하는 주사기형 물총이다. 입에서 물을 뿜는 것, 페트병에 구멍을 뚫고 쏘는 것도 주사기형 물총의 일종이다. 수도꼭지나 펌프에서 물이 나오는 것도 원리상으로는 주사기형 물총과 동일하다.

일단 주사기형 물총으로 물을 발사하기 위해서는 물총의 입구를 물속에 넣고 손잡이를 뒤로 잡아당겨 물을 넣어야 한다. 이때 손잡이를 잡아당기면 물이 통속으로 빨려 들어온다고 생각하기 쉽지만 사실은 물이 밀려 들어오는 것이다. 손잡이를 잡아당기면 주사기 속의 압력이 낮아지고, 물이 있는 외부는 대기의 압력을 받고 있어 물총 속으로 물이 밀려 들어오게 된다. 만약 진공 상태에서 물총 손잡이를 당긴다면 점성으로만 물을 끌어야 하기 때문에 물이 잘 들어오지 않는다.

이제 물총의 물을 발사하기 위해서는 손잡이를 밀면 된다. 그러면 손잡이가 물에 작용하는 압력에 의해 물이 발사되는데, 이를 파스칼의 원리(Pascal's principle)라 부른다. 파스칼의 원리는 프랑스의 철학자이자 수학자인 B. 파스칼(Blaise Pascal, 1623~1662)이 발견한 것으로, 밀폐된 용기에 담긴 유체에 가해진 압력은 유체의 모든 부분과 용기의 벽까지 같은 세기로 전달된다는 원리다. 즉 물총의 손잡이를 밀면 그 세기가 감소되지 않고 전달된 압력에 의해 물이 발사되는 것이다.

파스칼의 원리는 자동차 정비소에서 무거운 자동차를 들어올리는 압

프랑스의 철학자이자 수학자인 블레즈 파스칼.

목욕 도중 부력을 발견한 아르키메데스는 "유레카"를 외쳤지만, 부력의 원리에 대해서는 설명하지 못했다. 물속에서 물체에 부력이 작용하는 이유를 설명한 것이 파스칼의 원리다.

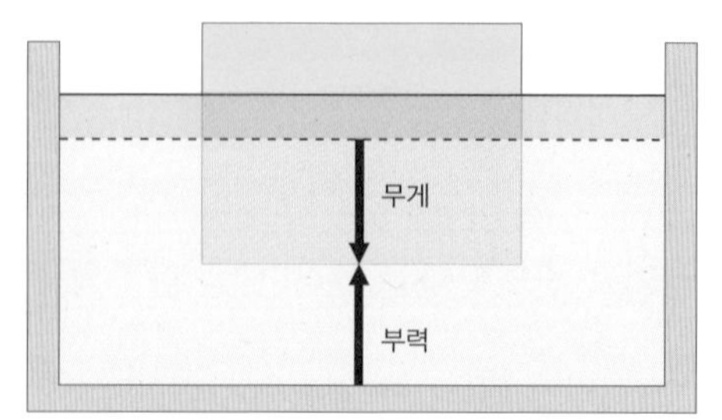

축공기에, 달리는 자동차를 멈추는 유압식 파워 브레이크•에도 적용된다. 흔히 자동차 타이어의 바닥 부분이 자동차의 무게를 지탱한다고 오해하는 경우가 많은데, 파스칼의 원리에 따르면 타이어 전체 내부에 고르게 압력이 가해진다. 따라서 타이어 바닥보다는 면적이 더 넓은 타이어 옆면이 무게의 대부분을 지탱하고 있는 것이다.

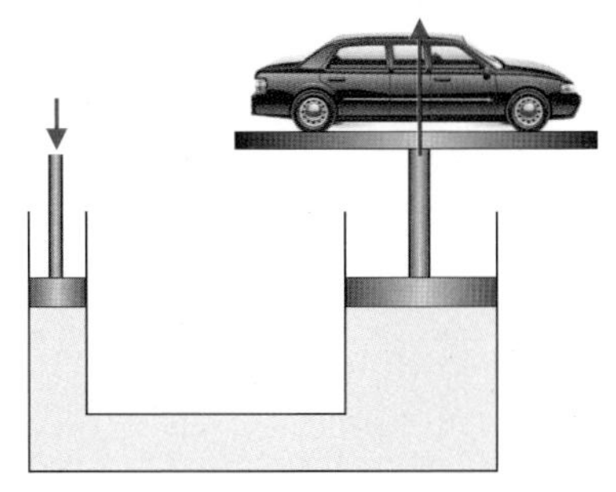

파스칼의 원리. 작은 힘으로도 무거운 자동차를 들어올릴 수 있다.

• **유압식 파워 브레이크** 펌프로 유압을 발생시켜 리저버(저장소)에 저장했다가, 이를 에너지원으로 삼아 페달에 의해 브레이크를 작동시키는 장치다.

파스칼의 원리는 부력의 원리도 잘 설명해준다. 부력은 기원전 220년에 아르키메데스가 목욕 도중에 발견했다는 일화가 전해지면서 흔히 아르키메데스의 원리라 불리기도 한다. 하지만 아르키메데스는 물속에서 물체에 부력이 작용하는 이유는 알지 못했다. 이를 설명한 것이 파스칼의 원리다.

물속에 정육면체를 넣었다고 가정해보자. 정육면체는 그 위로 쌓여 있는 물에 의해 압력을 받는다. 이때 좌우의 경우는 동일한 압력이 작용하여 힘이 평형을 이루어 상쇄되지만, 위쪽과 아래쪽의 경우에는 아래쪽이 정육면체의 부피만큼 더 압력을 받는다. 따라서 정육면체에는 그 부피만큼 물의 무게에 해당하는 힘이 위쪽 방향으로 작용하는 것이다.

물돌목의 베르누이

파스칼의 원리는 물총에서 물이 발사되는 이유를 직관적으로 쉽게 이해할 수 있게 해주기에 초등학생용 과학책에도 종종 등장한다. 하지만 파스칼의 원리와 아르키메데스의 원리는 정지해 있는 유체에 적용되는 유체역학 법칙으로 물총에서 물이 발사되는 원리를 모두 설명하지는 못한다. 물총의 경우에는 한쪽이 열려 있어 유체가 움직이기 때문이다. 움직이는 유체의 경우에는 베르누이 방정식(Bernoulli's equation)을 적용시켜야 더 정확하게 물리적 상황을 묘사할 수 있다.

베르누이 방정식은 비압축성의 움직이는 유체에 대해 일-에너지 정리를 적용한 것이다. 일-에너지 정리는 물체에 일을 해준 만큼 물체의 역학적 에너지가 증가한다는 것으로, 물체를 밀어 일을 하게 되면 일을 해준 만큼 물체의 운동에너지가 증가한다는 것이다.

고체인 물체의 경우 일-에너지 정리는 이해가 어렵지 않다. 마찰을 고려하지 않는다면 자전거는 밀어준 만큼 속력이 증가하기 때문이다. 이를 유체의 경우에 적용하면 유체의 위치에너지와 운동에너지의 합은 일정하게 보존된다는 것으로 표현된다.

이러한 역학적 에너지 보존 법칙에서 베르누이는 유체가 흐르는 속도와 압력, 높이 사이의 관계를 이끌어냈다. 베르누이의 정리는 '굵기가 다른 파이프 안으로 흐르는 물은 굵은 곳에서는 천천히 흐르지만 굵기가 가는 곳에서는 빠르게 흐른다' 또는 '물이 빠르게 흐르는 곳은 압력이 낮고 느리게 흐르는 곳은 압력이 높다'고 표현되기도 한다.

스위스 물리학자이자 수학자인 다니엘 베르누이(1700~1782).

흔히 베르누이의 정리는 비행기 날개의 양력

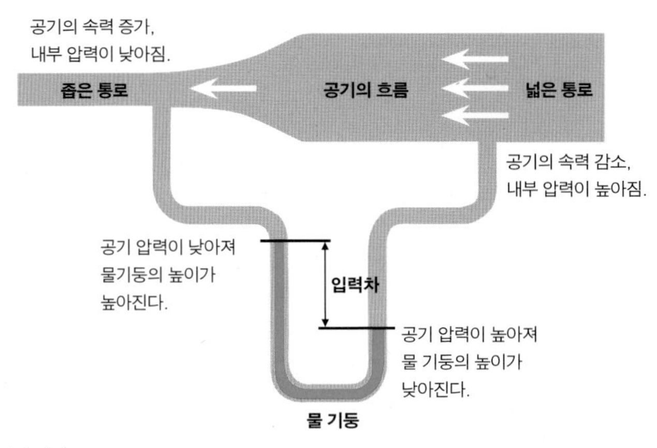

베르누이의 정리.

을 설명하는 데 자주 사용되지만, 사실 우리의 옛 속담에도 등장할 만큼 친숙한 것이다. 속담에 '바늘구멍에 황소바람 들어온다'라는 말이 있다. 이는 조금의 문틈만 있어도 그 사이로 바람이 세게 들어온다는 것을 표현한 말인데, 좁은 틈에서는 유체의 속력이 빨라진다는 베르누이의 정리를 나타낸 것이다.

이순신 장군이 명량대첩에서 승리할 때도 베르누이의 정리가 중요하게 작용했다. 명량(울돌목)은 수로가 좁아 물살이 우리나라에서 가장 빠른 곳이다. 수로가 좁기 때문에 생기는 빠른 물살을 이용해 13척의 전선으로 133척을 상대해 세계 해전사에서도 찾기 힘든 대승을 거두었다.

베르누이의 정리에 따르면 물총의 구멍을 작게 만들면 물은 엄청나게 빠르게 나가야 할 것이다. 하지만 실제로 물총을 발사해보면 구멍의 크기가 줄면 어느 정도까지는 물이 더 빠르게 나가지만, 너무 작아지면 쏘기도 힘들고 결국 물줄기가 아닌 물방울 형태의 분무(spray)가 되어버린다.

이는 베르누이 방정식이 이상유체(비압축성이며 점성이 없어 정상 흐름

이순신 장군이 명량대첩에서 승리할 때도 베르누이의 정리가 중요하게 작용했다.

을 보이는 유체)인 경우만 성립하기 때문이다. 대부분의 경우 물은 점성이 없는 유체로 봐도 큰 모순이 생기지 않지만 구멍이 작을 경우에는 이를 무시하지 못한다. 이때는 1840년에 프랑스의 푸아죄유가 실험을 통해 알아낸 푸아죄유의 법칙(Poiseuille's law)을 적용해야 한다.

이 법칙에 따르면 관을 흐르는 유체의 유량은 반지름의 4제곱에 비례하고 점성에는 반비례한다. 따라서 물총의 구멍이 너무 작으면 관을 흐르는 물의 양이 너무 적어 물총의 위력이 약해진다. 또한 꿀과 같이 점성이 큰 유체를 물총에 넣는다면 잘 나가지 않는다.

+ 뜨거운 물이 찬물보다 빨리 언다!

흔히 '음펨바 효과(Mpemba effect)'로 불리는 이 현상은 1963년 당시 탄자니아의 중학생이었던 음펨바가 아이스크림 만들기 실습 시간에 발견했다. 음펨바가 처음 이 현상을 발견하고 교사와 친구들에게 말했을 때는 착각이나 웃음거리로 취급받았다. 분명 뜨거운 물이 얼기 위해서는 찬물로 식은 후에 얼게 된다는 직관과 어긋나기 때문이다. 하지만 1969년 고등학교로 강의를 나온 교수에게 음펨바가 이 현상을 질문하면서 세상에 알려졌다. 사실 음펨바 효과는 음펨바가 처음 발견한 것은 아니며 아리스토텔레스, 로저 베이컨, 르네 데카르트와 같은 학자들도 알고 있었던 현상이었다.
음펨바 효과는 과학자들 사이에서도 논란을 일으키다가 2013년 싱가포르 과학자들에 의해 그 이유가 밝혀진다. 물의 독특한 성질이 수소결합에 의해 일어나듯 음펨바 효과도 물 분자 사이의 수소결합과 물 분자 내의 공유결합에 의해 일어난다는 것이다.

+ 혈관 속의 베르누이

혈관 내에는 혈액이라는 유체가 흐르기 때문에 당연히 혈관도 베르누이의 정리를 적용시킬 수 있다. 심장에서 대동맥을 통해 흘러나간 혈액은 모세혈관과 대정맥을 거쳐 다시 심장으로 들어온다. 이때 대동맥의 단면적은 3cm^{2}로 가장 작고, 총 모세혈관의 단면적은 900cm^{2}로 가장 굵다. 그래서 대동맥에서 혈류 속도는 30cm/s로 가장 빠르고 모세혈관에서는 1mm/s로 가장 느리다. 덕분에 모세혈관에서는 산소와 이산화탄소가 확산에 의해 교환이 일어날 충분한 시간을 얻는다. 물론 혈관 내에서 더 정확한 흐름을 알고 싶을 때는 푸와죄유의 법칙을 적용해 동맥에서 정맥으로 가면서 혈압이 낮아지는 이유를 설명할 수 있다. 즉 혈관의 단면적이 갑자기 줄어드는 곳에서 혈압의 강하가 일어나기 때문에 대정맥에서는 혈압이 가장 낮다.

더 읽어봅시다!

조봉연의 『과학으로 다시 보는 물의 이야기』, 이은희의 『하리하라의 과학 블로그』.

블레이드 러너로 불리는 의족 스프린터, 오스카 피스토리우스의 2012년 런던 올림픽 400미터 달리기 경기 모습.

더 이상 맨발의 아베베는 없다?

달리기의 과학 속도, 가속도, 작용-반작용의 법칙, 충격력

초등학교 운동회에서 올림픽 경기까지 체육대회에서 빠지지 않는 종목이 있다면 달리기가 아닐까? 운동회에서 손등에 '1등'이라는 도장을 받아보고 싶어 그렇게 열심히 달렸지만, 장애물 달리기에서 '2등'을 한 번 해본 것이 전부였다. 지구력이 있는 편이라 장거리 달리기는 잘했지만 100미터 달리기는 항상 나에게 실망만 안겨주었다. 그래서 나는 체육대회에서 달리기가 없으면 좋겠다는 생각을 해본 적도 있다. 하지만 체육대회의 마지막을 장식하는 이어달리기에서 거침없이 내달리는 주자들을 볼 때마다 흥분되는 것을 어쩔 수가 없다. 역시 달리기는 나름대로의 재미가 있는 경기다.

달리기는 선수들만 하는 것이 아니다. 어린아이들을 보면 이제 겨우 뒤뚱뒤뚱 걸으면서도 뛰려고 덤비는 모습에 웃음이 나온다. 아이들은 아직 걷기조차 익숙지 않으면서도 뛰려고 한다. 그렇게 계속 반복하다 보면 드디어 걷기는 물론 뛰기도 곧잘 한다. 물론 잘 뛰어다니기만 하는 것이 아니라 넘어지기도 잘한다. 이렇게 아이들은 자주 넘어지면서도 틈만 나면 뛰어다니기 때문에 어린아이가 있는 집에는 매트를 깔아야 하고, 길거리에서는 아이가 다칠까봐 부모도 덩달아 뛰는 코미디를 연출하기도 한다.

이렇게 아무런 이유 없이 뛰어다니는 아이들부터 산뜻한 차림에 음악을 들으

며 공원을 가볍게 뛰는 사람들까지, 달리기는 인간의 가장 기본적인 동작임에 틀림없다. 그리고 달리기는 시대를 막론하고 인간에게 늘 중요한 동작이다. 원시시대에는 잘 달려야 살아남았고, 오늘날에는 건강과 돈이 걸려 있다.

걷기와 시계추

모든 운동 중에서 가장 기본이 되며 누구나 쉽게 하는 동작이 바로 걷기이다. 하지만 많은 사람들의 생각과 달리 걷기는 매우 복잡한 동작이다. 대부분의 동물들이 태어나자마자 걸을 수 있는 것과 달리, 인간은 적어도 10개월이 넘는 기간 동안 연습해야 겨우 뒤뚱거리며 걸을 수 있다.

이렇게 인간이 걷기가 쉽지 않은 이유는, 동물의 경우에는 항상 무게중심이 네 발 사이에 오지만 이족보행을 하는 인간의 경우에는 한 발을 지면에서 떼는 순간 무게중심이 발 사이를 벗어나 불안정해지기 때문이다. 걷기 동작은 그나마 한 발이 지면과 접촉해 있지만 달릴 때는 두 발이 동시에 지면을 벗어나는 경우가 생긴다. 그래서 달리기 동작은 걷기보다 어렵고 힘들다.

달리기 선수들의 모습을 담은 고대 그리스 유물, 기원전 500년. (루브르 박물관 소장)

재미있는 것은 이렇게 복잡한 걷기 동작도 단순하게 보면 진자 운동으로 해석할 수 있다는 사실이다. 사람이 걸을 때 다리를 자세히 보면 마치 시계추가 흔들리듯 진자 운동을 한다. 물론 사람의 다리가 움직이는 모습은 시계추보다 복잡하지만, 궤적 자체는 진자 운동에서 크게 벗어나지 않는다.

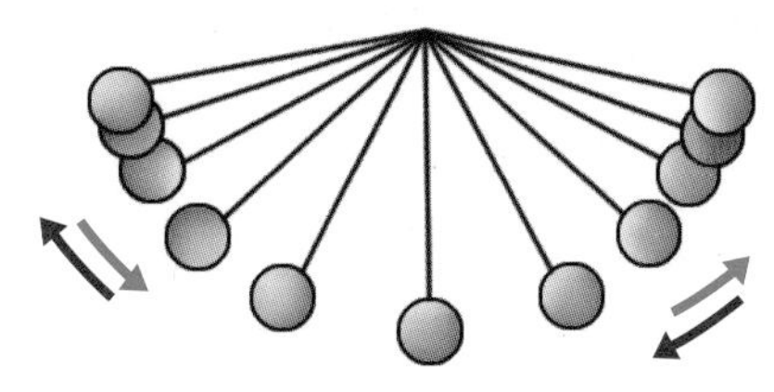

이는 다리가 자유롭게 흔들리는 인형의 다리를 들어 올렸다가 놓아보면 잘 알 수 있다. 걸을 때 발생하는 다리의 진자 운동 주기●는 다리 길이가 길면 길어진다. 다리가 짧은 사람이 긴 사람과 함께 걸을 때는 보조를 맞추려고 빨리 걷는다. 하지만 짧은 다리는 그만큼 주기도 짧아 잰걸음이 되기도 한다.

● **진자 운동의 주기** 진자 운동의 주기를 구하는 식은 $T=2\pi\sqrt{\frac{l}{g}}$ 이다. 여기서 l은 진자의 길이를 나타내는데, 다리가 긴 기린이 걷는 모습이 슬로모션처럼 보이는 이유 역시 다리의 주기가 길기 때문이다. 이에 비해 다리가 짧은 하이에나의 걸음이 아주 빠른 것도 다리 길이의 차이에서 온다. 또한 달에는 중력가속도(g)의 값이 지구보다 작기 때문에 달에 간 우주인들의 걸음걸이가 이상하게 보이기도 한다.

보통의 걸음걸이(대략 4km/h)의 피치는 다리의 고유 진동수와 비슷하다. 무리하지 않은 상태로 다리가 앞뒤로 흔들리게 걸으면 그만큼 에너지 소모가 적으니 자연스럽게 이 정도 속도로 걷게 되는 것이다. 즉 진자의 운동에서 마찰력이 무시할 정도로 작으면 위치에너지가 운동에너지로, 다시 위치에너지로 전환되는 것과 비슷하다.

그러니 고유 진동수에 맞춰 다리를 뻗어 걸어주면 한결 수월해진다. 빨리 걷거나 달릴 때는 보통의 걸음보다 근육이 추가로 일해야 하기 때문에 더 많은 에너지가 필요하게 된다.

복잡한 달리기

다리의 흔들림 자체는 진자 운동이지만 사람이 앞으로 나아가기 위해서는 발로 지면을 밀어야 한다. 지면을 민다고 쉽게 이야기했지만, 사실 인체의 근육은 오로지 수축하는 힘 즉 장력밖에 작용하지 못한다. 근육이 수축하게 되면 뼈에 강하게 붙어 있는 인대를 잡아당겨 뼈를 움직이게 한다.

턱이 음식을 씹는 동작부터 손가락으로 피아노를 치는 동작까지, 모든 움직임이 뼈와 근육의 지레 작용에 의한 것이다. 그래서 사람의 움직임을 역학적으로 설명할 때 흔히 '인체 지레' 모형으로 작용하는 힘을 분석한다.

발이 지면을 밀기 위해서는 2종 지레의 원리가 이용된다. 사람의 체중은 정강이뼈를 통해 발목 관절에 있는 뼈로 전달되는데, 이 뼈를 아킬레스건이 잡아당기게 된다. 그리고 이때 발끝은 받침점의 역할을 하여 땅을 밀게 되는 것이다. 아킬레스건은 보통 체중의 2~3배 정도의 장력을 견뎌낼 수 있을 정도로 튼튼하다. 하지만 과도한 충격에 의해 아킬레스건이 손상되면, 걸을 때 통증을 느끼고 심하면 운동을 할 수 없는 상황에 이르기도 한다.

이러한 작용에 의해 발이 지면을 밀면 지면이 동일한 크기의 힘으로 발을 밀어 사람이 앞으로 나아갈 수 있다(작용-반작용의 법칙). 따라서 큰 힘으로 땅을 밀수록 더 빨리 앞으로 달릴 수 있고, 그만큼 단거리 선수에게는 강한 근력이 필요하다(한때는 근육이 뭉친다고 웨이트 트레이닝을 하지 않은 때도 있었다).

단거리 달리기의 출발에 사용하는 스타팅블록은 발로 뒤를 미는 힘을 더 크게 만들어 좀 더 빨리 앞으로 나가기 위한 것이다.

물론 근육량이 늘어 체중이 올라가면 오히려 가속도가 떨어진다. 이는 가속도가 힘에 비례하지만 질량에는 반비례하기 때문이다. 여하튼 100미터 달리기를 할 때 스타팅블록을 이용하거나 스파이크가 달린 신발을 신고 달리는 이유 역시 뒤로 더 세게 밀기 위한 것이다.

괴로운 달리기

달리기 동작은 복잡하기만 한 것이 아니라 신체에 다양한 부담을 주는 괴로운 동작이기도 하다. 지면을 박차고 공중으로 올라간 몸이 아래로 내려올 때는 매번 지면과 충돌이 일어난다. 이때 가장 먼저 충돌이 일어나는 곳은 발이며, 달리기를 하는 동안 발이 지면과 충돌하는 시간은 0.25초(일류 선수는 0.1초) 정도밖에 되지 않는다. 그리고 이러한 충격은 온몸으로 전달되는데, 달리기를 하는 사람은 짧은 시간 동안 발생하는 충격으로 보통 자기 체중의 3배가 되는 충격력을 받는다.

우리 몸은 이러한 충격에 대비한 신체 구조를 갖추고 있다. 충격이 그대로 머리에 전해지는 것을 막기 위해 척추는 'S'자 형태의 만곡을 이루었고, 다른 동물에 비해 아치형으로 된 큰 관절을 가지고 있어 충격력이 작용할 때 그 힘을 넓은 면적에 분산시켜 충격을 줄이는 쪽으로 진화한 것이다.

그리고 달리기를 하는 동안 가장 고달픈 신체 부위인 발에도 그러한 적응의 결과가 보인다. 바로 발바닥의 아치 구조가 충격력을 흡수하는 역할을 한다. 발바닥의 아치 구조는 안쪽의 큰 것만 흔히 관심을 가지지만 실제로는 바깥쪽과 가로 방향으로도 약간의 아치형을 이루고 있다.

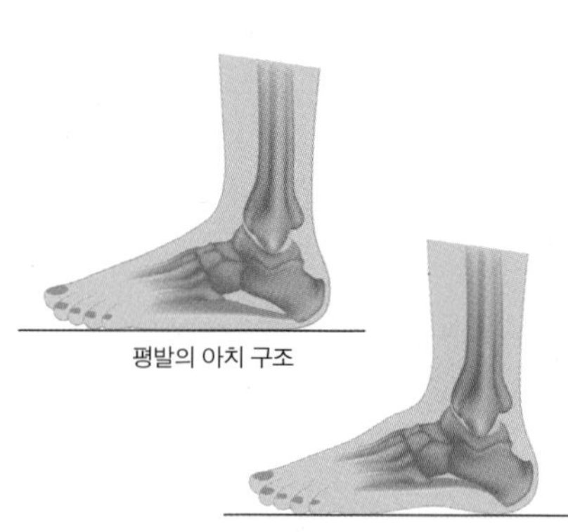

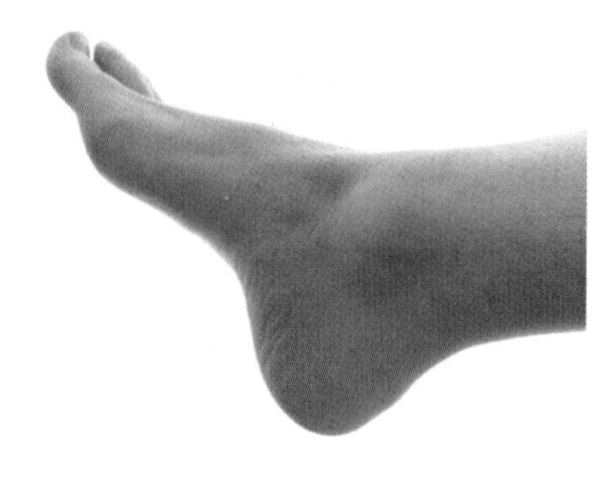
발바닥의 아치 구조는 이동 시 충격력을 줄여주는 역할을 한다.

특히 안쪽의 아치가 제대로 발달하지 않은 사람은 평발이라 불리며, 장거리 이동이나 격한 운동을 할 때 남들보다 더 많은 피로를 느끼고 부상의 위험도 높다. 물론 평발이라고 무조건 치료를 해야 하는 것은 아니며, 박지성 선수의 경우처럼 훌륭한 스포츠 선수가 될 수도 있다.

발의 아치 구조는 단순히 충격력을 줄이는 역할만 하는 것이 아니다. 아치 구조는 충격이 가해지는 동안 에너지를 저장했다가 발이 지면에 힘을 가할 때 에너지를 방출하는 역할도 한다. 즉 운동에너지의 일부가 탄성에너지로 저장되는 것이다. 발이 해결해야 할 문제는 충격력이 전부는 아니다. 달리면서 발은 지속적으로 지면과 마찰하여 열을 발생시킨다. 이러한 열로 발의 온도가 상승하는 것을 막기 위해 발에는 50만 개가 넘는 땀샘이 분포하고 있다. 하지만 신발을 신을 경우 발이 신발 내부와 마찰을 일으켜 온도가 올라가고 땀샘에서 방출된 땀으로 내부의 습도도 높아진다.

재산 목록 1호 신발

발은 자연이 설계한 매우 공학적인 작품임에도 불구하고 육상 선수들은 항상 발과 무릎의 부상 위험에 노출된다. 그리고 조금의 기록이라도 더 앞당기기 위해서 자신의 능력을 최대한 발휘할 수 있는 신발이 필요하다.

1960년 로마 올림픽 마라톤에 출전해 아프리카인 최초의 우승자가 된 아베베 비킬라의 모습.

너무나 당연한 이야기지만 신발이 가벼울수록 기록은 향상되는데, 마라톤의 경우 10그램이 가벼워지면 기록이 1분 정도 단축된다고 한다. 그렇다고 1960년 로마 올림픽에서 아베베 비킬라(Abebe Bikila, 1932~1973)가 아예 신발의 무게

없이 맨발로 달렸기 때문에 우승한 것은 아니다. 그는 당시 부상당한 선수를 대신해 갑자기 출전했고, 자신에게 맞는 운동화를 구하지 못해 평소처럼 맨발로 달렸다. 4년 후 그는 도쿄 대회에서 운동화를 신고 달려 기록을 3분 단축하며 우승했다. 또한 오늘날 선수들이 신는 신발에 비하면 무려 10배 이상 무거운 신발을 신고도 제시 오언스(Jesse Owens, 1913~1980)가 1936년 베를린 올림픽에서 4관왕이 될 수 있었던 것은, 당시에는 모두가 무거운 가죽운동화를 신었기 때문이다. 오늘날처럼 0.01초를 다투는 경기에서 이렇게 무거운 신발을 신는다면 아무리 뛰어난 선수라도 결코 우승을 장담하지 못할 것이다. 하지만 오늘날 선수들의 신발은 단순히 가벼워진 것 이상의 의미를 가지고 있다.

선수들의 운동화는 발이 본래 기능을 충실히 수행할 수 있도록 돕는 역할을 한다. 발이 충격을 흡수할 수 있는 구조라고는 하지만 지속적인 충격은 무릎에 손상을 주기 때문에 신발 밑창에는 충격을 흡수하는 발포수지를 넣는다. 발포수지의 경우 반복적인 충격에 성능이 저하되기 때문에 한때는 에어쿠션이나 심지어 에어펌프까지 달린 신발이 등장하기도 했다.

요즘에는 육상 트랙도 탄성을 띠도록 만들어 선수들의 부상을 줄이고 기록을 향상시키는 데 도움을 주고 있다. 좋은 러닝슈즈는 충격 흡수뿐 아니라 아킬레스건의 역할을 돕기도 한다. 2004년 아테네 올림픽 육상 100미터 금메달리스트 저스틴 게이틀린(Justin Gatlin)이 신었던 운동화 '몬스터플라이(Monster fly)'는 자세의 흐트러짐을 방지하기 위

몬스터플라이

해 하이힐처럼 뒤꿈치를 살짝 들어올렸다. 몬스터플라이는 선수의 자세가 흐트러지는 70미터 이후에도 지면과 발, 발목의 각도를 적절하게 유지시켜 몸 전체의 반발력을 최대로 이끌어내는 효과를 발휘했다.

마라토너의 경우 지속적인 발과 신발의 마찰에 의해 신발 내부의 온도가 45°C, 습도는 95퍼센트까지 올라가 사우나를 방불케 한다. 이러한 상황에서 계속 달리면 신발의 착용감이 떨어지고 결국 발에 물집이 잡혀 기록이 나빠질 가능성이 크다. 이봉주 선수의 마라톤화는 마치 숨을 쉬듯이 공기를 순환시켜 온도를 순식간에 38°C까지 떨어트린다고 하니, 이러한 문제점을 방지하는 데 도움이 될 듯하다.

이렇게 신발은 달리는 능력을 최대한 발휘하는 데 큰 도움을 주기에 선수들에게 보물 1호일 수밖에 없다.

세상에서 가장 빠른 사람

아무리 초일류 선수가 스포츠 과학의 결정체인 좋은 신발을 지원받는다 하더라도 단거리와 장거리 경기에서 모두 우승할 수는 없다. 마라톤 같은 장거리 선수가 100미터 단거리 선수와 뛰는 동작부터 다르듯이, 경기의 형태에 따라 필요한 신체 조건은 다르기 때문이다.

즉 단거리 선수가 최대한 빨리 최고 속도에 도달할 수 있는 능력을 지녀야 하는 것과 달리, 장거리 선수는 속도와 함께 지구력을 가져야 한다. 일류 단거리 선수의 경우 출발 2초 후에 최고 속도의 90퍼센트, 4초 이내에 99퍼센트까지 도달한다. 그리고 5초 정도에 최고 순간 속도를 기록하며, 최고 평균 속도는 대략 150미터 정도에서 기록된다. 따라서 100미터 경기와 200미터 경기에서 평균 속도는 큰 차이가 없다.

세계기록 보유자인 자메이카의 우사인 볼트(Usain Bolt)는 2009년 베를린육상대회에서 100미터를 9.58초에 끊었고, 200미터는 이보다 0.03 뒤진 19.19초라는 놀라운 기록을 세우며 우승했다. 평균 속도는 200미터 근처에서 정점을 보이다가 이후 400미터까지 급격하게 줄고, 400미터 이후에는 완만하게 감소하는 경향을 보인다.

그렇다면 인간은 얼마나 빨리 달릴 수 있을까? 미국 육상계의 전설적인 영웅 제시 오언스는 1936년 베를린올림픽에서 100미터를 10.02초에 주파했다. 이때까지만 해도 인간은 결코 10초대의 벽을 넘지 못할 것으로 생각했다. 하지만 1968년 짐 하인스(Jim Hines)가 9.95초의 기록을 세우며 10초의 벽을 깨며 우승했고, 그 기록은 점점 단축되어 오늘날에는 9.58초까지 단축되었다.

이러한 상황에서 미국의 스포츠 매거진 《ESPN》에서 스포츠 의학전문가 바실 에이시 박사가, 모든 조건이 최상일 경우 100미터 달리기의 기록을 8.99초까지 단축시킬 수 있다는 연구 결과를 내놓아 주목받았다. 즉 출발할 때 0.1초(이보다 빨리 출발하면 예측 출발이 되어 실격 처리된다), 초속 2미터로 뒤에서 바람이 불면(그 이상이면 기록은 무효가 된다), 해발 1,000미터의 경기장에서 최고 속도를 끝까지 유지하면서 달릴 경우 이러한 기록이 가능하다는 것이다.

또 다른 연구에서는 인간이 땅에 발이 닿는 시간을 줄이면 그보다 짧은 시간에도 주파가 가능할 것으로 보고 있어, 아직 인간의 한계가 어디

2009년 독일 베를린 세계육상선수권대회 남자 200미터 결승에서 압도적으로 앞서고 있는 우사인 볼트의 모습.

까지인지는 명확하지 않다. 하지만 아무리 우사인 볼트를 '총알 탄 사나이'라고 부르며 놀라워하더라도 동물들의 기록과 비교하면 어린애 장난에 불과하다.

육상동물 중 가장 빠르다고 알려진 치타의 경우에는 시속 110킬로미터로 달리며, 경주마는 시속 80킬로미터, 경주견인 그레이하운드는 시속 60킬로미터로 달린다. 이렇게 비교하면 가장 빠른 사람조차 개만도 못한(?) 인간이 되어버린다. 그래도 실망하기는 이르다. 사람은 이러한 동물들보다 뛰어난 지구력을 가지고 있어 오래 달릴 경우 이 모든 동물을 추월해버릴 수 있다. 그래서 인간이 가진 달리기의 특성을 가장 잘 보여주는 마라톤을 올림픽의 꽃이라고 부르는지도 모르겠다.

+ 내 몸이 바로 지렛대!

지레는 막대에 한 점을 고정시킨 뒤(받침점), 한쪽에 물체를 놓고(작용점) 다른 한쪽에 힘을 가해 작은 힘으로도 큰 힘의 효과를 얻는 도구다. '인체 지레'는 이 도구의 역할을 사람이 하는 것을 말한다. 인체 지레는 받침점이 어느 곳에 위치하느냐에 따라 1종, 2종, 3종 지레로 나눌 수 있다. 1종 지레로는 장도리로 못을 뽑는 행동, 삽질 등을 들 수 있고, 2종 지레는 손톱을 깎을 때, 호두를 깔 때 등의 경우가 있다. 3종 지레는 낚시, 젓가락질 등을 예로 들 수 있다. 다음 그림은 1종, 2종, 3종 지레의 차이를 나타낸다.

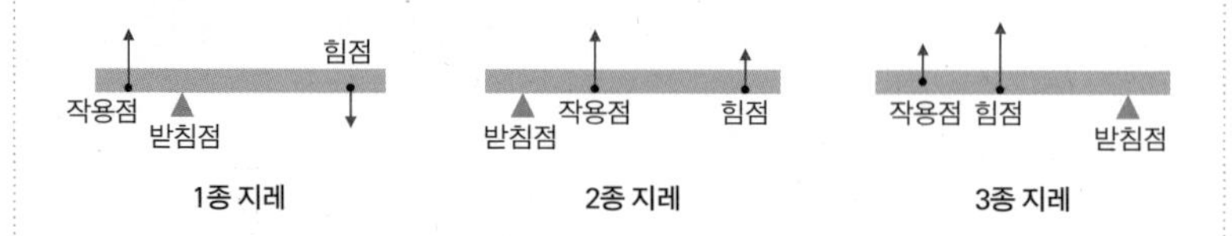

+ 충격력과 충격량

물체에 작용한 힘(충격력)과 힘이 작용한 시간의 곱을 '충격량'이라고 한다. 충격량은 운동량(질량과 속도의 곱)의 변화량과 같은데, 운동량은 같은 물체가 동일한 높이에서 낙하했을 때 같은 값을 가진다. 따라서 높은 곳에서 낙하한 물체에 작용하는 충격력을 줄이기 위해서는, 매트리스나 쿠션처럼 충격을 완화할 수 있는 도구를 이용해 충격을 받는 시간을 늘려야 한다. 자동차의 범퍼나 권투 글러브, 운동선수들의 낙법도 같은 원리에 의한 것이다.

더 읽어봅시다!

박계순과 전태원의 『청소년을 위한 스포츠 과학』, 수잔 데이비스의 『마이클 조던이 공중에 오래 떠 있는 까닭은?』.

4부

협동심 발견

충남 당진시에서 열린 기지시 줄다리기 민속축제 장면. (2012. 2. 14.)

헐크를 이긴 줄다리기의 비결은?

줄다리기의 과학 작용-반작용의 법칙, 마찰력, 인력, 지진, 만유인력의 법칙, 4가지 기본 힘

줄다리기는 정월대보름에 행해지던 대표적인 세시풍속 중 하나다. 마을끼리 집단을 이루어 한 해 농사의 풍년과 액막이를 기원하며 줄다리기를 즐겼다고 전해진다. 물론 오늘날에도 여전히 민속놀이의 하나로 줄다리기가 행해지며 마을 대항전으로 치러지기도 한다.

거창하지는 않아도 줄다리기는 각종 체육대회의 한 종목으로도 종종 볼 수 있다. 학교에서 실시되는 대부분의 체육대회에 줄다리기는 꼭 들어간다. 아마 체육대회의 목적 중 하나인 집단구성원의 협동심 고취 때문일 것이다. 줄다리기는 자기 혼자서 열심히 당긴다고 이기는 것이 아니라, 구성원 모두가 한마음으로 혼연일체가 되어 줄을 당겨야 그 목적을 달성할 수 있다. 이러한 줄다리기의 속성 때문에 다른 경기에 이겼을 때보다 더 큰 승리의 감동을 얻을 수 있기도 하다.

그렇다면 줄다리기에서 이기기 위한 비결이 있을까? 물론 줄다리기도 힘이 작용하는 물리적 운동이므로 승리를 위한 과학적 방법이 존재한다. 협동경기인 줄다리기조차 아는 자가 이길 수 있다.

필승! 줄다리기 전략

세계적으로 가장 오랜 전통을 가진 경기 중 하나인 줄다리기는 우리나라에서도 고대부터 시행되어온 것으로 보인다. 우리나라 줄다리기의 기원은 정확히 알려지지는 않았지만 벼농사를 하는 지방에서 먼저 시작되었다.

벼농사가 활발하게 이루어졌던 한강 이남 지역에서 줄다리기 행사가 많이 이루어졌고, 이는 점차 북쪽으로 전해졌다. 그리고 중국과 일본, 동남아의 벼농사 지역에서도 우리와 비슷한 농경행사로 줄다리기를 했다고 한다.

이처럼 동양의 줄다리기는 한 해 농사의 풍년과 복을 기원하는 주술적 성격이 강한 민속행사로 시작되었던 것으로 보인다. 그러니 오락적 기능보다는 행사를 통해 촌락의 단합을 강조하는 의례적 측면이 더 강한 놀이였다고 할 수 있다. 특히 우리나라는 충남 당진 기지시 줄다리기, 전남 장흥 보름 줄다리기, 제주 조리희● 같은 전통놀이로서 줄다리기가 꾸준히 이어져오고 있다.

● **조리희** 제주도에서 한가위에 행하던 민속놀이. 남녀가 한데 모여 노래하고 춤추다가 좌우 두 패로 갈라져 줄을 당기는데, 줄의 한가운데가 끊어져 좌우 양편이 뒹굴면 동네 사람들이 이를 보고 웃음을 터뜨렸다.

서양의 경우에는 고대 이집트 무덤의 벽화에 줄다리기 그림이 있을 만큼 오랜 역사를 가지고 있다. 점술적 풍속의 하나로 줄다리기를 했던 동양과 달리, 고대 그리스에서는 체력 단련의 목적을 가진 스포츠 행사로서 줄다리기를 했다.

줄다리기가 인기 있는 스포츠의 하나였다는 사실은 1900년 제2회 올림픽에 정식 종목으로 채택된 것으로도 알 수 있다. 하지만 아쉽게도

1904년 미국 세인트루이스에서 열린 하계 올림픽에서 치러진 줄다리기 경기 모습.

4회 대회에서 운영상의 문제가 발생했고, 선수단 규모 축소 방침에 따라 1920년까지만 올림픽 정식 종목으로 채택되었다. 4회 대회에서 미국과 영국의 줄다리기 경기에서 영국 팀이 스파이크가 달린 신발을 신고 경기를 하여 우승을 차지했고, 양국 국민 사이의 감정 대립으로 비화되기도 했다.

영국 팀의 스파이크 신발을 통해 줄다리기에서 가장 중요한 것이 바로 마찰력이라는 사실을 알 수 있다. 줄다리기 경기에서 접하는 가장 큰 물리적 오해는 더 세게 당겨야 경기에서 이길 수 있다는 생각이다. 각각 얼마의 힘으로 당겼는지는 중요하지 않다. 얼마의 힘으로 당기건 서로에게 작용하는 힘의 크기는 같기 때문이다.

즉 이긴 팀이라고 하여 진 팀보다 더 큰 힘으로 잡아당긴 것은 아니라는 이야기다. 이는 두 팀이 서로를 끌어당긴 힘을 작용-반작용의 관계로 보면, 서로 작용한 힘의 크기가 같기 때문이다. 코끼리와 생쥐가 줄다리기를 하는 것과 같이 극단적인 경우에도 서로에게 작용한 힘의 크기는 같다. 그런데 왜 결국 코끼리가 이길까?

이는 작용과 반작용의 크기는 같지만 코끼리에 작용한 마찰력과 생쥐에게 작용한 마찰력의 크기가 다르기 때문이다. 마찰계수(μ)와 수직항력(N)의 곱인 마찰력(f=μN)은 마찰계수가 같을 경우, 질량이 큰 쪽의 수직항력이 높아 마찰력이 더 크다. 따라서 코끼리 발바닥과 지면 사이의 마찰력이 훨씬 커서 같은 힘이 작용하더라도 움직이지 않는 것이다.

그러니 공정한 경기를 위해 동일한 인원수에 스파이크를 신지 않고 경기를 해야 한다. 그리고 모든 조건이 동일할 경우, 서서 당기는 쪽이 뒤로 몸을 뉘어 당기는 쪽보다 유리하다. 서서 당길 경우에는 줄에 의한 장력의 연직 아래쪽 성분이 더해져 수직항력이 증가하지만, 앉아서 당길 경우에는 오히려 연직 성분만큼 줄어들어 마찰력이 감소하기 때문이다.

즉 마찰력은 바닥으로 누르는 힘이 강할수록 수직항력이 더 증가한다. 그러니 서서 당기는 쪽은 매달리는 상대방의 줄에 의해 내려 누르는 힘이 증가하여 마찰력이 커진다. 물론 이는 뒤로 뉘어 당기는 사람을 끌어당길 수 있는 힘이 있을 경우에 적용되며, 그렇지 않을 경우에는 앞으로 쓰러지게 되어 경기에서 지게 된다.

줄에서 시작된 문명

많은 문명권에서 고대부터 줄다리기를 했던 것은 줄이 힘을 전달하는데 가장 효과적인 도구였기 때문이다. 줄과 도르래만 있으면 쉽게 힘의 방향을 바꾸거나 작용하는 힘의 크기를 조절할 수 있었다. 또한 튼튼한 줄은 여러 사람이 쉽게 힘을 합쳐 당길 수 있어 거대한 토목공사를 가능하게 했다. 물론 처음부터 튼튼하고 기다란 줄을 만들 수는 없었겠지만, 여러 가닥의 실을 합쳐 튼튼한 줄을 만들 수 있다는 사실을 깨닫는 데는 오랜 시간이 걸리지 않았을 것이다.

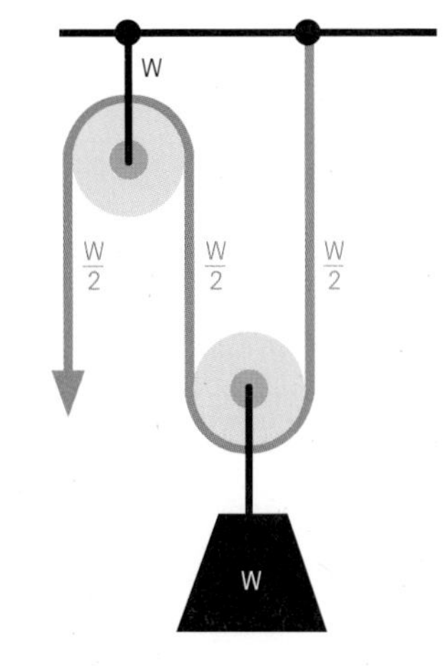

줄과 도르래를 이용한 힘의 방향과 크기 조절. 고정도르래는 힘의 작용 방향을 바꾸고, 움직도르래는 무게의 1/2힘(W/2)으로 물체를 들어올릴 수 있게 해준다.

역학적 힘에 중요하게 사용되었던 줄은 나무줄기를 그대로 잘라 사용하거나 껍질을 벗겨 사용하는 데에서 출발했다. 그러다가 옷감을 만들기 위해 실의 원료로 아마(flax)를 사용하면서 다양한 줄이 등장했다. 리넨(linen)은 아마의 속껍질 섬유를 벗겨 만든 식물섬유로 고대 이집트는 '리넨의 나라'라고 불릴 만큼 아마가 널리 사용되었다. 특히 아마는 다른 천연섬유에 비해 인장• 강도가 높아 밧줄용으로도 안성맞춤이었다.

• **인장** 어떤 힘이 물체의 중심축에 평행하게 바깥 방향으로 작용할 때 물체가 늘어나는 현상.

항해하는 선박의 밧줄로 유명한 마닐라 로프는 필리핀에 서식하는 바나나나무 아바카(abaca)의 잎으로 만든 것으로, 마는 아니지만 흔히 마닐라 삼이라는 이름으로 불리면서 붙여진 이름이다. 여하튼 이러한 섬유(fiber)로 튼튼한 줄을 만들 수 있는 비결은 바로 꼬임(twisting)에 있었다. 섬유를 꼬아 실을 만들면 섬유 사이에 마찰력이 작용하여 실이 쉽게 풀리지 않는다.

이렇게 섬유 사이에 작용하는 마찰력을 이용해 실을 만들었고, 이 실을 다시 꼬아 합사를 만들 수 있었다. 여기서 다시 꼬아 스트랜드(strand)라 불리는 더 굵은 실을 만들고, 또다시 이를 3가닥 합하여 만든 것이 3

실의 원료인 아마(왼쪽)와 항해하는 선박의 밧줄로 유명한 마닐라 로프.

연합 로프다. 로프는 2가닥 이상의 실을 꼬임 방향과 반대 방향으로 합연하여 만든 실을 다시 3가닥 이상 합쳐 꼬아서 만든다. 따라서 계속 합사를 하면 얼마든지 목적에 맞는 굵은 밧줄을 만들 수 있었고, 항해나 건축에 두루 사용되었다.

하지만 단순히 실의 개수가 늘어난다고 밧줄이 튼튼해지는 것은 아니다. 실을 꼬아주면서 실에 작용하는 힘을 인장력과 압축력으로 분리시켜야 전체적으로 밧줄의 인장강도가 증가하는 효과가 나타난다. 즉 밧줄을 당기면 힘의 일부는 줄을 당기는 데 사용되지만 나머지 힘은 줄을 죄는 작용을 한다.

이러한 천연섬유는 꼬아서 굵게 만드는 방법 외에는 인장강도를 획기적으로 증가시킬 수 있는 방법이 없었다. 하지만 섬유공학의 발달로 최근에는 강철보다 강한 섬유들이 만들어지고 있다. 섬유의 강도를 증가시키기 위해서는 섬유를 구성하는 분자의 결합에너지를 증가시켜야 한다. 즉 결합에너지가 낮은 반데르발스 힘●이나 수소결합 보다 공유결합 수를 증가시킨 섬유를 만들어야 한다는 것이다.

● **반데르발스 힘** 분자 사이에 작용하는 작은 힘의 하나. 두 중성 분자가 비교적 떨어져 있을 때도 서로 인력이 작용하는 것은 이 힘 때문이다. 두 분자가 근접할 때 각 분자의 전자가 전기적인 반발을 하므로 서로 피하며 운동한다.

물론 공유결합 수를 증가시킨 섬유를 실험실에서 만들었다 해도, 결과는 이론에 그치는 경우가 많다. 섬유를 제조하면서 발생하는 결함이 섬유의 강도를 떨어뜨리기 때문이다. 결국 영화에서 극적 긴장감을 주기 위해 밧줄 가닥이 하나씩 떨어져나가는 장면은 섬유의 모든 부분이 동일한 강도를 띠지 않아서 나타나는 현상이다.

끈으로 만들어진 세상

인간이 만든 튼튼한 줄만 있는 것이 아니다. 자연에 존재하는 많은 것들이 끈으로 구성되어 있거나 끈의 형태로 되어 있다. 사람이 실을 만들고 실을 엮어 밧줄을 만든 것은 그만큼 주변에 섬유의 형태를 가진 것이 많기 때문이라고 생각할 수 있다.

식물의 줄기처럼 가늘게 찢어지는 것은 기본적으로 섬유의 형태로 구성되어 나타나는 현상이다. 즉 털이나 깃털처럼 실의 형태를 가지고 있지 않더라도, 닭 가슴살처럼 찢어지는 경우는 대부분 섬유의 형태를 띤다. 재미있는 것은 밧줄을 잡아당기는 인간의 근육도 밧줄의 형태를 띠고 있다는 점이다.

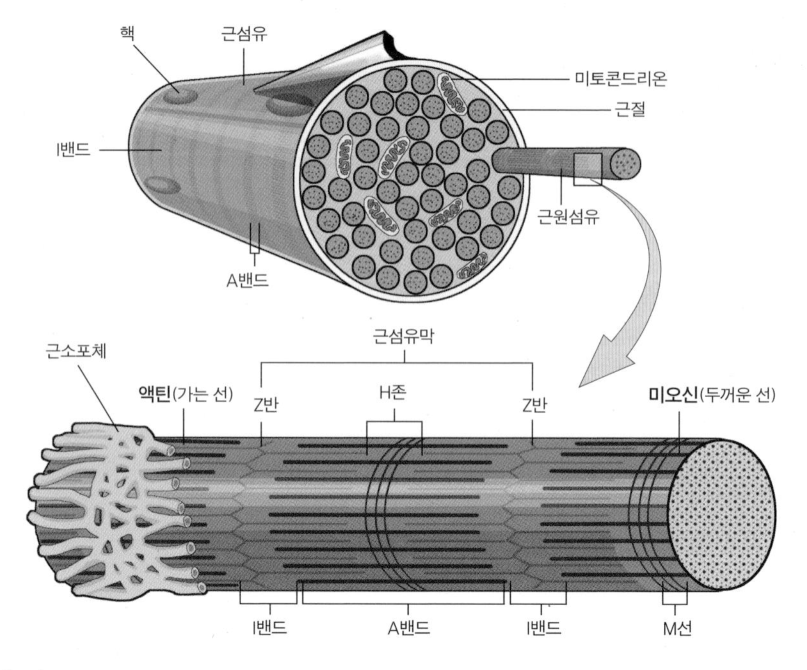

근세포의 구조.

근육을 구성하는 근세포는 액틴(actin)과 미오신(myosin)이라는 섬유상 분자들로 이루어져 있다. 두 개의 액틴 분자들이 밧줄처럼 꼬여 액틴 섬유를 형성하고, 미오신 섬유는 동축케이블처럼 여러 개의 미오신 분자들이 묶인 구조다. 그리고 근육은 근섬유들이 연결조직에 의해 다발로 묶인 구조다.

그렇다면 밧줄처럼 생긴 근육이 어떻게 밧줄을 당길 수 있는 것일까? 이는 근섬유를 구성하는 미오신 섬유가 액틴 섬유 사이로 미끄러져 들어가면서 수축을 일으키기 때문이다. 사실 사람이 아무리 복잡한 동작을 한다 해도 그때 필요한 역학적 힘은 근섬유의 수축으로 발생하는 장력일 뿐이다. 오로지 당기는 힘만으로 우리는 발레와 같은 복잡하고도 아름다운 동작을 보일 수 있으니 참으로 놀랍다고 할 수 있다.

하지만 물리학자들은 인간을 비롯한 생물뿐 아니라 세상 모든 것이 실로 이루어졌다고 믿고 있다. 물리학자들은 세상을 구성하는 이러한 실을 초끈(superstring)이라 부른다. 즉 우주가 양성자나 중성자, 전자와 같은 소립자, 쿼크와 같은 입자로 구성되기도 했지만, 끊임없이 진동하는 1차원적인 끈으로 이루어졌다는 것이다. 끈 이론은 거시세계를 설명하는 아인슈타인(Albert Einstein, 1879~1955)의 상대성 이론과 미시세계를 설명하는 양자역학을 통합하기 위해 등장했다.

독일의 이론물리학자 알베르트 아인슈타인.

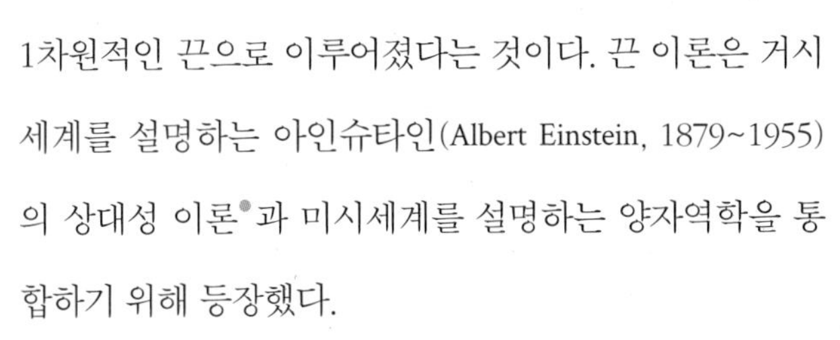

물리학자들은 우주의 모든 상호작용을 일으키는 4가지 기본 힘을 하나로 통일하기 위해 꾸준히 노력해왔다. 그 결과 전자기력과 강력, 약력은 양자역학으로 모순 없이 통합되었지만 중력은 양자화 시키기 어려웠다. 이를 해결하기 위해 제시된 것이 초끈 이론이다.

그렇다면 세상은 정말로 끈으로 구성되었을까? 아쉽게도 초끈은 우리의 관측 수준을 벗어나기 때문에 현재로서는 그 진위를 알 수 없다. 단지 그 수학적 아름다움에 만족해야 할 것이다.

● **쿼크** 양성자, 중성자와 같은 소립자를 구성하고 있다고 생각되는 기본적인 입자.

● **상대성 이론** 1905년 아인슈타인이 처음 세운 특수 상대성 이론과 일반 상대성 이론을 이르는 말로, 자연법칙이 관성계에 대해 불변하고 시간과 공간이 관측자에 따라 상대적이라는 이론이다.

● **양자화** 고전적인 물리량을 양자 역학적 양으로 바꾸기 위한 조작의 하나. 예를 들면 위치와 운동량 등의 양자화와 입자의 소멸, 생성을 나타내는 장의 양자화가 있다.

자연의 줄다리기

줄다리기에서 끌어당기는 힘은, 근육처럼 줄의 형태를 가진 경우에만 작용하는 것은 아니다. 거대한 지각판도 강력한 맨틀 대류의 힘에 따라 장력을 받는다. 이러한 장력은 지각판을 이동시키거나 충돌하게 하고, 끊어지게도 하여 지진을 일으킨다.

그리고 끌어당기는 힘은 줄이나 판처럼 물체가 있어야 작용할 수 있는 것도 아니다. 자석의 경우 자석 사이에 아무것도 없지만 서로 끌어당기는 힘에 의해 붙기도 한다. 하지만 당길 물체가 있거나 자석처럼 특별한 경우에만 줄다리기가 일어나는 것은 아니다. 우주에 존재하는 모든 물체는 서로 끌어당기는 줄다리기를 하고 있다. 이를 발견한 사람이 아이작 뉴턴(Isaac Newton, 1642~1727)이다.

물론 뉴턴 이전에도 지구가 물체를 끌어당긴다는 사실은 누구나 알고 있었고, 이러한 현상에 대해 체계적인 설명을 시도한 이들도 많았다. 대표적 인물이 고대 그리스 철학자 아리스토텔레스다. 그는 모든 물질은

이탈리아의 과학자 갈릴레이는 경사면 위에 여러 물체의 운동을 실험했다. 1841년 프랑스의 화가 지우제페 베추올리가 그린 〈갈릴레오의 빗면 실험〉(오른쪽).

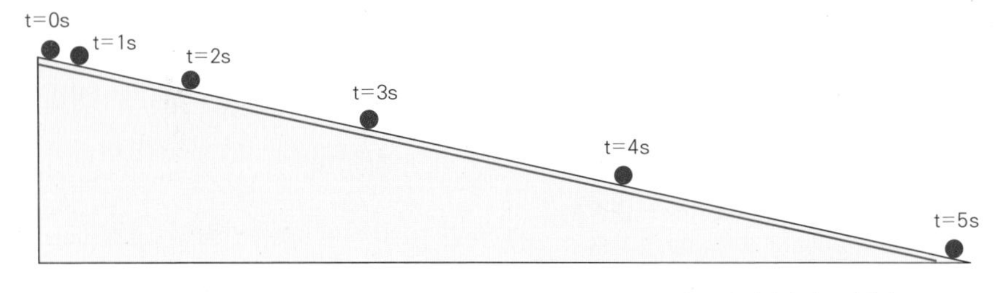

갈릴레이의 낙하 실험 원리. 모든 물체는 질량에 상관없이 시간(t)에 따라 속력(s)이 일정하게 증가한다.

제각기 고유한 장소로 돌아가려는 성질을 가지고 있어 물체가 연직(지면과 수직 방향)으로 떨어진다고 주장했다.

아리스토텔레스는 무거운 물체가 더 빨리 떨어진다고 주장했는데, 갈릴레이의 낙하 실험으로 부정될 때까지 유럽의 과학자들은 널리 믿었다. 갈릴레이(Galileo Galilei, 1564~1642)는 빗면 실험을 통해 모든 물체는 동일한 시간에 동일한 거리를 낙하한다는 사실을 밝혀냈다. 이렇게 갈릴레이의 낙하 법칙이 지상에 있는 물체의 운동을 나타내는 것이라면, 케플러(Johannes Kepler, 1571~1630)의 행성 운동 법칙은 천체의 운동을 나타낸 것이다.

과학의 개념조차 확립되어 있지 않았을 당시에 대부분의 사람들은 지상의 물체가 움직이는 법칙과 천상의 천체가 운행하는 법칙이 별개라고 믿었다. 하지만 뉴턴은 사과가 떨어지는 현상과 하늘에 떠 있는 달이 동일한 힘에 의해 운동한다는 사실을 깨달았다. 즉 뉴턴은 갈릴레이의 낙하 법칙과 행성 운동에 대한 케플러의 법

영국의 물리학자 아이작 뉴턴.

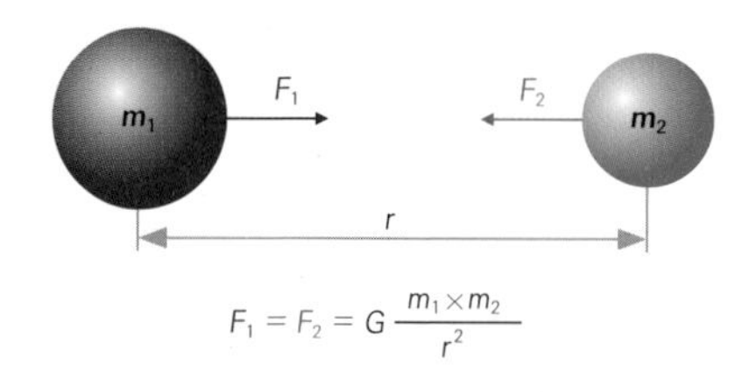

만유인력의 법칙. 질량을 가진 모든 물체는 인력이 작용한다. 그 힘(F)의 크기는 두 물체의 질량의 곱($m_1 \times m_2$)에 비례하고 거리의 제곱(r^2)에 반비례한다.

칙을 멋지게 결합하여, 두 법칙이 사실은 동일한 힘을 표현하고 있다는 사실을 밝혀낸 것이다.

뉴턴이 발견한 만유인력의 법칙(universal law of gravitation)에 '만유'라는 이름이 붙은 이유도 지상과 천상의 구분 없이 질량을 가진 모든 물체 사이에 서로 끌어당기는 힘이 작용하기 때문이다.

뉴턴은 지상에서 일어나는 물리 법칙과 천상에서 일어나는 것이 다르다는 기존의 생각을 깨트리고 동일한 물리 법칙이 온 우주에 동일하게 적용된다는 새로운 세계관을 열었다. 이는 천재성이 돋보이는 부분으로 뉴턴의 이러한 놀라운 통찰은 아인슈타인이 시간과 공간에 대한 개념을 바꿀 때까지 가장 획기적인 생각의 전환이었다.

아인슈타인은 뉴턴의 만유인력 대신 휘어진 시공간이라는 개념을 통해 중력을 설명한다. 즉 질량이 있는 물체는 주변의 시공간을 휘어지게 만든다.

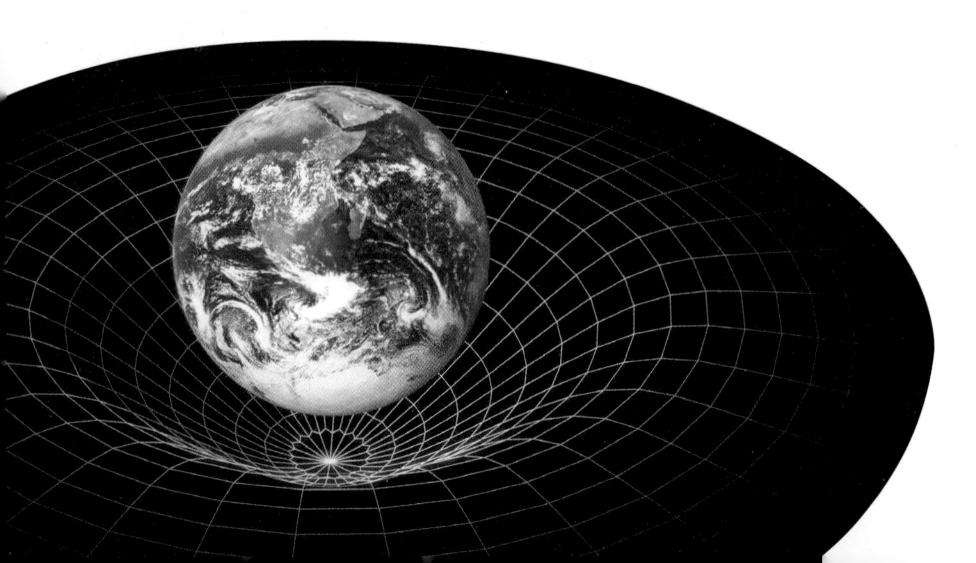

+ 줄다리기와 턱걸이

줄다리기와 턱걸이 모두 팔로 잡아당기는 힘이 작용한다는 공통점이 있다. 이때 작용하는 힘은 근육이 수축하면서 생긴 장력이다. 따라서 팔을 더 많이 늘어트리면 더 많이 수축할 수 있어 큰 힘을 작용시킬 수 있을 것 같다. 하지만 막상 턱걸이를 해보면 팔을 많이 펼수록 잡아당겨 오르기가 더 힘들다. 이는 원래 근육 길이에 가장 가까울 때 단위면적당 최대 힘을 내기 때문이다. 근육은 원래 길이의 80~120퍼센트 사이에서 수축에 의한 장력을 낼 수 있는데, 양극단에 가까워질수록 거의 힘을 낼 수 없다. 턱걸이를 하기 위해 철봉에 매달려 있으면 중력에 의해 팔의 근육이 늘어난 상태가 된다. 그리고 팔이 완전히 펴지게 되면 팔 근육은 최대 힘을 내기가 어렵다. 그래서 팔을 완전히 펴지 않고 턱걸이를 하면 더 쉽게 당길 수 있다.

+ 왜 4가지 기본 힘에 장력은 없을까?

물리학에 관심이 많은 독자라면 우주의 모든 상호작용을 일으키는 기본 힘에는 중력, 전자기력, 약력, 강력 이렇게 4가지밖에 없다는 사실을 알 것이다. 그렇다면 밧줄을 잡아당길 때 작용하는 장력은 어디에 속할까? 장력은 전자기력에 의해 나타나는 힘이다. 전자기력이라고 하면 전등을 켜는 것과 같이 전기적인 현상만 생각하는 것이 보통이지만, 실제로는 우리가 물건을 잡거나 걸어갈 때 생기는 마찰력도 전자기력에 의해 일어나는 것이다. 지금 우리가 책장을 넘기고 보는 것 또한 모두 전자기력에 의한 상호작용으로 일어나는 현상이다. 재미있는 사실은 근육이 수축할 때 작용하는 힘도 전자기력이다. 그러니 결국 인간도 로봇과 마찬가지로 전자기력으로 작동하는 셈이다.

더 읽어봅시다!

최준곤의 『행복한 물리 여행』, 최상일의 『소매치기도 뉴턴은 안다』.

1990년대 말 한국에 들어온 스타크래프트는 피시방과 e-스포츠라는 새로운 업종을 만들어냈을 만큼 폭발적인 인기를 끌기 시작했고, 2001년 한국 e-스포츠협회가 창립된 후 선수 관리, 경기 규칙, 대회 방식 등이 체계화되면서 대중 스포츠로 자리를 잡았다.

뉴턴이 만든 게임이 있다?

게임의 과학 중력가속도, 질점, 포물선 운동, 속도, 벡터, 유전자

컴퓨터를 다룰 줄 아는 사람 치고 '스타크래프트' 게임을 모르는 사람은 없을 것이다. 스타크래프트는 피시방과 e-스포츠라는 새로운 업종을 만들어냈을 만큼 폭발적인 인기를 끌었고, 한때 '국민게임'이라고 불리기까지 했다.

나 역시 지금은 일이 너무 많아 새로운 게임을 해볼 여유가 없지만, 한때는 스타크래프트의 매력에 푹 빠져 살기도 했다. 심지어 스타크래프트를 과학적으로 연구하려고 한국과학문화재단(지금은 한국창의과학재단)에 연구비를 신청할 정도였으니 말이다. 대한민국 남자라면 누구나 그렇듯이 그냥 게임만 한다면 식구들 눈치를 볼 수밖에 없다. 게임을 너무나 하고 싶었던 내게는 연구비를 지원받아 당당하게 게임을 하려는 속셈도 있었다.

내가 이 정도인데 청소년들은 오죽할까. 게임 중독이 사회적으로 문제가 되면서 마치 최근에야 게임이 널리 퍼져 있는 것처럼 보이기도 하는데, 사실은 그렇지 않다. 이미 30년 전에 '겔러그'나 '스크램블' 같은 오락실 게임이 초등학생들의 50원짜리 동전을 엄청나게 삼켜댔다.

초등학교 문구점 앞에 설치되어 있던 조그만 게임기에는 항상 초등학생 몇 명이 붙어 있었다. 하지만 이 소형 게임기는 전자오락실의 거대한 게임기와는 경쟁이 되지 않았다. 전자오락실의 게임들도 피시방이 등장하면서 많이

줄어들어 이제는 일부 대형 오락실만 남게 되었다.

이렇게 진화에 진화를 거듭한 게임은 명절에도 전통놀이를 위협할 만큼 인기를 끌게 되었다. 친척들이 모여 닌텐도 위(Wii)나 엑스박스360을 가지고 함께 게임을 하거나, 스마트폰으로 다양한 게임을 즐기는 모습을 어렵지 않게 볼 수 있다. 이제 게임은 우리 생활 속에 깊숙이 파고들었고, 문화의 한 축으로 당당히 자리를 잡았다.

게임이 미래다

게임의 어원을 살펴보면 기쁨이나 즐거움을 뜻하는 고대 영어나 게르만어의 'gamen'으로 거슬러 올라간다. 이는 참여나 함께함을 뜻하는 고트어● 'gaman'과 같은 뿌리에서 나왔는데, 접두사 'ga-'와 사람을 뜻하는 'man'으로 이루어져 '여러 사람이 함께 하는'이라는 뜻이다.

● **고트어** 인도, 유럽어족의 동게르만 어파에 속한 언어로, 현재는 남아 있지 않다.

인간이 게임을 즐기기 시작한 기원은 알 수 없으나, 가장 오래된 게임은 기원전 2686년 고대 이집트 고분에 그려진 그림 속에서 확인할 수 있다. 여기에는 '세넷(Senet)'이라는 일종의 보드 게임이 등장한다. 이를 볼 때 이미 기원전 3100년쯤에 게임은 시작되었던 것으로 보인다.

이처럼 고대부터 인류가 게임을 좋아했으니, 인간은 유희를 즐기고 게임을 좋아하는 본성을 가진 것으로 보인다. 이렇게 유희를 즐기는 인간을 네덜란드의 문화학자 하위징아(Johan Huizinga, 1872~1945)는 '호모

고대 이집트 고분에 그려진 그림 속 '세넷'의 모습. 게임놀이의 긴 역사를 짐작케 한다.

루덴스(homo ludens)'라고 불렀다.

게임을 좋아하는 인류는 1970년대 후반 디지털 기술의 발전에 힘입어 컴퓨터 게임이라는 새로운 형태의 문화를 탄생시킨다. 게임은 다른 문화 장르보다 늦게 등장했지만 이미 영화와 음반 산업의 규모를 추월할 정도로 거대하게 성장했고, 다른 매체들과의 융합을 통해 성장 가능성이 가장 높은 분야로 발전하고 있다.

교육은 '에듀테인먼트(edutainment)'와 같이 교육에 오락적 요소를 결합시켜 학습자들의 흥미를 고취시키기 위해 일찍부터 많은 노력을 기울인 분야이다. 하지만 미래에는 교육 분야뿐 아니라 사회 전체에 정보(information)와 오락(entertainment)이 결합된 '인포테인먼트(infortainment)'

가 일반화될 것이다.

요즘 출시되는 고급차량은 기본적으로 멀티미디어 시스템과 내비게이션, 후방감지 카메라가 갖춰져 있으며, 여기에 각종 차량 정보가 시뮬레이션 게임에서나 볼 수 있었던 방식으로 제공되는 자동차 인포테인먼트 시스템이 장착되어 나온다. 또한 CF에서 볼 수 있었던 것처럼 전기 절약을 게임하듯 점수와 숫자로 표시하여, 흥미롭게 에너지 절약을 실천할 수 있는 아파트들도 등장하고 있다. 그리고 안타깝지만, 군대에서도 서바이벌 게임이나 워 게임처럼, 군사훈련이나 전략 수립을 위해 게임을 적극 도입하고 있다. 이처럼 '게임이 곧 미래'라고 할 만큼 모든 것들이 게임과 융합되고 있으며, 이러한 현상은 게임의 발달과 함께 더욱 가속화되고 있다.

물론 게임의 발달이 게임 중독자 같은 부작용을 양산하기도 한다. 이러한 현상은 현실감이 높은 게임이 등장할수록 심화될 가능성이 크다. 하지만 게임 제작자들은 게임을 더욱 흥미롭고 자연스럽게 만들기 위해 '최대한 현실과 가깝게' 제작하려고 한다. 이처럼 현실감이 뛰어난 게임은 마치 양날의 검과 같아서 게임을 더욱 재미있게 만들어주는 한편, 게이머들의 중독성을 높이기도 한다.

궁극의 게임 〈매트릭스〉

게임의 중요한 속성은 다른 삶을 살아보고 싶은 인간의 욕구를 채워준다는 것이다. 게임 속에서는 누구나 기사, 축구선수, 대통령, 군주가 될 수 있으며, 심지어 다른 성(性)의 삶을 살 수도 있다.

이러한 게임의 속성으로 볼 때 사람들에게 다양한 경험을 가능하게 하는 게임의 궁극적 모습은 영화 〈매트릭스〉에서 엿볼 수 있다. 〈매트릭스〉에는 인공지능 컴퓨터가 만들어낸 완벽한 가상현실의 세계가 등장한다. 이곳은 너무나 완벽해 진짜 현실에서 온 모피어스라는 인물이 알려주기 전에는 스스로 깨닫지 못한다. 그래서 주인공 네오는 2199년에 살고 있으면서도 자신은 1999년에 살고 있는 평범한 회사원 앤더슨이라고 믿는다.

하지만 시리즈가 진행될수록 관객들은 네오와 앤더슨 중 누가 진짜 주인공인지 혼란스러움을 느끼게 된다. 이는 마치 장자의 '호접몽'처럼 어느 것이 진짜인지 구분을 못하는 상황과도 비슷해 보인다. 이러한 상황은 영화 〈아바타〉에도 등장한다. 〈아바타〉에는 다리를 다쳐 하반신을

영화 〈매트릭스〉(왼쪽)와 〈아바타〉.

가상현실의 한 통로로 이용되는 피시방(PC房). 어린 학생들은 물론 게임을 좋아하는 어른들의 새로운 놀이터가 되었다고 할 정도로 널리 확산되어 있으나, 경우에 따라서는 인터넷 게임 중독 등의 심각한 부작용을 야기하는 실정이다.

사용할 수 없는 전직 해병대 제이크가 판도라 행성을 구하는 영웅으로 등장한다. 단지 〈매트릭스〉와 〈아바타〉는 가상과 현실의 구조만 다를 뿐이다. 즉 매트릭스 속의 네오는 단지 프로그램일 뿐이지만, 나비족의 아바타는 판도라 행성에 실제로 존재한다는 설정이기 때문이다.

미래에는 더욱 많은 사람들이 게임에 의존할 것이다. 심지어 영화 〈아발론〉처럼 게임에 중독되어 현실로 돌아오지 못하는 사람이 생길 수도 있다. 현재도 피시방에서 게임 도중 사망하거나 게임 때문에 삶이 망가지는 사람들의 이야기를 어렵지 않게 접할 수 있다. 이러한 상황에서 더욱 현실감 높은 게임이 등장한다면 더 많은 중독자들이 양산될 것이며, 이러한 우려 또한 당연하다 할 수 있다.

하지만 영화 속에서 제이크가 인간의 삶을 버리고 결국 아바타인 나비족의 삶을 선택하듯 현실을 버리고 가상현실을 선택한다고 해서 무조건 비난할 수만은 없다. 이미 전쟁이나 교통사고와 같은 정신적 충격을 치료하거나 진통제로도 억제하기 힘든 통증을 다스리는 데 가상현실이 활용되고 있다. 아마도 머지않아 현실의 괴로움을 잊기 위해 또는 이루지 못한 꿈을 마저 이루기 위해 게임에 심취하는 것이 잘못된 행동인지 고민해야 할 때가 올 것이다.

자연스러운 게임 만들기

게임에서 '잘 만들어졌다'라는 말이나 '자연스럽다'라는 말은 같은 의미로 사용될 때가 많다. 그만큼 게임 제작자들은 게이머들이 게임을 할 때 이상하게 느껴지지 않도록 많은 신경을 쓴다. 이처럼 되도록 현실과 가깝게 게임을 만들기 위해 가장 중요한 것이 '물리 법칙'이다.

가상현실인 게임을 만드는 데 복잡한 물리 법칙이 필요하다는 것이 생뚱맞게 들릴지 모르지만, 게이머의 몰입도를 높이기 위해서는 게임 속에서도 현실의 물리 법칙을 따라야 한다. 왜냐하면 물체에 힘이 작용했을 때 물체의 운동을 가늠하게 하는 것이 물리 법칙이며, 게임 속에서도 물체가 물리 법칙에 따라 운동해야 자연스럽게 느껴지기 때문이다.

과거 컴퓨터 사양이 낮았을 때는 게임을 제작할 때 물리학이 거의 사용되지 않았다. 물체들이 단순하게 사방으로 움직일 뿐 어떠한 물리 법칙도 따르지 않았기 때문이다. 하지만 컴퓨터 사양이 높아지고, 3D게임이 제작되면서 현실감 있는 게임을 만들기 위해 물리학이 중요하게 취급되었다.

인기 있는 레이싱 게임인 '카트라이더'의 경우 드리프트(drift)를 사용하면 '끼이익' 하는 소리와 함께 실감나게 미끄러진다. 이러한 묘사를 위해 고려해야 하는 것이 바로 힘과 가속도, 마찰력, 관성 같은 여러 물리적 요소다. 즉 3차원 화면상에서 물체가 움직이게 되면 뉴턴의 운동 법칙에 따라 운동해야 한다.

물체가 충돌하거나 폭발할 때는 더욱 복잡한 계산이 필요하다. 물론 상대성 이론이나 양자역학 같은 어려운 물리학 법칙은 사용되지 않고, 고전역학이나 유체역학, 광학이 사용된다. 하지만 물리 교과서에서 배운 것처럼 물체를 질점으로 취급할 수 있는 것이 아니기 때문에 계산은 매우 복잡해진다. 그래서 최근에 제작된 게임들은 아예 물리 법칙을 별도로 구현하는 물리 엔진(physics engine)을 사용해 제작된다.

● 앵그리버드 궤도 계산법
게임 속 앵그리버드를 멀리 날리기 위한 수학적 계산법. 네티즌들 사이에 빠르게 퍼져나갔다. 하지만 수학식이 복잡해 계산하지 않고 그냥 앵그리버드를 날리겠다는 사람들이 많았다.

거의 대부분의 게임에서 고려되는 중력을 예로 들어보자. 게임 속 공간에서 물체는 낙하할 때 '일정한 속도'로 떨어지는 것이 아니라 현실과 마찬가지로 중력가속도의 값에 따라 '일정한 속도 증가량'을 가지면서 떨어져야 한다. 이는 우리의 뇌가 매초 9.8미터씩 속도가 증가하는 중력가속도의 값을 인지하고 있어서, 가상공간 속이라도 이와 같은 속도 변화로 낙하하지 않는 물체는 어색하게 느끼기 때문이다.

이렇게 실감나는 게임을 만들기 위해서는 모든 물체의 운동이 뉴턴의 운동 법칙을 그대

로 따라야 한다. 한때 많은 인기를 끌었던 '포트리스'라는 포탄을 쏘는 게임은 포물선 운동을 그대로 옮겨놓은 것이라고 할 수 있다. 얼마 전에는 '앵그리버드'의 명중률을 높이기 위한 '앵그리버드 궤도 계산법'•이 등장해 많은 네티즌의 관심을 끌었다. 이처럼 슈팅 게임에서 포물선 운동은 기본적으로 고려할 역학 법칙이다.

이탈리아의 수학자 타르탈리아.

실제로 16세기 유럽에서는 새로 등장한 신형 무기인 대포의 명중률을 높이기 위해 많은 노력을 했지만 별로 신통치가 않았다. 이는 아리스토텔레스의 역학 개념에 따라 포탄이 직선으로 날아가다가 힘(기동력)이 떨어지면 그대로 수직으로 낙하한다고 생각했고, 그에 따라 포를 쏘았기 때문이다. 하지만 타르탈리아(Niccolo Tartaglia, 1499~1557)라는 수학자는 중력이라는 힘의 존재는 몰랐지만, 포탄이 포물선이라는 수학적 궤도를 따라 운동한다는 사실을 알아냈다. 이를 이용해 그는 자신의 조국을 지키는 데 많은 도움을 주었다. 이처럼 수학자나 물리학자가 발견한 자연의 규칙을 이용해 프로그래머는 화면 속에서 자연스러움을 구현한다.

똑똑한 게임 만들기

현실감 있게 만들었다고 모든 게임이 재미있는 것은 아니다. 잘 만들어진 게임은 매번 다르게 반응하면서도 인간에게 '잘' 질 수 있어야 한다. 즉 좋은 게임은 인간 플레이어를 확실히 이길 수 있는 프로그램이 아니라 적당히 져주는 게임이다. 과거 오락실에 있었던 추억의 게임들은 단순한 패턴으로 매번 같은 전략을 구사하기 때문에, 몇 번만 해봐도 쉽게 해법을 찾아내어 금방 싫증이 나고는 했다. 그렇다고 지나치게 어렵게 게임을 만들면 게이머들이 흥미를 잃고 포기하게 만들어버린다. 그래서 게이머의 실력에 맞춰 적당히 져주는 것이 게임의 재미를 계속 유지시켜주는 가장 중요한 요소다. 하지만 잘 져주기란 결코 쉽지 않다. 이를 위해 필요한 것이 바로 인공지능이다.

고전적인 게임에서는 단순히 컴퓨터가 제어하는 캐릭터 정도가 인공지능이었다. 하지만 최근에는 캐릭터나 게임 속 에이전트가 스스로 판단할 수 있는 수준을 의미한다. 물론 이러한 인공지능 게임을 진행하기 위해서는 다양한 인공지능 기법이 필요하다. 유한상태기계(Finite State Machine, FSM), 길 찾기, 게임 트리, 플로킹, 유전 알고리즘(genetic algorithm) 등 실로 다양하고 많은 방법들이 게임에 사용되고 있다.

FSM은 NPC(Non Player Character)마다 미리 준비된 유한한 개수의 행동 방식을 갖추고 있어 그 상황이 되면 그대로 행동하는 것을 말한다. 즉 순찰 중인 몬스터가 공격받았을 때 할 행동을 미리 정해주면 몬스터는 같은 상황에서 정해진 반응을 한다. FSM은 구현이 특별히 어렵지 않기 때문에 섬세한 인공지능이 필요하지 않은 게임에 많이 사용된다.

길 찾기는 스타크래프트에서 유닛의 목적지를 클릭하면 자동으로 길을 찾아가는 것과 같은 인공지능 기술이다. 길 찾기는 대부분의 게임에서 유닛이 효과적으로 움직이는 데 필요하다.

게임 트리는 체스와 같은 보드 게임에서 각 말이 움직일 수 있는 '경우의 수'를 따져 가장 유리한 값을 찾는 방법이다. 따라서 게임 트리는 컴퓨터와 사람이 플레이하는 체스나 장기 같은 게임에 사용된다.

플로킹(flocking)은 새나 벌과 같이 떼를 지어 이동하는 개체들의 이동을 흉내 낸 기법이다. 이때 새나 벌을 보이드(boid)라고 하는데, 속도 벡터를 이용해 자연스럽게 움직이도록 만들어준다. 보이드들이 군집을 이루고 이동할 때 주변 보이드와 겹치거나 충돌하지 않아야 하는데, 적당한 분리와 결합 명령을 통해 효율적으로 움직임을 만들어낸다.

특히 재미있고 강력한 인공지능 기법이 유전 알고리즘이다. 이는 인간이 진화를 통해 지능을 가졌듯이 게임에서도 진화를 통해 유닛의 능력을 향상시켜나가는 방법이다. 유전자 역할을 하는 프로그램이 구성요소를 만들고, 마치 유전자의 교차 및 돌연변이의 출현 등을 통해 진화하듯 프로그램을 진화시킨다. 게임 속에 등장하는 몬스터 중에는 턴이 지날 때마다 살아남는 개체가 생기는데 살아남은 몬스터를 복제하면 이전의 몬스터보다 강력한 무리가 생겨나게 된다.

오늘날에는 하드웨어의 발달로 인공지능 분야의 중요성이 날로 증가하고 있다. 이렇게 게임에서 인공지능이 계속 발달하면 영화 〈매트릭스〉처럼 현실과 매트릭스 안을 구분할 수 없을 만큼 정교한 NPC들이 등장할지도 모르겠다.

+ 인공지능과 튜링테스트

영국의 컴퓨터과학자이자 수학자 앨런 튜링.

흔히 인공지능을 '인간과 같은 지능을 가진 것'이라고 오해하는 경우가 있다. 물론 이 말이 완전히 틀린 것은 아니지만, 넓은 의미로 보면 인공지능은 '기계의 지능적 행위'를 모두 말하는 것이다. 즉 청소로봇이 스스로 청소하고 충전하는 능력이 있으면 인공지능 기능이 있다고 할 수 있다. 하지만 사람들이 인공지능을 좁은 의미로 받아들이게 된 계기는 인공지능학의 아버지라 불리는 앨런 튜링(Alan M. Turing, 1912~1954)의 '튜링 테스트'의 영향이 크다. 사람들은 튜링 테스트를 사람처럼 생각하는 컴퓨터 만들기라고 여겼고, 이를 통과하는 것을 인공지능의 목표라고 생각하면서 오해가 생겼다.

+ 엔진

자동차를 움직이는 데 있어 가장 중요한 역할을 하는 것을 엔진이라고 부르듯이, 소프트웨어를 작동하는 데 있어 핵심이 되는 프로그램을 엔진(engine)이라고 부른다. 가장 널리 알려진 것이 인터넷 검색 엔진이다. 마찬가지로 게임을 만들 때 사용하는 것을 게임 엔진이라고 부르는데, 컴퓨터 사양이 높아지고 게임이 복잡해지면서 등장했다. 게임 엔진에서는 3차원 그래픽을 보여주는 렌더링 엔진과 현실 세계의 물리 법칙을 컴퓨터에 구현해내는 물리 엔진이 가장 중요하다. 물체의 충돌과 폭발, 유체의 움직임처럼 복잡한 물리 계산이 필요한 경우에도 게임 개발자가 어렵지 않게 이를 구현할 수 있게 해주는 것이 물리 엔진이다.

더 읽어봅시다!

정재승의 『과학콘서트』, 데이비드 버그의 『생생한 게임 개발에 꼭 필요한 기본 물리』.

자동차를 앞선
자전거라면?

자전거놀이의 과학 작용-반작용의 법칙, 일-에너지의 원리, 마찰력, 돌림힘(토크), 공기저항

이제 고전이 되어버린 영화 〈내일을 향해 쏴라〉의 마지막 장면은 참으로 인상적이다. 더불어 두 연인이 즐겁게 자전거를 타고 노는 장면도 기억에 남는다. 영화를 본 지 꽤나 오랜 시간이 지났지만 주제곡과 함께 이 장면은 내 가슴속에 아련히 남아 있다. 이 영화 말고도 자전거를 타고 데이트를 즐기는 장면이 나오는 영화나 드라마는 많다. 이렇게 연인들의 데이트 장면에서 자전거가 자주 등장하는 것은 자전거의 이미지가 그만큼 서정적이기 때문이다.
자전거를 타고 따스한 햇살을 받으며 가로수 길을 지나가다 보면 도시 생활에서 느끼기 힘든 여유로운 행복을 맛볼 수 있다. 자동차 드라이브나 길을 걷는 것과는 또 다른 느낌이다. 정선의 레일바이크가 유명한 것도 철도에 자전거의 특성을 잘 결합시켰기 때문이다.
사람들은 왜 자전거를 탈까? 한마디로 대답하기는 쉽지 않을 것이다. 다른 운동도 마찬가지겠지만 자전거가 주는 매력은 타본 사람만이 느낄 수 있기 때문이다. 처음 자전거를 배울 때는 넘어져서 긁히고 다리에 심한 멍이 들기도 한다. 그래도 뒤에서 잡아주던 사람이 손을 놓아도 혼자서 갈 수 있었던 그 기쁨이 자전거를 계속 타게 만든다.

과학으로 달리는 자전거

햇살 좋은 날 공원이나 야외도로에서는 자전거를 즐기는 동호인들이나 가족 단위의 행락객들을 쉽게 만날 수 있다. 몇 시간만 배우면 특별한 기술 없이도 쉽고 재미있게 즐길 수 있어 자전거는 레저스포츠로 인기가 높다. 그리고 '자출족(自出族)'이라는 말이 생겼을 정도로 이제는 여가활동뿐 아니라 생활 속에서도 자전거를 타는 사람을 쉽게 만날 수 있다.

자전거는 자동차에 비해 매우 단순해 보이지만 그 속에는 많은 과학 원리들이 숨어 있다. 이러한 사실은 자전거가 자동차보다 심지어 잠수함보다 늦게 발명되었다는 점으로 보면, 자전거의 발명이 그리 쉽지만은 않았음을 미루어 짐작할 수 있다.

자동차는 1770년 프랑스의 포병 대위 N. 퀴뇨(Nicolas J. Cugnot, 1725~1804)가 발명했으며, 잠수함은 1620년경 네덜란드의 C. 드레벨(Cornelis Drebbel, 1572~1633)이 발명했다. 언뜻 생각하면 동력에 의해 스스로 움직이는 자전거가 모터를 사용하는 자동차보다 늦게 발명된 것이 쉽게 납득이 가지 않겠지만, 이는 생각의 차이일 수도 있다. 즉 자동차는 말[馬] 없이 스스로 움직이는 마차를 만들기 위해 오랜 세월 동안 많은 발명가들이 꿈꿔왔던 것을 실현한 것이고, 잠수함은 물고기처럼 물속으로 가는 배를 만들고 싶었기 때문에 등장할 수 있었다. 이와 달리 자전거는 자연에서는 전혀 볼 수 없는 이동수단이었기 때문에 발명 그 자체가 쉽지 않았을 수 있다.

오늘날 탄생한 많은 기계들의 기원을 찾을 때 레오나르도 다 빈치의

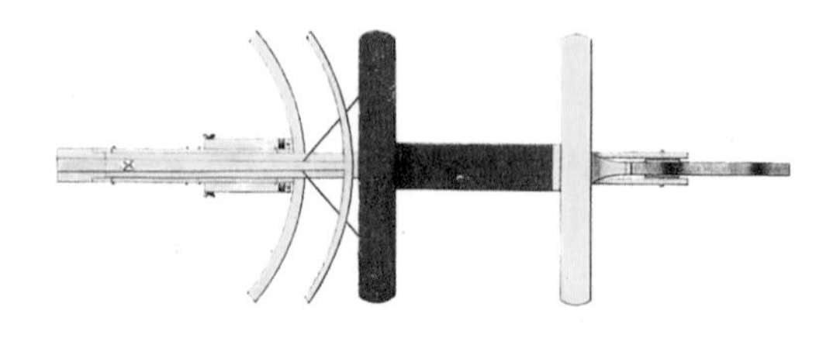

카를 드라이스와 그가 만든 드라이지네.

이름이 등장하듯 자전거의 역사에도 그의 이름이 등장한다. 물론 다빈치를 최초의 자전거 발명가로 인정하는 경우는 거의 없다. 습작노트 한 귀퉁이에 자전거와 비슷한 스케치를 그려놓았을 뿐 실제로 자전거를 제작했다는 증거는 없기 때문이다.

최초의 자전거 셀레리페르.

최초의 자전거는 1791년 프랑스의 귀족 시브락(Comte de Sivrac)이 만든 셀레리페르(Célériferè)이다. 목마의 형태를 한 셀레리페르는 오늘날 유아들이 타는 장난감 말과 비슷했는데, 발로 땅을 밀면 앞으로 전진하는 작용-반작용의 법칙으로 움직였다. 따라서 자전거라기보다는 앉아서 타는 킥보드에 가까웠으며, 걷는 것보다 조금 더 편한 귀족들의 장난감이었다.

오늘날의 자전거에 가까운 것은 1813년 독일의 드라이스(Karl Drais, 1785~1851) 남작이 만든 드라이지네(Draisine)였다. 드라이지네도 셀레리페르처럼 발로 땅을 밀어 움직였지만 방향을 바꿀 수 있는 핸들이 달렸다는 것이 큰 차이였다.

모든 것은 바퀴에서 시작되었다

드라이지네는 '빠른 발'이라는 뜻의 벨로시페드(Velocipede)라는 별명으로도 불릴 만큼 빠르게 움직일 수 있었지만 무겁고 조종이 쉽지 않아 사람들의 관심에서 차츰 멀어졌다. 하지만 필요는 발명의 어머니라는 말도 있듯 많은 발명가들이 꾸준한 개선을 시도했다.

1860년대에 들어서자 프랑스의 미쇼(Pierre Michaux, 1813~1883)가 크랭크에 페달이 달린 자전거를 발명했다. 페달은 다리의 상하 운동을 바퀴의 회전운동으로 바꿔주는 획기적인 발명이었다. 페달은 자전거를 타기 편하게 만들어주었을 뿐 아니라, 자전거가 역학적 측면에서도 뛰어난 효율성을 가질 수 있는 중요한 계기가 되었다. 페달은 바퀴의 최대 장점인 굴림 마찰력을 이용할 수 있게 해줬다.

인류의 기계문명은 바퀴에서 시작되었다고 할 만큼 바퀴는 위대한 발명품이었다. 바퀴는 어떤 동물도 사용하지 않는 인간의 순수 창작품이다. 기원전 3500년경 메소포타미아 지방에서 탄생한 바퀴는 무거운 물건을 운반하는 데 있어 엄청난 효율성을 보였다. 물건을 바닥에 놓고 끌고 가는 것보다 마찰력이 훨씬 작았기 때문이다. 즉 짐을 실은 판과 지면 사이에 작용하는 미끄럼 마찰력보다 바퀴와 지면 사이에 작용하는 굴림 마찰력의 크기가 훨씬 작다는 것이 핵심 원리다.

단순해 보이는 자전거 바퀴이지만 많은 발명가들의 노력이 있었기에 오늘날과 같은 모습을 갖출 수 있게 되었다. 마르셀 뒤샹의 〈자전거 바퀴〉(1913).

바퀴는 물건을 이동시킬 때 수직 방향으로 일을 할 필요가 없다는 것도 장점이었다. 사람이 걷기 위해서 다리를 이동시키면 몸의 무게중심이 상하 운동을 하면서 전진하게 된다. 이때 상하 운동을 하기 위해서는 중력에 대해 일을 해줘야 하는데, 이는 수평이동에는 아무런 필요도 없는 것이기 때문에 그만큼 에너지가 낭비된다. 하지만 바퀴를

피에르 미쇼의 페달 자전거.

이용한 마차의 경우 물체가 상하 운동을 하지 않으니 그만큼 효율적인 운송수단으로서 혁명을 가져올 수 있었다.

자전거의 역사에서 바퀴의 변화는 중요했다. 크랭크가 달린 바퀴는 얼마 후 하이휠(High Wheel)이라는 커다란 앞바퀴를 가진 자전거로 이어졌다. 하이휠 자전거는 오디너리(Ordinary)라고 불리기도 했는데, 앞바퀴의 지름이 무려 60인치(약 152.4센티미터)짜리도 있었다. 이렇게 앞바퀴가 커진 것은 한 바퀴를 회전하는 동안 더 멀리 이동, 즉 더 빨리 달리기 위한 것이었다.

자전거 역사상 가장 우아한 자전거로 불린 하이휠은 빠르게 달릴 수는 있었지만, 바퀴가 너무 커서 넘어지면 부상의 위험이 높다는 치명적인 단점이 있었다. 이러한 하위휠의 단점을 개선한 것이 세이프티 자전거(Safety Bicycle)였다. 세이프티 자전거는 체인을 이용해 뒷바퀴를 회전시켰기 때문에 앞바퀴를 크게 만들 필요가 없었다. 세이프티 자전거는

하이휠 자전거(왼쪽)와 세이프티 자전거.

젊은 남성의 전유물이었던 자전거를 여성들도 애용할 수 있게 만들었고, 여권 신장에도 한몫했다. 자전거 덕분에 여성은 스스로 원하는 장소로 이동할 수 있는 자유를 갖게 되었고, 자전거를 타기 위해 길고 거추장스러운 복장에도 변화를 줄 수 있었다. 그래서 여성 운동가들은 세이프티 자전거를 '자유의 기계(freedom machine)'라고도 불렀다.

마지막으로 자전거 바퀴의 혁신적 변화는 1888년 스코틀랜드의 수의사 존 보이드 던롭(John B. Dunlop, 1840~1921)에 의해 일어났다. 일화에 따르면 던롭은 자신의 아들이 자전거를 타다가 넘어지는 것을 보고, 자전거가 잘 넘어지는 것이 통고무타이어 때문이라고 생각했고 공기튜브가 장착된 공기타이어를 만들어냈다고 한다(하지만 실제로 공기타이어를 가장 먼저 발명한 사람은 스코틀랜드의 발명가 로버트 톰슨이다. 단지 그는 대량 생산에 실패해 그 영광을 던롭에게 넘겨주게 되었다).

공기타이어는 펑크가 날 우려가 있기는 했지만 통고무타이어에 비

자전거 덕분에 여성은 스스로 원하는 장소로 이동할 수 있는 자유를 갖게 되었고, 자전거를 타기 위해 길고 거추장스러운 복장은 점차 변화를 줄 수 있었다. 프랑스 화가 모리스 루이 앙리 뇌몽이 그린 〈자전거의 발달: 자전거를 탄 커플〉(1868).

해 탑승감이 월등히 좋았다. 또한 바퀴의 질량을 감소시켜 힘도 적게 들었다. 초창기의 미쇼 자전거는 자갈길에서 너무 덜컹거려 본셰이커(Boneshaker)로 불리기도 했다. 그러니 괄목상대할 만한 발전이었다. 던롭의 공기타이어는 순식간에 유명해져 자동차 타이어에도 적용되었다.

누워서 타는 자전거?

마지막으로 자전거의 진화에 있어 빼놓을 수 없는 것이 기어와 체인 시스템이다. 하이휠 자전거의 바퀴를 작게 만들 수 있었던 것은 사슬톱니

(sprocket)와 체인(chain)이 생겼기 때문이다. 페달을 밟아 크랭크를 회전시키면 크랭크에 연결된 큰 사슬톱니가 회전하고, 큰 사슬톱니에 연결된 체인은 뒷바퀴의 사슬톱니에 힘을 전달하여 뒷바퀴를 회전시킨다. 따라서 큰 사슬톱니와 작은 사슬톱니의 비가 차이 날수록 뒷바퀴는 더 빨리 회전한다.

물론 더 빨리 회전한다고 항상 좋은 것만은 아니다. 빨리 회전할 경우 뒷바퀴에 작용하는 돌림힘이 그만큼 작아지기 때문에 언덕을 올라가기가 어렵다. 이럴 경우에는 페달 쪽에 작은 사슬톱니를 달고 뒷바퀴에 큰 사슬톱니를 달면 문제를 해결할 수 있었다. 물론 말은 간단하지만 상황에 따라 일일이 자전거를 분해해 사슬톱니를 바꿔 달기는 어려웠다. 그래서 등장한 것이 기어 시스템이다.

기어는 체인을 상황에 따라 다양한 크기의 사슬톱니로 이동하게 만들었다. 이를 이용해 자전거는 다양한 상황에서 타기가 수월해졌다. 그래서 기어 시스템을 자전거의 두뇌라고도 하는 것이다. 물론 기어 시스템이 달렸다고 일의 양 자체가 줄지는 않는다. 일-에너지 원리에 따르면 에너지를 사용한 만큼 물체는 일하기 때문이다. 기어 시스템은 단지 힘과 속력에만 이득을 준다.

리컴번트 자전거.

길지 않은 자전거의 역사이지만 많은 다양한 변화가 있었다. 그중 리컴번트 자전

거(Recumbent Bike)의 탄생이 가장 특이할 것이다. 일명 누워서 타는 자전거로 불리는 리컴번트는 1930년대에 발명되었다. 누워서 타기 때문에 허리에 작용하는 하중이 줄어 편안하다. 리컴번트가 처음 등장했을 때 다른 선수들이 이 자전거를 탄 선수를 비웃었지만, 막상 경기가 시작되자 도저히 따라잡을 수 없었다.

리컴번트의 뛰어난 성능은 상대적으로 적은 공기저항 때문이다. 누워서 타는 리컴번트는 앉아서 타는 일반 자전거보다 공기저항을 훨씬 적게 받는다. 공기저항은 속력의 제곱에 비례해 증가하기 때문에 자전거가 빠르게 달릴수록 공기저항은 커진다. 그래서 리컴번트에 캐노피를 씌울 경우, 놀랍게도 최고 시속 130킬로미터를 넘게 달릴 수 있다.

디스크휠.

자전거에 공기저항이 얼마나 크게 작용하는지를 잘 보여주는 예다. 이렇게 뛰어난 성능의 리컴번트이지만 높이가 낮아 운전자의 눈에 잘 보이지 않는다. 그래서 리컴번트 뒤쪽에 깃발을 달고 다니기도 한다.

자전거에 공기저항이 중요하다는 것은 사이클 경기를 보면 잘 알 수 있다. 선수들은 몸에 밀착되는 경기복과 헬멧을 쓴다. 물론 헬멧은 머리를 보호하기 위한 것이다. 하지만 공기의 저항을 줄이기 위한 목적도 크다. 또한 자전거 바퀴에는 디스크휠을 장착해 공기저항을 줄인다. 흔히 바퀴살(spoke)이 선으로 되어 있으면 가볍고 공기저항도 적게 받을 것 같지만, 고속에서는 난류가 발생하여 저항이 커진다.

바퀴살은 1~2밀리미터 정도의 가는 쇠줄이지만 원통형으로 생겨 고속으로 회전하는 바퀴가 공기를 마구 휘저어놓아 난류를 심하게 발생시킨다. 그래서 이를 억제하고자 디스크휠을 사용한다.

하지만 디스크휠은 옆에서 부는 바람에 풍압을 받아 조향성이 떨어진다. 그래서 도로에서 주행할 때는 보통 뒷바퀴에만 장착한다. 자전거 선수들이 경기할 때 대형을 이루며 움직이는 것도 공기저항을 줄이기 위해서다. 앞 선수의 뒤를 따라가면 그만큼 공기저항이 줄어 힘이 적게 든다. 이러한 역학적 원리를 알고 보면 사이클 경기를 더 재미있게 즐길 수 있다.

안전한 세발자전거?

많은 발명가들에 의해 오늘날의 자전거가 등장했지만, 안전 자전거라는 명칭과 달리 어린이들이 자전거를 타는 일은 그리 녹록치 않다. 그래서 누구나 어린 시절에는 세발자전거를 먼저 타고 난 다음 두발자전거를 타는 경우가 많다. 하지만 세발자전거를 탄다고 해서 넘어지지 않는 것은 아니다. 오히려 세발자전거를 빠르게 타다가 넘어지는 경우도 많다. 안정감 있게 보이는 세발자전거를 타는데도 아이들이 넘어지는 이유는 무엇일까?

지구상의 모든 물체에는 중력이 작용한다. 당연히 기울어진 물체는 쓰러진다. 즉 무게중심이 지면과 접촉해 있는 다리를 벗어날 경우 물체는 쓰러진다. 두 바퀴의 자전거가 정지한 채로 안정된 상태를 유지하기 어려운 것은 두 바퀴의 접촉면 사이에 무게중심이 놓이기가 쉽지 않기 때문이다.

이와 달리 세발자전거의 경우에는 무게중심이 항상 세 바퀴 사이에 놓여 안정된 상태를 유지할 수 있다. 자전거를 처음 타는 아이들이 세발자전거를 많이 타는 이유가 정지해 있거나 속력이 느린 경우에도 안정된 자세를 취할 수 있기 때문이다. 하지만 동적 안정성에 있어서는 세발자전거가 두발자전거보다 떨어진다. 그래서 빠르게 달리다가

갑자기 방향을 틀면 세발자전거는 종종 넘어지기도 한다. 이와는 달리 두발자전거는 핸들을 꺾는 것이 아니라 자전거를 회전할 방향으로 기울이면 넘어지지 않고 회전할 수 있다. 이는 모두 돌림힘(torque) 때문에 생긴다. 즉 세발자전거를 타던 아이가 급격하게 핸들을 꺾으면 바퀴와 무게중심 사이에 돌림힘이 작용해 바깥쪽으로 넘어지지만, 두발자전거의 경우에는 몸을 기울여 돌림힘이 생기는 것을 막기 때문에 쓰러지지 않는 것이다.

두발자전거의 놀라운 안정성은 이 뿐만이 아니다. 회전하는 팽이가 잘 쓰러지지 않는 것과 같이 자이로 효과(gyro effect)에 의해서도 도움을 받는다. 자전거 바퀴가 회전하는 동안에는 쓰러지지 않고 일정하게 굴러가려는 성질이 바로 자이로 효과다. 이는 자전거를 빠르게 달리는 것이 느리게 달리는 것보다 더 안정적인 이유를 잘 설명해준다.

이 외에도 자전거는 트레일(trail)이 있어 쓰러지려고 하면 스스로 자세를 안정화시키는 작용을 한다. 마치 대형마트에 있는 카트의 바퀴가 방향이 틀어져도 스스로 뒤쪽 방향으로 향하는 것과 비슷한 원리다. 이러한 효과를 이용해 두 손을 놓고도 자전거를 탈 수 있는 것이다.

이렇게 다양한 장치들이 발명되어 현대의 자전거가 완성되었지만, 자전거의 진화는 아직 끝나지 않았다. 그렇다면 미래에는 어떤 자전거가 등장할까!

+ 자전거는 왜 뒤로 가지 않을까?

자전거를 타다가 속력이 너무 빠르거나 힘이 들 때 페달을 밟지 않아도 바퀴는 잘 돌아간다. 그리고 재미 삼아 뒤로 페달을 돌려도 뒷바퀴에서는 짜르륵 소리만 날 뿐 힘이 전달되지 않는다. 이는 뒷바퀴에 미늘톱니바퀴(ratchet)가 들어 있어 한쪽 방향으로만 힘이 전달되도록 만들어졌기 때문이다. 미늘톱니바퀴는 역진방지장치라고도 불리는데, 한쪽 방향으로만 힘을 전달해야 하는 렌치, 케이블 타이, 롤러코스터, 자동차의 안전벨트 등에도 활용된다. 한때 한미 FTA에서 논란이 된 래칫조항도 여기서 나온 말이다. 일단 한 번 체결되면 원래 상태로 되돌릴 수 없어 그렇게 부른다.

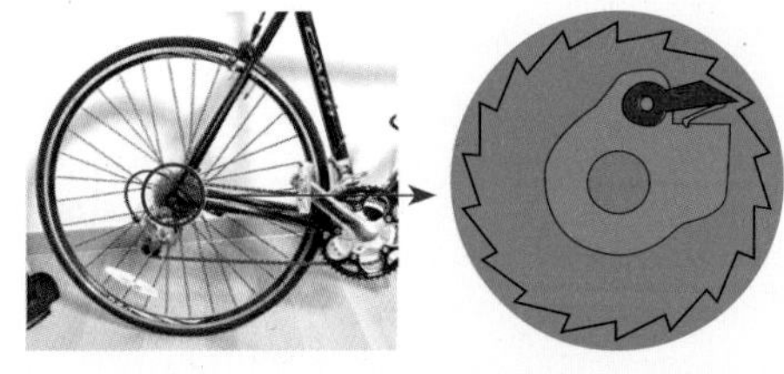
미늘톱니바퀴는 자전거 뒷바퀴가 역방향으로 회전하는 것을 막아준다.

+ 자전거와 브레이크

자전거에는 앞뒤 바퀴에 브레이크가 달렸다. 대부분 뒷바퀴에 있는 브레이크를 잡지만 효과는 앞바퀴가 더 뛰어나다. 이는 앞바퀴의 브레이크를 잡으면 앞바퀴를 누르고 뒷바퀴는 지면에서 들리는 방향으로 돌림힘이 작용해 앞바퀴의 마찰력이 증가하기 때문이다. 하지만 급하게 앞바퀴 브레이크를 잡으면 관성에 의해 운전자가 핸들 앞으로 떨어질 수 있으니 조심해야 한다. 재미있는 것은 고정기어 자전거(fixed-gear bike, 픽시)와 트랙 바이크(track bike)로 불리는 선수용 사이클은 기어나 브레이크가 없다는 것이다. 이러한 자전거들은 미늘톱니바퀴가 없어 브레이크를 잡기 위해서는 페달을 뒤로 밟는다. 물론 사고를 막기 위해서는 속도를 충분히 줄인 후에 브레이크를 잡아야 한다.

더 읽어봅시다!

정창훈의 『자전거에 숨은 과학』, 전영석 외 1인의 『체육 시간에 과학 공부하기』.

여의도 불꽃축제 장면.

밤하늘을 화려하게 수놓는 모든 색의 정체는?

불꽃놀이의 과학 열, 열의 일당량, 연소, 불꽃색, 스펙트럼

불은 프로메테우스가 자신을 희생하면서까지 인간에게 전해줄 만큼 소중한 것이었다. 불은 추위와 포식자로부터 인간을 지켜주었고, 다양한 음식을 먹을 수 있게 해주었다. 이러한 불의 속성 때문인지 모든 행사에서 불이 빠지지 않는다.

불이 사용되는 대표적인 행사는 올림픽이다. 그리스 헤라 신전에서 채화된 성화는 여러 나라를 돌아 개최국으로 봉송되어 온다. 성화가 경기장에 도착하여 성화대의 불을 밝히면 올림픽이 시작된다. 불이 올림픽 경기에서만 사용되는 것은 아니다. 힘든 야영의 마지막은 촛불의식과 불 글씨, 캠프파이어로 끝을 맺는다. 타오르는 불꽃을 보며 야영의 대미를 장식하는 것이다. 사람들은 생일 때마다 케이크에 촛불을 켜고 축하파티를 시작한다. 생일뿐 아니라 사랑을 고백할 때도 하트 모양으로 촛불을 배열하여 연인의 마음을 사로잡으려 노력한다.

이렇게 불꽃은 사람의 마음을 움직이는 힘을 가졌기에 행사의 절정에서 폭죽을 쏘아 올려 사람들을 시선을 사로잡기도 한다. 어두운 밤하늘을 배경으로 화려하게 피어나는 불꽃은 마법처럼 아름답다. 그러나 이 아름다운 광경은 사실 과학 기술의 성과다.

▲ 니콜라스 아담의 〈사슬에 묶인 프로메테우스〉(1762).
◀ 하인리히 휘거의 〈프로메테우스가 인간에게 불을 가져다주다〉(1817).

인간이 사용하지 못하도록 불을 감춘 제우스에게서 다시금 불을 훔쳐 지상에서 돌려준 프로메테우스는, 제우스의 화를 사 바위에 사슬로 묶이고 독수리에게 간을 쪼아 먹히는 형벌을 받는다.

모든 것은 불에서 시작되었다

축제의 절정은 누가 뭐래도 폭죽과 캠프파이어다. 이는 폭죽이 만들어내는 환상적이고 아름다운 불꽃만큼 사람들의 시선을 끄는 것도 드물며, 모닥불만큼 사람들을 흥겹게 만들고 잘 어울리게 만드는 것도 찾기 힘들기 때문이다. 어둡고 캄캄한 밤하늘을 여러 가지 화려한 불꽃이 환하게 밝히면 사람들의 마음도 덩달아 밝아진다. 나방이 불을 찾아 날아들 듯 모닥불은 사람을 끌어당기는 묘한 매력이 있다. 이와 같이 불에 대한 인간의 원초적 동경은 신화나 전설에도 잘 나타났다.

많은 문화권에서 불에 대한 전설이나 신화가 존재하는데 가장 유명한 것은 그리스 신화의 프로메테우스에 관한 것이다. 신화에 따르면 프로메테우스(먼저 생각하는 사람이라는 뜻)는 인간과 동물을 창조했고 그의 동생 에피메테우스(나중 생각하는 사람이라는 뜻)는 살아가는 데 필요한 이빨이나 발톱, 날개와 같은 것을 분배했다. 하지만 에피메테우스는 이름에서 알 수 있듯이 생각 없이 닥치는 대로 나눠주다 보니 인간에게는 아무것도 줄 것이 없었다. 이를 안타까워한 프로메테우스가 제우스의 금기를 깨고 신들의 불을 훔쳐 인간에게 가져다주었다. 덕분에 인간은 세상을 지배할 수 있는 강력한 힘을 얻게 되었지만, 프로메테우스는 쇠사슬에 묶여 3,000년 동안이나 간을 쪼아 먹히는 고통을 당하게 된다.

프로메테우스는 인류에게 새로운 세상을 열어준 신으로 묘사되는데, 인간이 다른 동물과 구분될 수 있었던 가장 중요한 것이 불이었기 때문이다. 불은 그 자체만으로도 강력한 힘이었지만 불을 이용해 다양한 물건을 만들 수 있게 되면서 인류의 문명이 시작된다. 즉 불은 물질의 화학결합을 변화시켜 새로운 물질이나 물건을 만들어낼 수 있는 가장 강력한 방법이었다. 대장장이의 신인 헤파이스토스가 대장간에서 다양한 도구를 만들 수 있는 것도 바로 불이 있었기 때문이다. 인간의 뇌가 발달할 수 있었던 것도 불을 통해 다양한 양질의 음식을 먹을 수 있었기 때문이며, 청동기시대에서 철기시대로 넘어갈 수 있었던 것도 더 높은 온도의 불을 다룰 수 있는 기술이 있었기에 가능했다.

〈해리 포터와 불의 잔〉에서처럼 대부분의 신탁의식은 불과 관련이 있었으며, 심지어 조로아스터교(배화교)와 같이 불을 숭배하는 종교가 있을 만큼 인류는 불을 신성하게 여겼다. 물론 불이 항상 사람들에게 매력적으로 보였던 것만은 아니다. 영화 〈분노의 역류〉나 〈타워〉에서 볼 수 있는 것처럼 한순간에 모든 것을 잿더미로 만들 수 있는 것이 불이다. 영화 〈분노의 역류〉에서 화재 현장을 조사하던 림게일(로버트 드니로 분)의 "불은 살아 있는 생명체야. 호흡하고 삼키고 증오하지"라는 대사와 같이 오랜 세월 동안 사람들은 불의 성질을 알고 다루는 데는 능숙했지만 그 정체를 알아내지는 못했다.

고대 그리스의 철학자 아리스토텔레스(BC 384~BC 322).

불을 과학적으로 정의하면 '연소에 의해 물질이 열과 빛을 내면서 격렬하게 산화되는 현상'이라고 할 수 있다. 따라서 불은 물질이 아니지만 아리스토텔레스는 불을 물, 흙, 공기와 마찬가지로 자연의 기본 4원소라고 생각했고, 이는 중국을 비롯한 동양에서도 마찬가지였다. 아리

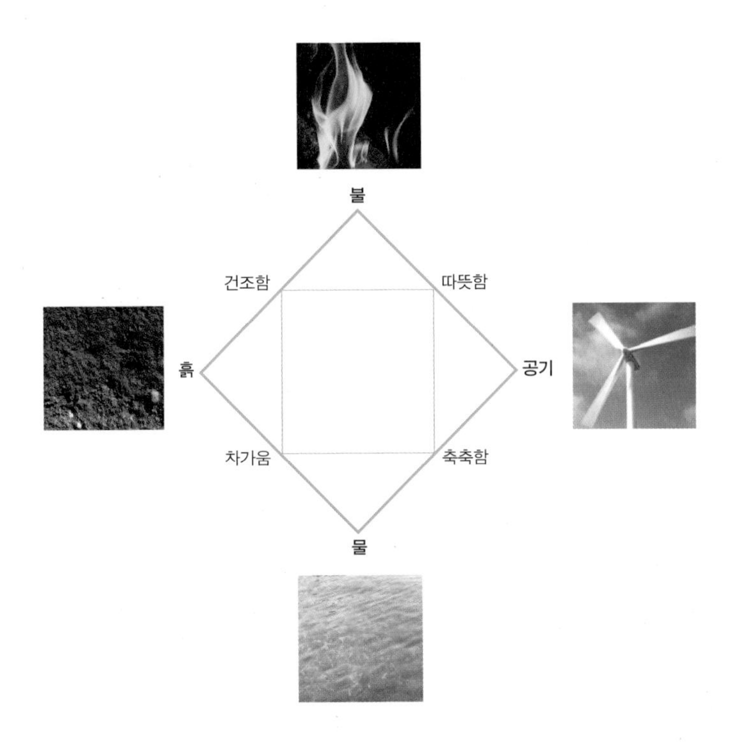

4원소설. 원소(element)는 모든 물질의 근본이 되는 것이다. 탈레스는 모든 물질은 물로 이루어져 있다고 믿었고, 아리스토텔레스는 물, 불, 흙, 공기의 4원소로 이루어졌다고 주장했다.

스토텔레스의 이러한 생각은 18세기 독일의 화학자 슈탈(Georg E. Stahl, 1660~1734)의 플로지스톤설(phlogiston theory)●에도 영향을 준다. 플로지스톤은 그리스어로 '불에 타는 것'을 뜻하는 'phlogistos'에서 나온 것으로 물질은 재와 플로지스톤으로 이루어져 있다고 주장했다. 실제로 물질이 타면 재만 남고 질량이 줄어들었기 때문에 경험과 잘 일치하는 듯 보였다. 하지만 라부아지에는 물질의 연소를 연구하여 당시 대부분의 과학자들이 믿었던 플로지스톤설을 폐기시킨다. 라부아지에는

● **플로지스톤설** 가연성 물질은 플로지스톤이라고 하는 성분을 함유하며, 연소는 플로지스톤이 선회 운동을 하면서 물질에서 빠져나가는 현상이라고 설명하는 이론이다.

탄소나 인, 황을 연소시켜 얻은 생성물을 물에 녹이면 산성이 된다는 사실을 바탕으로, 연소에 필수적인 성분의 이름을 '산을 만드는 것'이라는 뜻의 '산소(acid principle, principe oxygine)'라 불렀다. 하지만 라부아지에도 빛이나 열을 자신의 원소표에 원소로 분류해놓았으니 아직도 열을 물질의 한 종류로 생각했던 것이다. 열이 분자의 운동 상태, 즉 에너지의 한 형태임이 밝혀진 것은 J. 줄과 켈빈 경, 클라우지우스 등의 연구에 의해 '열과 일이 같다'는 열의 일당량이 밝혀지고 나서다.

도사들이 만든 화약

아름다운 불꽃을 만들고 폭죽을 쏘아 올리기 위해서는 화약이 필요하다. 화약이 가지고 있는 전쟁의 이미지와 달리 그 탄생은 전혀 엉뚱한 곳에서 이루어졌다. 즉 화약은 무기를 만들기 위한 기술자들의 손에서 탄생한 것이 아니라 서양의 연금술과 마찬가지로, 중국의 도사들이 연단술을 연구하는 과정에서 우연히 만들어졌을 가능성이 많다는 것이다.

유럽의 일부 학자들은 최초로 화약을 만든 사람을 영국의 수도사이자 과학자였던 로저 베이컨이라고 주장하기도 하지만, 분명 화약은 중국인들이 처음으로 만들었다. 중국의 도사들은 연단술을 통해 불노불사가 가능한 약을 만들려고 했다. 하지만 아이러니하게도 연단술은 불노불사의 약은커녕 오히려 약의 원료로 수은이나 비소와 같은 독성을 가진 물질을 사용하는 바람에, 여러 명의 황제들이 중독으로 죽는 일이 생겼다.

연단술은 서양의 연금술과 마찬가지로 신비주의에 입각한 엉터리 과학이었지만 연금술이 여러 가지 화학적 성과를 거두었듯이 연단술도 화약의 발명이라는 큰 성과를 거두었다. 여기서 분명히 해야 할 것은 연금술과 연단술이 화학적 성과를 거두었다고 해서 그것이 화학의 기원은 아니라는 점이다. 이는 점성술이 천문학의 기원이 아닌 것과 마찬가지로 과학적 사고방식이 아닌 미신적 접근법을 사용했기 때문이다.

여하튼 연단술에 따르면 초석은 음의 기운이 강하고, 유황과 목탄은 양의 기운을 가졌다고 여겼다. 그리고 음과 양의 기운을 적절히 조화시키기 위해 도사들은 이 재료들을 혼합해보기도 했다. 그러던 중 누군가는 이 혼합물이 불과 만나면 폭발적으로 반응한다는 사실을 발견했고, 그렇게 탄생한 것이 화약이었다.

유럽에서 처음으로 화약이 만들어지기도 전인 12세기 중국에서는 이미 화약을 이용하여 불꽃놀이를 했는데, 설이나 중추절에 악귀를 쫓는 목적으로 많이 사용했다고 한다. 이러한 불꽃놀이는 자연스럽게 로켓 무기의 발명으로 이어졌고, 결국 전쟁 무기로 화약을 사용하게 된다.

중국에서 발명된 화약이 어떤 경로를 통해 유럽으로 건너갔는지는 명확히 알려진 바가 없다. 마르코 폴로를 통해 중국의 화약이 서양으로 전달되었다는 주장도 있지만 이것도 정확한 것은 아니다. 여하튼 서양으로 전달된 화약은 불꽃놀이용으로 축제에 사용되기도 했지만 안타깝게도 역사를 바꾼 결정적 무기인 총과 대포를 탄생시키는 데 사용된다.

● **피크르산** 페놀에 황산을 작용시켜 얻은 물질을 다시 진한 질산과 반응시켜 만든 누런색 고체다. 열이나 충격에 폭발한다. 전에는 황색 물감이나 폭약으로 썼으나, 현재는 분석용 시약, 의약용 등으로 쓴다.

● **뇌홍** 풀민산수은(Ⅱ)이라고도 한다. 수은을 녹인 질산수은 용액에 에탄올을 작용해 얻는 백색 바늘 모양의 유독성 결정이다. 가열, 충격, 마찰 등에 의해 쉽게 폭발하므로 뇌관의 기폭제로 널리 사용되어왔지만, 현재는 거의 쓰이지 않는다.

● **아지드화납** 아지드화수소의 수소 원자를 납으로 치환한 화합물이다. 점화 또는 약간의 충격과 마찰에 의해서 순간적으로 폭발한다. 기폭제로 군사용 뇌관, 신관(信管)에 사용된다.

화약의 원리를 깨달은 인류는 질산과 글리세린을 섞어 니트로글리세린($C_3H_5(ONO_2)_3$)을 만들었다. 알려진 대로 니트로글리세린은 대단히 불안정한 물질이라서 노벨(Alfred B. Nobel, 1833~1896)이 그 저장법을 알아낼 때까지는 실용화되지 못했다. 이후 피크르산(picric acid)● 과 뇌홍(雷汞)●, 아지드화납(lead azide)● 등의 다양한 폭약들이 개발되었다.

불꽃놀이의 화학

중국에서 처음 화약이 만들어졌을 때는 영화 〈쿵푸팬더〉에서처럼 불꽃놀이에 사용되었을 뿐 무기로 사용되지는 않았다. 불꽃놀이에 사용하는 폭죽을 연화(煙火)라고 부르는데, 용법에 따라 크게 타상연화, 장치연화, 완구연화로 나뉜다.

대부분의 불꽃놀이에는 발사관을 이용해서 쏘아 올리는 타상연화가 사용된다. 타상연화는 발사관에서 추진장약의 연소에 의해 하늘로 발사되고, 일정 높이에 도달하면 활화약이 폭발하면서 반짝이는 불꽃이 되는 별을 쏟게 된다.

과거에는 발사관의 도화선에 불을 붙여 사용했지만, 최근에는 전기점화 장치를 사용한다. 전기점화장치는 저항선에 열이 발생하는 전기난로처럼 전기저항을 이용해 추진장약을 점화한다. 전기점화장치를 이용하

여의도 63빌딩 한강공원에서 열리는 서울세계불꽃축제 참가자들이 선유동 공원 인근 바지선에서 불꽃 연출 장비를 설치하고 있다. (2013. 10. 2.)

면 정확한 발사가 가능해 많은 연화를 정확한 타이밍에 발사할 수 있어 대규모 불꽃놀이에 많이 사용된다.

추진장약이나 활약에는 흑색화약이 사용되는데 화약이 연소되면서 발생하는 추진력을 이용한다. 추진력은 고체 상태인 화약이 기체 상태로 바뀌면서 발생하는 엄청난 부피 증가를 이용한 것이다. 이때 흑색화약의 폭발 속도는 음속과 비슷한 초당 300미터 정도다. 폭탄에 사용되는 폭약의 폭발 속도가 음속의 10배 이상인 것에 비하면 느린 편이다. 따라서 흑색화약으로는 충격파가 거의 발생하지 않으므로 연화가 폭발할 때는 폭탄과 달리 커다란 폭굉이 발생하지 않는다. 만약 포탄에 사용되는 폭발작약을 사용한다면 초속 3,500미터 이상의 폭발 속도 때문에

스파클라의 불꽃은 옷에 구멍을 낼 정도로 뜨겁다.

커다란 충격파가 발생할 수 있다. 이런 폭죽이라면 주변 건물의 유리창이 남아나지 않을 것이다.

불꽃놀이가 항상 즐거움만 주는 것은 아니다. 폭죽이 연소하면 오존이 발생한다고 하며, 녹색 불꽃을 만들기 위해 사용되는 바륨(Ba)이 눈과 함께 떨어지면 천식 환자를 증가시킬 수 있다는 연구 결과도 있다. 또한 불꽃놀이에 다양하게 사용되는 금속 가루들이 떨어져 사람의 눈에 들어갈 수도 있으니, 어느 정도 떨어져서 불꽃놀이를 감상하는 것이 좋다.

시중에 판매되는 완구연화는 장난감으로 판매된다고 하더라도 조심해서 사용해야 한다. 폭죽에 사용되는 화약은 폭약에 비해 연소 속도가 느리지만, 여전히 폭발력이 강해 폭죽을 손에 잡고 터트리거나 사람을 향해 발사할 경우는 매우 위험하다. 또한 스파클라와 같은 경우에는 불꽃이 뜨겁지 않다는 잘못된 상식을 가진 사람들이 있는데, 이는 불꽃이 미세하고 추진력이 없어 금방 온도가 떨어져 안전하게 보일 뿐 실제로는 옷에 구멍을 낼 정도로 뜨겁다. 따라서 스파클라 불꽃을 얼굴 근처에 가져가는 행위는 매우 위험하다.

이 외에도 로망캔들을 손으로 잡고 발사하다가 화상을 입는 경우도 종종 발생한다. 꼭 땅에 고정해서 사용해야 한다. 완벽한 불꽃놀이의 연출을 위해서는 치밀한 계산과 과학적 원리가 뒷받침되어야 한다. 또한 불꽃놀이가 아름다움만을 남긴 채 끝나기 위해서는 그만큼 안전에 유의해야 한다.

불꽃과 네온사인

폭죽의 아름다운 불꽃들이 밤하늘을 다양한 색으로 아름답게 수놓는다. 이렇게 색깔이 다양할 수 있는 것은 폭죽이 만드는 별 속에 화약 외에 다양한 금속 원소들이 포함되어 있기 때문이다. 즉 폭죽 속에 다양한 금속 원소가 포함된 것이다. 금속 원소마다 지닌 색이 밝혀진 것은 채 백년도 되지 않지만, 이미 수백 년 전에 화학자들은 불꽃색으로 특정 원소의 함유를 확인할 수 있다는 것을 알았다. 물론 특정 원소의 유무와 대강 포함된 양 정도만 알 수 있었지만, 스펙트럼을 분석할 수 있는 분광기가 등장할 때까지는 나름대로 유용한 방법으로 활용되었다. 일반적으로 불꽃시험에서 알칼리금속과 알카리토금속의 함유를 확인하는 데 사용되었다.

원자는 원자핵과 주변을 돌고 있는 전자로 구성되어 있다. 전자는 원

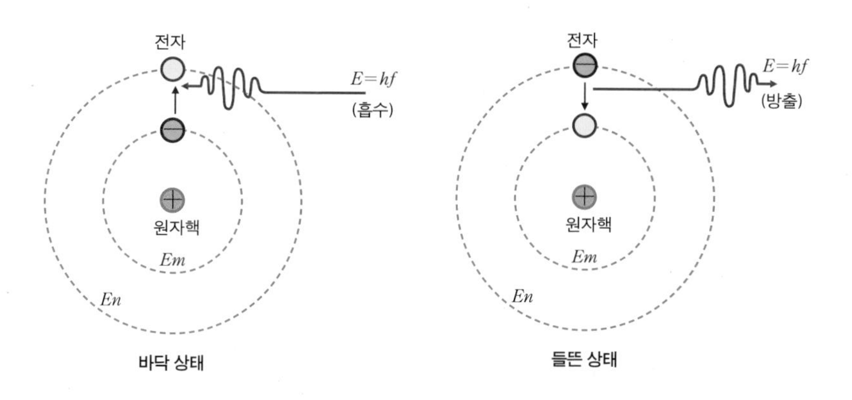

에너지의 흡수와 방출. 바닥 상태에 있던 전자가 에너지를 흡수하면 에너지 준위가 높은 궤도로 전이되면서(Em→En) 들뜬 상태가 된다. 들뜬 상태의 전자는 불안정해 빛을 방출 한 후 원래의 궤도로 돌아온다. 이때 E는 광양자의 에너지, h는 플랑크 상수, f는 빛의 진동수를 나타낸다.

폭죽 속에 포함된 금속 원소에 따라 다양한 불꽃색이 나타난다.

자 주위에서 특정 궤도만 유지하며, 에너지를 받으면 들뜬 상태가 되어 더 높은 궤도로 올라간다. 물질을 불 속에 집어넣으면 에너지를 받아 원자 내부의 전자들이 들뜨게 되듯이, 화약이 폭발할 때 발생한 많은 열에너지가 폭죽 속 금속 원소의 전자들은 들뜨게 한다.

들뜬 전자들은 불안정하기 때문에 에너지를 방출하고 원래의 바닥상태로 돌아가려 한다. 들뜬 전자가 바닥상태로 돌아가기 위해 빛을 방출하게 되는데, 원자들은 저마다 다른 에너지의 빛을 방출한다. 이때 방출된 빛의 파장이 가시광선 영역이면 화려한 불꽃색으로 나타나지만, 그 외의 영역이라면 우리 눈에 보이지 않는다. 즉 빨간 불꽃은 스트론튬(Sr)이나 리튬(Li)을 이용하고 노란색은 나트륨(Na), 녹색은 바륨(Ba)을 넣어서 만든다. 또한 마그네슘(Mg)이나 알루미늄(Al)을 가루로 만들어 연소시키면 매우 밝은 불꽃을 내며 탄다. 그래서 과거에는 마그네슘 가루에 불을 붙여 사진 촬영의 플래시로 사용하기도 했다.

밤거리를 화려하게 수놓는 붉은색 네온사인도 불꽃놀이와 비슷한 원

리로 빛을 낸다. 네온사인관 안에는 네온이 들어 있다. 네온사인에 전압을 걸어주면 전자들이 튀어나와 네온 기체와 충돌한다. 이때 전자의 에너지가 네온에 전달되고 네온의 전자가 들뜬 상태로 되었다가 광자(빛)를 내놓으면서 원래의 상태로 돌아간다. 이때 방출되는 광자의 에너지(또는 진동수)는 붉은색 빛의 에너지와 같기 때문에 붉게 보인다.

금속 원소들이 불꽃놀이의 다양한 색을 만들어내듯 색유리에서도 소량의 금속 원소들이 예쁜 색의 유리를 만들어낸다. 또한 보석의 다양한 색도 마찬가지다. 예를 들어 강옥(Al_2O_3)은 산소와 알루미늄이 함유된 투명한 보석이다. 여기에 소량의 크롬(Cr)이 섞이면 루비라는 붉은색 보석이 되고, 철(Fe)이 포함되면 푸른빛을 내는 사파이어가 된다.

불꽃놀이에서 화려한 불꽃을 만드는 금속 원소들이 아름다운 보석을 만들어내는 것을 보면 아름다움은 물질 사이에서 서로 통하는 듯하다. 모든 색은 물질에 있지 않고 바로 빛(광자)에 있기 때문이다.

+ 근대 화학의 아버지 라부아지에

라부아지에(Antoine Laurent de Lavoisier, 1743~1794)는 수학, 천문학, 식물학, 광물학, 해부학, 기상학, 화학 그리고 변호사 자격증까지 가진 소위 만물박사였다. 그는 자신의 일생을 과학 발전에 바치기 위해 많은 재산을 물려받았음에도 불구하고 더 많은 돈을 벌고자 세금을 징수하는 회사에 들어갔다. 그리고 결국 그 일로 인해 단두대의 이슬로 사라지는 비운을 맞이했다. 이 일을 두고 수학자 J. L. 라그랑주는 "그의 머리를 베는 것은 일순간이지만, 그와 같은 머리를 만들려면 100년도 더 걸릴 것이다"라는 유명한 말을 남겼다. 그의 조수 듀퐁은 미국으로 건너가 회사를 세웠다. 오늘날 유명한 거대 화학회사인 듀퐁이다.

+ 화약의 원리

로저 베이컨이 만들었던 화약은 유황(S)과 초석(KNO_3), 목탄(C)을 혼합하여 만든 흑색화약이었다. 우리나라의 최무선 장군이 만든 것도 바로 이 흑색화약이며, 영화 〈신기전〉에서 조심스럽게 제조하던 것도 바로 이것이다. 화약은 빠른 화학반응에 의해 고체가 기체로 바뀌면서 엄청난 열과 기체를 일순간에 방출하면서 폭발한다. 흑색화약의 반응을 화학식으로 표현하면 다음과 같다.

$$10KNO_3+3S+8C \rightarrow 2K_2CO_3+3K_2SO_4+6CO_2+5N_2$$

더 읽어봅시다!

K. 메데페셀헤르만 외 2인의 『화학으로 이루어진 세상』, 크리스 우드포드의 『갖고 싶은 과학』.

5부

예술감 발견

프랑스의 화가 앙리 마티스(1869~1954)가 그린 〈춤(La danse)〉(1909~1910).

발레리나는 농구선수보다 높이 뛰지 못한다?

춤의 과학 고유진동수, 무게중심, 관성 모멘트, 관성의 법칙, 작용-반작용의 법칙

축제 무대에서 노래와 함께 빠지지 않는 것이 춤이다. 오히려 노래보다 춤이 인기를 더 끌기도 한다. 2012년이 가수 싸이의 해가 될 수 있었던 것은 말춤이 있었기 때문이다. 축제가 있는 곳에 춤이 있고, 춤이 있는 곳에 즐거움이 있다. 춤은 축제에 직접 참가하는 댄서들뿐 아니라 객석에서 보는 관객의 몸도 들썩이게 하는 위력을 지녔다. 노래는 배워야 같이 부를 수 있지만 춤은 어린아이부터 노인까지 저마다 자신만의 방법으로 추며 즐길 수 있다. 그래서 춤은 남녀노소 누구나 쉽게 즐길 수 있는 예술이다.

춤을 출 줄 아느냐고 물으면 대부분의 사람들은 잘 못 춘다고 한다. 하지만 재미있는 것은 권유에 의해 억지로 무대에 끌려나왔다 하더라도 일단 음악이 흘러나오면 누구나 춤을 춘다는 것이다.

수업 시간에 무기력하게 졸던 학생도 축제를 위해 춤 연습을 할 때만큼은 생기가 넘친다. 이를 보면 춤의 위력은 참으로 대단해 보인다. 그래서 인간은 원시시대부터 전쟁이나 고통스러운 일을 앞두고 춤으로 공포를 극복했을 것이다.

춤은 진화한다

춤은 무용(舞踊)이나 무도(舞蹈)라고도 하며, 영어로는 dance라고 한다. 한자 舞(춤출 무)는 하늘과 땅 사이에서 춤을 추는 사람인 무당(shaman)을 의미하는 巫(무당 무)에서 유래한 글자다. dance의 경우는 '생명의 욕구'를 뜻하는 산스크리트어 'tanha(탄하)'가 어원이다. tanha가 어원인 불어의 danse나 독일어의 danson은 일상생활의 경험과 환희를 표현하는 율동이라는 의미를 가졌다. 춤은 인간의 활동 속에서 자연스럽게 생겨난 것으로 볼 수 있다. 그래서 춤을 인간의 가장 오래된 예술이며, 모든 예술의 어머니라고 부른다.

춤이 언제부터 시작되었는지는 알 수 없겠지만 인간이 모여 살기 시작하면서 자연스럽게 나타났으리라고 추측할 수 있다. 인간은 몸을 움직여 다른 동물을 모방하는 탁월한 능력을 가졌기 때문이다. 몇 년 전 김수로의 꼭짓점 댄스나 붉은 악마의 응원에서 소수의 인원이 수많은 사람들을 동일한 상태로 이끌어가는 것을 보면 잘 알 수 있다.

과거와 현재를 아울러 사람들은 춤을 추면서 풍요나 승리를 기원한다. 한국과 프랑스의 월드컵 경기가 열린 날 대형 물통을 들고 꼭짓점 댄스를 추는 시민들의 모습(왼쪽). 아메리카인디언 촉토족이 독수리 춤을 추는 모습.

고대인들 중에서 이러한 능력이 탁월했던 무당은 부족민을 집단최면 상태로 이끌어 자신의 권력을 유지했고, 사람들은 춤을 추면서 혼례를 치르고 풍요나 전쟁의 승리를 신에게 기원하기도 했다. 하지만 춤이 부족 전체의 염원이나 단체 생활에만 적용된 것은 아니다.

춤은 사람의 마음을 움직여 무아지경의 상태로 이끌 수 있었기에, 모든 개개인의 생활 속에 춤이 있었다. 군대에서는 격렬한 PT체조 후 높은 망루에서 뛰어내리는 훈련을 한다. 마찬가지로 지금도 원시부족들 사이에서 행해지는 할례[●]나 귀 뚫기, 불 위를 걷는 행사에서 사람들이 고통을 잊거나 용기를 가질 수 있도록 춤이 엑스터시(ecstasy)의 역할을 한다.

● **할례** 고대부터 많은 민족이 행한 의식 중 하나로, 남녀의 성기 일부를 절제하거나 절개하는 의례다. 지금도 일부 유대교도, 이슬람교도와 아프리카의 여러 종족들이 행하고 있다.

마취 없이 신체에 칼을 대는 것은 매우 고통스럽고, 숯불 위를 걷는 것은 큰 용기를 필요로 한다. 고통은 필할 수 없다 하더라도 열용량이 작은 숯불 위를 걷는 것은 가능하다. 그런데 이러한 과학적 원리를 아는 현대인보다 춤추며 주문을 외우고 신의 가호를 믿는 원주민들이 불 위를 더 잘 걷는다는 것은 참 아이러니하다.

춤은 수천 년 동안 무당에서 사제나 왕을 통해 전수되고 이어지는 민속무용이 주를 이루었다. 민속무용 중에는 춤을 이용해 권력을 표출한 궁중무용도 있었다. 춤이 권력과 관계있다는 것을 가장 잘 보여주는 왕이 프랑스의 루이 14세다. 그는 태양왕으로 불리기도 하는데, 자신이 발레의 주인공인 태양신 아폴론의 역할을 했기 때문이다.

실용적 의미를 지닌 민속무용과 달리 관객을 대상으로 한 공연 형태의 예술무용이 등장한 것은 르네상스 이후다. 발레와 현대무용이 이러

1653년 열다섯 살의 나이로 〈밤의 발레〉에 태양신(아폴론)의 역할을 맡으며 직접 출연한 루이 14세는, 이를 계기로 '태양왕'이라는 별명을 얻게 되었다.

한 예술무용이다. 오늘날 민속무용은 포크댄스로 불리기도 하며, 우리의 탈춤이나 승무, 농악무가 여기에 속한다. 그리고 대중적으로 인기를 끄는 대부분의 춤은 민속무용을 그 뿌리로 삼고 있다고 볼 수 있다.

마음을 움직이는 춤

춤은 과거부터 현재까지 지속적으로 진화했다. 그렇다고 과거의 춤이 원시적이고, 현대의 춤이 반드시 우수하다는 의미가 아니다. 물론 기술적으로 춤이 화려해진 것은 사실이지만 춤은 그 사회의 문화와 함께 변해가는 것이다. 그래서 춤에는 유행이 있고, 시대에 따라 다양한 춤이 등장한다.

최근에 유행한 춤 가운데 가장 유명한 것은 싸이의 말춤일 것이다. 유튜브에 올라온 싸이의 〈강남 스타일〉 뮤직비디오는 가수 싸이를 월드스타 싸이로 만들었다. 말춤은 우리나라 사람들뿐 아니라 수많은 외국인들도 따라했고, 각종 패러디도 등장했다. 또한 미국의 미식축구 경기에서 세러머니로 등장할 만큼 선풍적인 인기를 끌었다.

싸이의 말춤은 그 춤을 추는 모든 사람들을 즐겁게 만드는 해피바이러스 같았다. 물론 모든 춤이 이렇게 즐거움을 담고 있지는 않다. 아주

흥겹고 정열적인 라틴댄스 속에는 사실 아픔이 숨어 있다. 이는 라틴댄스가 강제로 아메리카로 이주된 흑인들이 혹독한 노예생활 속에서 춤을 추며 달랜 뼈아픈 역사를 담고 있기 때문이다. 백인들은 아프리카에서 이주시킨 흑인들이 단합하지 못하도록 부족과 가족을 분리해 섞어 농장에 배치했는데, 이러한 상황에서 노예들을 단합시켜준 것이 춤이었다. 하지만 오늘날의 라틴댄스에서는 아픔의 흔적을 찾기 어렵다. 영화 〈더티 댄싱〉의 패트릭 스웨이지의 모습처럼 정열이 느껴진다.

맘보와 차차차, 룸바와 같은 라틴댄스의 리듬, 왈츠나 미뉴에트와 같은 클래식한 댄스에서 힙합 리듬에 이르기까지 춤은 저마다의 리듬을 가지고 있다. 이렇게 춤에는 리듬이 있어 음악과 통하게 된다. 그래서 리듬의 명칭이 춤 이름을 지칭하기도 한다.

춤은 발 구르기 같은 단순한 리듬 맞추기에서 시작되어, 점점 리듬과 밀접한 관계를 가지며 함께 발전해왔다. 그러니 춤을 잘 추기 위해서는 박자에 맞춰 리듬을 잘 타는 것이 매우 중요하다. 그러지 못하면 똑같은 춤을 추더라도 통나무가 춤을 추듯 뻣뻣하고 어색하게 느껴질 수밖에 없다.

싸이의 말춤(위쪽)과 영화 〈더티 댄싱〉의 한 장면.

리듬을 탄다는 것이 말은 간단하지만 실제로는 쉽지 않다. 댄서들의 동작을 그대로 따라해보지만 그들과 달리 자신의 몸은 어딘가 어색하게 느껴진다. 이는 사람마다 신체 조건이 달라 고유진동수가 같지 않아 생기는 현상이다. 몸을 움직여 여러 가지 주기 운동을 만들어내지만 사람은 각자 부위별 길이가 조금씩 달라 진동 주기에서 차이가 발생한다. 또한 사람마다 평소 사용하는 근육도 다르기 때문에 동작이 몸에 익숙해지려면 자신에게 맞는 동작으로 변형시키거나 동작을 익히기 위해 많은 연습을 해야 한다.

발레리나를 사랑한 과학

싸이의 말춤은 그 동작이 어렵지 않고 따라하기도 쉬운 편에 속한다. 이에 비하면 비보이의 브레이크 댄스나 클래식 발레는 배우기 쉽지 않은 전문적인 춤이다. 뮤지컬 〈발레리나를 사랑한 비보이〉에서와 같이 비보잉과 발레는 서로 다른 양극을 보여주는 듯하다. 마치 무술을 하듯 날렵하게 움직이는 비보잉과 아름답게 하늘하늘 움직이는 발레는 전혀 다른 장르의 춤으로 보이기 때문이다. 하지만 놀랍게도 이렇게 전혀 달라 보이는 춤들조차 동작에 필요한 역학적 원리는 동일하다.

사실 이 두 가지 춤뿐 아니라 모든 운동은 동일한 물리 법칙을 따른다. 그런데도 이 두 춤이 유독 놀라워 보이는 것은 물리 법칙을 철저히 이용하면서도 마치 물리 법칙에서 자유로운 듯 보이기 때문이다.

팝핀 댄스(poppin dance)• 의 동작은 마치 관성의 법칙을 어긴 듯 표현된다. 신체는 움직이다가 서서히 멈추는

• **팝핀 댄스** 힙합, 브레이크 댄스 등과 같은 스트리트 댄스(street dance) 가운데 하나로, 관절을 꺾고 근육을 튕기는 듯한 즉흥적인 안무가 특징이다. 이 때문에 '터지다', '튀다'라는 뜻의 '팝(pop)'이라는 이름이 붙었다.

클래식 발레와 비보이 댄스.

것이 자연스럽지만, 팝핀 동작은 갑자기 근육을 수축시켜 동작을 순간적으로 멈춤으로써 기어로 작동하는 로봇의 동작을 연상시킨다. 마이클 잭슨의 춤으로 유명한 문워크(moonwalk) 동작도 작용-반작용과 마찰력을 이용한 것이다. 앞으로 걸어가는 듯한 동작을 취하지만 실제로는 뒤로 움직여 보는 이들에게 놀라움을 준다.

헤드스핀(headspin)은 언뜻 보기에 도저히 불가능해 보인다. 이는 팽이처럼 회전 관성에 의해 쓰러지지 않고 회전하는 것이다. 그리고 마무리 동작인 프리즈(freeze) 역시 어떤 동작을 취하건 무게중심이 몸을 벗어나면 안정적인 자세를 만들 수 없다. 이렇게 비보이의 동작들에도 물리 법칙이 적용되지만 더 놀라운 것은 발레리나의 동작들이다. 사실 발레의 경우에는 과학을 이용해 아름다움을 극대화한 예술이라 할 만큼 그 동작들이 정교하다.

고전 발레의 동작들을 완벽하게 소화하기 위해서는 평소 사용하지 않는 근육들과 관절의 움직임을 자연스럽게 만드는 연습이 필요하다. 이

인상주의 프랑스 화가 드가(1834~1917)가 그린 〈무대 위에서의 발레 연습〉(1874).

러한 연습은 겉으로 보이는 발레리나의 화려하고 아름다운 모습과 달리 매우 고통스럽고 힘들다.

슈투트가르트발레단의 수석 발레리나 강수진의 발이 축구선수 박지성의 발만큼 심하게 일그러진 것도 그 때문이다. 사람들은 그 발 사진에서 강수진의 피나는 노력을 짐작했고 깊은 감동을 받았다. 발레는 자신의 몸을 사용하는 예술이며, 자유로운 표현을 위해서는 몸이 부자유스러움을 극복하는 강도 높은 연습이 필요하다. 그래서 대부분의 발레리나가 축구선수 못지않은 힘든 수련을 거친다.

이러한 과정에서 필요한 것이 해부학과 역학이다. 그래서 고전 발레는 과학과 구분되지 않는다고 할 만큼 정교한 예술로 인정받고 있다. 실제로 무용해부학과 무용역학은 발레 기술의 발달에서 아주 중요한 역할을 맡고 있다.

고전 발레에서는 자연스러워질 때까지 동작을 반복하여 특정 근육을 발달시켜야 한다. 물론 그 근육이 대퇴사두근인지 상완삼두근인지, 무용수들이 일일이 근육의 이름을 알 필요는 없다. 하지만 근육의 움직임은 알아야 정확한 모습을 머릿속으로 그려볼 수 있다. 또한 높이 점프하고 균형을 잡고, 회전하기 위해서는 그만큼 근육의 힘이 필요하며, 발달시켜야 할 근육을 정확히 알 필요가 있다. 발레리나는 운동선수처럼 무턱대고 많은 근육을 발달시킬 수 없기 때문이다.

백조의 과학

발레리나가 근육을 발달시켜야 하는 이유는 중력을 초월한 수직 상승의 예술이라고 할 만큼 발레에 점프 동작이 많기 때문이다. 그래서 러시아의 유명한 무용교사인 바가노바(Agrippina Y. Vaganova)는 고전 발레의 모든 지혜는 점프를 연구하는 데 있다고 했다. 그랑 쥬떼(grand jeté)와 같은 점프 동작을 보면 그 중요성을 알 수 있다.

그랑 쥬떼 동작을 하는 발레리나는 백조가 하늘을 날고 있다는 착각이 들 만큼 높이 뛰어오른다. 발레리나의 가늘고 긴 팔을 보고 있으면, 그렇게 높은 점프가 마술처럼 보일 정도다. 일견 모순처럼 보이는 이 동작은 발레리나가 점프에 필요한 하체 근육은 발달시켰지만 상체 근육은 발달시키지 않았기에 가능한 것이다.

상승 높이는 초기 속력에 의해 좌우되기 때문에 하체 근육은 발달하

쥬떼 중 가장 크게 도약하는 매력적이고 화려한 그랑 쥬떼 모습.

고, 상체 근육은 작을수록 유리하다. 물론 발레리노의 경우에는 발레리나의 몸을 공중으로 들어 올려야 하므로 팔 근육도 발달시킨다.

발레리나가 높이 뛴다 해도 농구선수보다 더 높이 뛰어오르지는 못할 것이다. 그런데 여기에 또 하나의 비밀이 숨어 있다. 일단 점프 후에는 힘을 작용할 수 있는 방법이 없기 때문에 무게중심의 상승 높이는 바꿀 수 없다. 하지만 발레리나가 그랑 쥬떼를 할 때 다리를 앞뒤로 180도로 벌리면(그보다 더 위로 벌리는 경우도 있다) 더 높이 점프하는 것처럼 보인다. 그래서 관객들은 백조가 날듯 우아한 발레리나의 모습을 볼 수 있다. 이렇게 다리를 좌우로 벌리는 동작을 턴아웃(turn out)이라 하며, 발레의 동작을 세련되게 만든다.

발레에서 빼놓을 수 없는 것이 〈백조의 호수〉에서 보여주는 32회전 푸에테(fouette)다. 보통 사람의 경우에는 한 바퀴만 돌아도 비틀거리고 자세가 흐트러지지만, 푸에테를 하는 발레리나는 32회전을 하는 동안에도 흐트러짐 없이 꼿꼿이 서서 팔과 다리를 펼쳤다가 오므린다. 관객들이 탄성을 자아내기에 충분하다.

푸에테를 하는 동안 팔과 다리를 오므리고 펴는 것은 관성 모멘트*의 변화를 주기 위해서다. 회전축에서 질량이 멀리 분포되어 있으면 관성 모멘트가 크고, 축에 가까울수록 작다. 발레리나의 발바닥과 지면 사이에 작용하는 반작용력이 회전을 위한 토크로 작용한다. 푸에테가 '채찍질하다'라는 뜻을 가진 것도 크게 다르지 않은 이유다. 이렇게 회전하면서 지속적으로 토크를 작용하기에 32회전이 가능한 것이다.

* **관성 모멘트** 물체의 회전 운동에 대한 관성의 크기를 나타내는 양. 회전축에 대한 물체의 질량 분포에 따라 크기가 정해진다. 관성 모멘트가 클수록 회전 운동에 변화가 일어나기 어렵다.

푸에테 동작 순서. 푸에테를 하는 발레리나는 32회전을 하는 동안에도 흐트러짐 없이 꼿꼿이 서서 팔과 다리를 폈다가 오므린다.

물론 32회전을 하는 동안 무게중심을 통과하는 회전축을 전혀 흔들림 없이 유지시켜야 한다. 보통 사람의 경우에는 정확하게 수직 자세를 유지하는 훈련을 받지 않기 때문에 무게중심이 회전축을 벗어나 비틀거리다가 쓰러지게 된다.

무게중심은 발레리나의 경우 신장의 55퍼센트, 발레리노의 경우에는 56퍼센트 정도의 위치에 있다. 무게중심을 통과하는 축은 세 가지이므로, 몸은 세 가지 방법으로 회전할 수 있다. 발레에서는 푸에테처럼 수직축을 중심으로 회전하는 방법이 많이 쓰인다. 발레는 중력을 무시한 마술이 아니라, 오히려 무게중심을 최대한 활용하여 아름다운 동작을 연출하는 예술이라 할 수 있다.

무용수에게 해부학과 물리학의 지식이 필요한 것은 무턱대고 연습할 경우 자세가 아름답게 나오지 않을 뿐 아니라 부상을 입을 수 있기 때문이다. 연습 후 몸에 통증이 온다면 그것이 많은 연습에 의한 것인지 잘못된 동작에 의한 것인지 해부학적 지식을 통해 알 수 있다. 그래서 최근에는 무용의학을 전공한 의사가 발레단의 건강을 관리하기도 한다. 마찬가지로 새로운 발레 기술 역시 무용역학의 도움 없이는 만들어지기가 어렵다.

+ 맨발의 이사도라

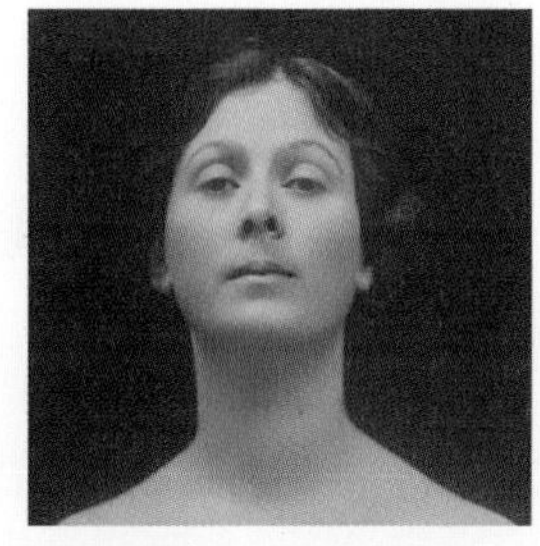
미국의 무용가 이사도라 던컨.

이사도라 던컨(Isadora Duncan, 1877~1927)은 고전 발레의 기교 위주의 격식들이 자연스럽지 않다고 느꼈다. 그래서 발레의 상징과도 같은 토슈즈와 튀튀를 과감히 벗어던졌다. 그녀는 맨발에 고대 그리스의 복장인 튜닉을 입고 무대에 올라 자신의 감정을 자연스럽게 표현하는 춤을 췄다. 춤을 단순히 눈요깃거리로 생각하던 시절에, 던컨은 춤에 생각과 감정을 담아내 예술의 경지로 끌어올렸다. 그래서 그녀를 현대무용의 창시자로 일컫는다. 이사도라는 영혼의 자유를 꿈꾼 인물로 불꽃 같은 삶을 살았던 것으로 유명하다.

+ 태초에 리듬이 있었다!

리듬은 인간이 만들어낸 음악이나 춤 속에 존재하는 것으로 생각하기 쉽다. 하지만 리듬은 어디에나 존재하며 오히려 인간이 자연에서 리듬을 배웠다고 표현하는 것이 옳을 것이다. 심장박동에서 해와 달의 움직임까지 많은 자연 현상이 주기를 가지는데, 이것이 바로 리듬의 기원이다. 따라서 반복되는 주기 운동의 특징처럼 리듬을 타게 되면 자연스럽게 다음 동작이나 음을 예측할 수 있다. 하지만 사람의 뇌는 익숙한 리듬에 쉽게 끌리면서도 동일한 리듬이 계속 반복되면 곧 싫증을 낸다. 그래서 대부분의 춤이나 음악은 기본 리듬에 조금씩 변화를 주며 구성되어 선보인다.

더 읽어봅시다!

KBS과학카페제작팀의 『과학 카페 vol 1: 인체와 건강』, 이은희의 『하리하라의 과학 24시』.

옹기종기 청출어람의 비법?

도자기의 과학 광물, 장석, 석영, 점토, 고령토, 화강암, 녹는점

미술 시간에 찰흙으로 그릇이나 컵을 만들어보면 왜 국사 시간에 빗살무늬 토기가 그렇게 중요한 유물로 자주 등장하는지 실감할 수 있다. 찰흙으로 아무리 정성스럽게 잘 말고 다듬어도 쉽게 매끈한 그릇 모양이 나오지 않아 다양한 빗살무늬나 기하학적 무늬를 만들었는지도 모른다.

하지만 아이들은 원하는 모양이 잘 나오지 않는다고 해서 쉽게 실망하지는 않는다. 찰흙으로 주물럭주물럭 반죽하는 재미가 쏠쏠하기 때문이다. 특히 장난꾸러기 남학생들은 찰흙 반죽으로 뱀이나 지렁이를 만들어 장난을 치기도 하고, 손으로 꽉 쥐면 손가락 사이로 '뿌직' 하며 삐져나오는 찰흙 반죽을 보며 괴상한 쾌감(?)을 느끼기도 한다.

최근에는 도자기 마을과 같은 곳에서 제대로 도자기 체험을 하는 경우도 많다. 물레로 직접 컵이나 그릇을 만들고, 이미 만들어진 컵에 다양한 무늬를 그려넣는다. 이렇게 세상에서 단 하나밖에 없는 자신만의 독창적인 도자기를 만들다 보면 창작의 기쁨도 맛볼 수 있다. 공장에서 만든 세련된 도자기에 비할 수는 없지만 수수한 것이 나름 친근감을 주기에 소중하게 간직하게 된다.

점토로 시작된 문명

성경에 따르면 최초의 인간인 아담은 하나님이 진흙으로 빚어 생기를 불어넣었다고 하고, 사실상 최초의 로봇이라고 할 수 있는 골렘(Golem)도 진흙으로 빚어서 만들었다고 유대 신화에 전해진다. 또한 고대 메소포타미아 사람들은 점토판에 설형문자•를 새겨서 기록을 남겼는데, 점토판에 새겨진 메소포타미아의 신화에도 점토로 만들어진 영웅 엔키두(Enkidu)의 이야기가 등장한다. 이렇게 여러 민족의 창조 신화 속에 진흙으로 인간의 형체를 만들었다는 이야기가 등장하는 것은 진흙이 가소성(可塑性)이 있어 다양한 모양을 만들 수 있기 때문이다. 실제로 인류의 문명이 점토와 함께 시작되었다고 할 수 있을 만큼 점토는 인류의 역사와 함께 해왔다.

골렘(위쪽)과 설형문자가 담긴 유물.

• **설형문자** 기원전 3000년 경부터 약 3,000년간 메소포타미아를 중심으로 고대 오리엔트에서 광범위하게 쓰인 문자. 회화 문자에서 생긴 문자로, 점토 위에 갈대나 금속으로 새겨 썼기 때문에 문자의 선이 쐐기 모양으로 보인다.

수렵과 채집에 의존했던 구석기인은 이동식 생활을 했기에 주거와 식기 문화가 발달할 수 없었다. 하지만 농사를 짓기 시작하면서 정착생활을 하게 된 신석기인은 식량과 물을 저장할 수 있는 그릇이 필요해, 나뭇가지를 엮어 바구니를 만들고 나무로 간단한 그릇을 만들었다. 그들은 진흙이 시간이 지나면 말라서 굳게 되고, 불 피운 자리 근처에서는 더 단단하게 굳는다는 사실을 발견하고 진흙으로 그릇을 만들게 된다. 이렇게 만들어진 토기는 물을 저장하고, 음식을 끓이거나 삶는 등 인류 문화에 큰 변화를 가져온다. 재미있는 것은 토기가 식기로 사용된 것만은 아니라는 점이다. 우리나라의 경우 청동기시대부터 삼국시대까지 옹관묘(甕棺墓, 독무덤)•와 같이 토기가 식기가 아닌 무덤의 용도로 쓰이기도 했다.

• **옹관묘** 시체를 큰 독이나 항아리 등의 토기에 넣어 묻는 무덤이다. 전 세계적으로 널리 쓰인 무덤으로, 지금까지도 일부 섬 지방에서 쓰이는데, 하나의 토기만을 이용하기도 하고 두 개 또는 세 개를 이용하기도 한다.

그렇다고 점토를 그릇이나 만드는 광물 정도로 생각하면 큰 오산이다. 고대 인류가 가소성을 가진 점토로 다양한 물건을 만든 것이 오늘날 요업(窯業, ceramic industry)의 시작이기 때문이다. 과거에는 도자기나 기와를 만드는 것을 요업이라 불렀지만 지금은 비금속무기재료로 만드는 물건들은 모두 요업제품, 즉 세라믹스(ceramics)라고 부른다. 세라믹스는 점토벽돌에서 우주왕복선의 내열타일에 이르기까지 다양한 분야에 활용된다. 요업의 시작이라고 할 수 있는 점토도 활용 범위가 더욱 넓어지고 있다. 점토는 종이를

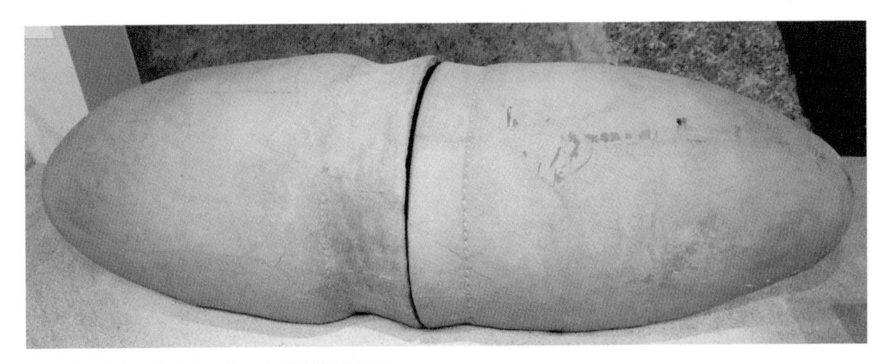

전라남도 영암 월송리에서 출토된 독무덤(옹관묘).

만들 때 백색도를 높이고 불투명도를 향상시키기 위한 충전제로 사용된다. 펄프에 점토를 넣게 되면 중량이 증가하고, 인쇄 상태를 좋게 하기 위해 고급 종이일수록 충전제를 많이 사용하는 경향이 있다. 점토는 섬유제품이나 도료, 안료를 비롯해 화장품의 제조에도 사용된다. 또한 점토는 뛰어난 흡착성을 가지고 있어 적조 현상이나 방사성 폐기물을 처리하는 등 환경오염이 발생했을 때에도 널리 활용된다. 이와 같이 점토는 단순히 과거에 사용되었던 전통 요업 재료일 뿐 아니라 첨단 세라믹 원료로도 많은 주목을 받고 있다.

고려청자의 비밀

점토가 다양하게 활용되고 있지만 역시 가장 널리 사용되는 곳은 도자기산업이다. 16세기에는 'china'라는 말이 도자기라는 뜻으로 통할 만큼 중국은 도자기에 있어 세계적 기술과 생산량을 보유하고 있었다. 당시 서양에서는 중국 도자기가 고가에 거래되었고, 중국에서 생산된 반투명 경질 백색 자기를 재현해내기 위해 많은 노력을 기울일 정도였다. 17~18세기 서양에서는 왕이나 귀족의 지원을 받은 도공과 연금술사, 화학자, 심지어 지질학자에 이르기까지 다양한 사람들이 우수한 자기를 만들어내려고 노력했고, 마침내 독일의 마이센(Meissen)에서 재현에 성공한다. 이와 같이 오늘날 세계적 명성을 가지고 있는 서양의 도자기 업체들은 중국 자기를 모방하려는 노력에서 탄생했다. 그렇다면 우리가 그렇게 자부심을 가지고 있는 고려청자나 조선백자는 왜 세계적 명성을

중국의 당삼채 도자기(왼쪽)와 고려청자 음각 연꽃 넝쿨무늬 매병.

누리지 못했을까?

이는 『직지심경(直指心經)』이나 거북선에서 알 수 있는 것과 같이, 뛰어난 기술을 보유하고 있었지만 장인에 대한 대우가 너무 부실하고 무관심해 기술을 육성 발전시키지 않았기 때문이다. 즉 우리의 것을 알리고 사랑하는 데 우리가 너무 소홀했다는 것이다. 하지만 도자기의 경우에는 이것이 전부가 아니다. 대만 국립박물관에 전시된 중국 도자기들을 보고 나면 고려청자나 조선백자가 과연 세계적 유물이 될 수 있을까 하는 의구심이 들기도 한다.

이는 중국의 문화 전통이 웅장하고 화려함을 선호하기에 도자기도 당삼채•와 같이 화려한 유약을 사용하고 크기가

큰 작품이 많은 반면, 우리나라 도자기는 자연과의 조화를 강조한 자연스럽고 소박한 멋이 배어 있는 작품들이 대부분이기 때문이다. 팝과 클래식처럼 중국의 백색 자기들은 흰 바탕에 화려한 색을 사용하여 보는 이들의 시선을 단번에

• **당삼채** 중국 당나라 때에 초록색, 황색, 백색 또는 초록색, 황색, 남색의 세 가지 빛깔의 잿물을 써서 만든 도자기.

끄는 반면, 비취색의 고려청자는 사람들의 눈길을 기다릴 줄 아는 은근한 멋이 있어 쉽게 드러나지 않는다.

이렇게 도자기는 문화에 따라 다양한 형태로 나타나지만 어느 나라의 도자기 장인이건 좋은 도자기를 만들기 위해서는 점토, 유약, 불을 잘 다룰 줄 알아야 한다는 사실은 같다. 과거의 장인들이 위대했던 것은 재료공학에 대한 지식 없이도 점토와 유약이 불을 사용했을 때 어떤 반응이 일어나는지 알고 있었다는 점이다. 그들은 점토가 알루미나(산화알루미늄)와 실리카(산화규소)를 함유하고 있는 화강암이나 장석질 암석이 분해되어 생성된 카올리나이트(kaolinite)• 이며, 이상적인 구조식은 $Al_2O_3 \cdot SiO_2 \cdot 2H_2O$라는 사실을 몰랐다. 하지만 오늘날 우리는 화학식뿐만 아니라 온도에 따른 카올리나이트의 화학변화에 대한 지식도 가지고 있고, 입자들이 판상형으로 되어 있어 가소성을 나타낸다는 사실도 알고 있다. 그리고 마치 불꽃놀이에 다양한 금속 원소가 사용되듯이 유약 속에서 다양한 금속 원소가 색을 낸다는 것도 안다. 또한 고려청자의 색이 철 2가 이온인 Fe^{2+}에 의한 것임을 과학자들은 밝혀냈다.

• **카올리나이트** 알루미늄을 함유한 규산염 광물. 흰색, 황색, 밤색, 붉은색을 띠고 진주 광택이 난다. 고령토의 주성분으로 도자기나 시멘트 등의 원료로 쓴다.

그렇다면 오늘날 공장에서 대량으로 고려청자를 찍어낼 수 있을까? 아쉽게도(또는 다행스럽게도) 화려해 보이는 양질의 도자기를 공장에서 대량 생산할 수는 있어도 완벽하게 고려청자를 재현해내기 어렵다. 이는 단지 고려청자가 기술의 산물이 아니라 기술과 예술의 완벽한 조화로 이루어낸 장인정신의 산물이기 때문이다.

불 속에서 태어난 도자기

도자기 속에 숨겨진 또 다른 비밀은 불이다. 불은 도자기의 성질을 결정하는 데 가장 중요한 요소로 요업의 발달은 불의 역사와 같이한다고 해도 될 정도이다. 도자기는 고온에서 소성하는 과정을 거치는 동안 물리화학적으로 안정된 상태를 유지할 수 있게 된다. 즉 소성 과정을 통해 새로운 결정이 형성되기 때문에 원래 점토가 가진 고유한 성질을 잃고 새로운 성질을 가지게 된다는 것이다. 따라서 같은 점토를 사용했다 하더라도 가열과 냉각 방법에 따라 전혀 다른 도자기가 탄생하게 된다.

역사적으로 볼 때 가장 먼저 등장한 것은 낮은 온도에서 소성한 토기(土器)이다. 신석기시대에서 청동기시대에는 덧띠무늬토기, 빗살무늬토기나 무문토기와 같은 토기를 만들었다. 토기는 노천가마에서 점토를 500~800°C 정도의 온도로 구워 만든다. 점토 내에 포함된 물이 빠져나가면서 점토 사이의 수막은 기체막으로 바뀌면서 부피는 약간 증가하지만 응집력이 감소하기 때문에, 급격하게 가열하면 균열이 생기기도 한다. 소성이 끝나면 점토 속 결정수[•]가 제거되고 점토 사이의 조직이 치밀해져 단단해진다. 조직 사이에 새롭게 결정이 형성된 것이 아니기 때

덧띠무늬토기

빗살무늬토기

• **결정수** 결정성 물질 속에 일정한 비율로 함유된 물. 화학결합에 의하여 결정 속에서 특정 위치를 차지하며, 결정 구조를 안전하게 유지한다. 결합법에 따라 동위수, 격자수 등으로 나뉜다.

강진 고려청자 가마터(위쪽)는 사당 41호로 명명된 가마로 가마의 길이는 800센티미터, 폭은 112~151센티미터로 자연경사면을 이용한 반지하식 오름가마로 천정은 궁륭형이다. 이 가마터는 발굴 당시 순청자와 상감청자 등의 국보급 청자가 출토되어 청자의 절정기인 12세기에 운영된 것으로 추정하고 있다. 도자기를 굽는 전통 가마(아래쪽).

문에 점토 내의 결정 조직이 치밀하지 못해 날카로운 금속에 쉽게 긁히고 물이 스며들기도 한다. 질그릇이나 기와, 테라코타•의 경우에도 바로 이러한 온도에서 점토를 소성시켜 만든다.

• **테라코타** 점토를 구워 기와처럼 만든 건축용 도기. 작은 구멍이 송송 뚫려 있으며, 주로 장식용으로 쓰인다.

• **밀폐요** 토기가 소성되는 내부 공간을 밀폐시켜서 1,000℃ 이상의 고온으로 단단한 토기를 굽는 가마.

철기시대에 접어들면서 밀폐요(密閉窯)•를 통해 1,000~1,100°C의 높은 온도를 얻을 수 있게 되면서, 더욱 단단한 경질토기인 석기(石器)를 제작할 수 있게 된다. 이렇게 새로운 가열 방법을 찾아낸 것은 새로운 도자기뿐 아니라 철을 녹이는 데도 높은 온도가 필요했기 때문이다. 이 온도에서는 산화알루미늄은 산화규소와 화합물을 형성하여 멀라이트(mullite)로, 이산화규소의 일부도 크리스토발라이트(cristobalite)라는 강한 결정으로 변하기 때문에 연질토기보다 단단해진다. 보통 1,200°C 이상에서 점토 속에 함유된 장석이 녹은 것을 도기(陶器)라 하고 1,300°C 이상에서 점토 속에 함유된 석영마저 녹은 것이 바로 자기(磁器)이다. 따라서 '도자기'라는 말은 도기와 자기를 함께 부르는 명칭이다.

이렇게 점토를 가열하여 새로운 결정이 생기는 것을 소결(燒結)이라고 한다. 소결이 일어나는 이유는 열을 가하게 되면 점토를 구성한 입자들이 진동에 의해 결합이 끊어져 융해되었다 냉각되면서 재결정되기 때문이다. 입자 사이에 결합을 끊기 위해서는 열에 의한 진동이 내부에 있는 다른 입자에 전달되어야 한다. 따라서 같은 물질이라도 점토가 부드러우면 표면적이 증가하여 낮은 온도에서 용융이 일어난다. 하지만 소결 온도에 가장 큰 영향을 주는 것은 도자기를 구성하고 있는 점토의 구성 성

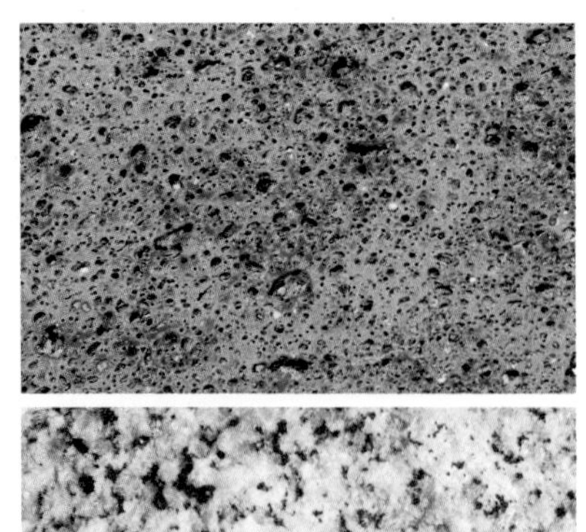

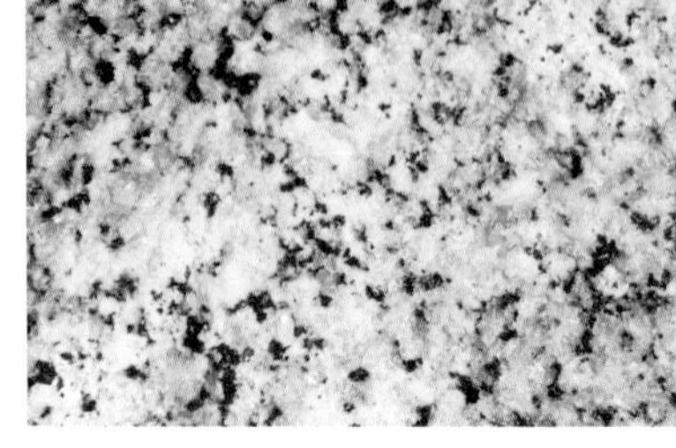

현무암(위쪽)과 화강암.

분으로 물질에 따라 녹는점이 다르다. 그렇다고 꼭 높은 온도로 가열하는 것이 좋은 것은 아니다. 온도가 너무 높으면 전체적으로 용융 현상이 일어나 도자기의 강도가 급격히 떨어져 가마 내부에서 찌그러지기 때문이다.

도자기를 만들 때는 가열만 중요한 것이 아니다. 뜨거운 컵을 찬물에 갑자기 담그면 깨지듯 소결 후 냉각 방법에 따라서도 도자기가 영향을 받기 때문이다. 가열 후 냉각 과정에서 결정들은 성장하면서 격자를 형성하여 도자기의 강도가 증가하게 된다. 따라서 큰 가마일수록 냉각 속도가 느려 결정이 크고 금이 가는 일이 줄어든다. 이는 지하 깊은 곳에서 마그마가 냉각되어 형성된 화강암은 입자의 크기가 크지만, 지표로 분출되어 형성된 현무암은 입자의 크기가 작은 것과 마찬가지다. 또한 냉각되면서 부피가 감소하기 때문에 결정들 사이에는 응력(내력)(내력)이 발생하기도 한다.

옹기와 고어텍스

뛰어난 장인정신이 빚어낸 상감청자는 귀족적이며, 자연스럽고 소탈한 이미지의 조선백자는 서민적이라는 평가를 많이 한다. 하지만 상감청자는 물론이고 조선백자를 서민들이 실생활에 사용한다는 것은 쉽지 않았다. 이렇게 서민들의 생활과 다소 유리된 도자기와 달리 옹기는 오랜 세월 우리 민족의 역사와 아픔을 함께하면서 묵묵히 우리의 생활 문화를 지켜왔다. 하지만 일제강점기를 지나고 생활이 서구문명화되면서 편리한 플라스틱과 스테인리스에 밀려 점점 사라져갔다. 하지만 최근 참살이가 중요한 테마로 등장하면서 옹기의 우수성은 재조명받기 시작했고, 옹기가 첨단 소재인 고어텍스와 같은 놀라운 기능이 있다는 것이 밝혀지면서 우리 곁으로 다시 다가오고 있다.

옹기의 기원에 대한 설은 여러 가지가 있지만 신석기시대에 제작된 연질토기에서 출발한 것이라고 보고 있다. 즉 신석기시대의 토기가 청동기시대에는 거대한 옹관과 옹기를 만들 수 있는 기술로 이어진 것이다. 옹기는 크게 잿물을 칠하지 않아 표면이 투박하고 거친 질그릇과 잿물을 칠해 표면이 윤이 나는 오지그릇으로 구분할 수 있다. 옹기를 빼놓고 우리의 식생활 문화를 논할 수 없을 만큼 옹기는 우리 생활과 밀접했다. 이렇게 옹기가 오랜 세월 우리 민족의 삶과 함께해올 수 있었던 것은 옹기 표면에 난 무수히 많은 기공 때문이다.

우리는 다른 나라에서 유래를 찾기 힘들만큼 뛰어난 발효식품을 많이 보유하고 있다. 김치나 젓갈, 된장, 간장과 같은 많은 발효식품이 건강에 좋은 것은 분명하지만, 발효는 미생물에 의한 것으로 환경에 민감하고, 보관도 쉽지 않다. '발효과학'이라고 주장하는 각종 김치 냉장고를 보면 옹기가 얼마나 첨단 기능을 가지고 있는지 잘 알 수 있다(옹기 하나면 해결될 일을 복잡한 기술을 동원하여 이를 흉내 낸 것이 바로 김치 냉장고인 것이다). 옹기의 기공은 발효성뿐 아니라 뛰어난 통기성도 있어 훌륭한 저장고 역할을 한다. 즉 옹기에 곡식이나 과일을 담아두면 공기가 잘 통하기 때문에 벌레가 쉬이 들지 않고, 오랜 시간동안 썩지 않게 보관할 수 있다. 옹기의 기공은 지름이 1~20 마이크로미터 정도인데, 이보다 1,000배 정도 큰 물방울은 통과시키지 않지만, 공기와 소금 입자(나트륨 이온이나 염화 이온)는 구멍 사이를 통과할 수 있다. 그래서 좋은 옹기에 장을 담글 경우 옹기 표면에 소금꽃이 피는 것을 관찰할 수 있는 것이다. 이는 마치 고어텍스가 옷 내부의 수증기는 밖으로 배출하지만 외부의 빗방울을 막아주는 것과 동일 한 원리다.

옹기가 얼마나 우리 민족의 삶과 밀접한 것인지는 지역에 따른 모양의 차이만 봐도 알 수 있다. 각 지역의 옹기장들은 그 지방의 기온과 일사량과 같은 기후 조건에 따라 옹기의 모양을 조금씩 다르게 만들었다. 즉 북쪽 지방에는 일사량이 적어 옹기의 입구가 넓지만 경상도와 전라도에서는 입구가 좁았다. 입구가 좁으면 과도한 햇빛으로 인해 증발량이 많아지는 현상을 막을 수 있었다. 또한 남쪽 지방에서는 따뜻한 기후로 인해 벌레가 들지 않도록 옹기 뚜껑이 입구를 잘 막을 수 있는 형태로 제작했다. 이렇게 섬세하게 만들어졌기에 오늘날에도 첨단 기술이 오히려 옹기를 흉내 내기에 여념 없는 것이다.

+ 본차이나를 아세요?

도자기에 관심이 있는 사람이라면 누구나 본차이나라는 이름을 들어봤을 것이다. 본차이나는 'born china'가 아니라 뼈를 의미하는 'bone'과 도자기를 의미하는 'china'를 붙여서 만든 말로 골회자기(骨灰磁器)라고도 부른다. 즉 자기를 만드는 데 동물의 뼈를 사용했다는 뜻이다. 1748년 영국의 토머스 프라이가 최초로 만들었다고 하는데, 당시 영국에서는 자기를 만드는 데 필요한 고령토를 쉽게 구할 수 없었기 때문에 대용으로 동물 뼈를 고온에서 처리한 골회를 사용한 것이다. 본차이나는 투명한 유백색을 띠고 있어 고급 도자기의 대명사처럼 불리고 있다.

+ 몸에 해로운 옹기?

옹기의 역사에서도 일제강점기는 참으로 가슴 아픈 시절이었다. 1930년대 일부 악덕 옹기업자들이 일본 도공의 흉내를 내면서 광명단(Pb_3O_4)이라는 유약을 사용하여 광명단 옹기를 만들었다. 광명단 옹기는 표면이 유리처럼 반짝이고 매끄러웠으며, 낮은 온도에서 구울 수 있었기 때문에 생산단가를 낮출 수 있었다. 그래서 우리의 전통 옹기시장을 빠르게 잠식해 들어갔다. 광명단 옹기는 겉모양은 예뻤지만 표면이 너무 매끄러워 옹기의 장점인 통기성이 약해 식품저장용기(특히 발효식품 용기)로는 적당치 못했다. 무엇보다 몸에 해로운 납 성분이 함유되어 있어 발효식품 저장고로 사용할 경우 납이 식품으로 용출되는 치명적인 문제점이 있었다. 결국 1974년 정부에서 광명단 옹기 제조를 법으로 금지하기에 이르렀다. 건강한 그릇인 옹기조차 일제강점기에는 아픔을 겪을 수밖에 없었다는 사실이 참으로 안타깝다.

더 읽어봅시다!

고성광의 『자연의 그릇 옹기』, 신동원의 『우리 과학의 수수께끼』.

모든 색(色)을 탐하다?

그림 그리기의 과학 화학반응, 용매, 전자기 파동, 유기용매, 중금속, 티타늄, 수소결합

동서고금을 통틀어 일상에서 가장 흔하게 볼 수 있는 낙서는 아마도 '낙서 금지'가 아닐까? 이렇게 굳이 집주인이 경고하고 법으로도 책임을 물으니, 그만큼 사람들은 여기저기 그림 그리기를 좋아하나 보다. 아이들은 교과서에 등장하는 인물들의 얼굴에 수염과 흉터를 그려넣어 해적으로 만들어놓기 일쑤다. 이런 행동은 어른이 된다고 사라지는 것도 아니다. 심지어 훈련 중인 군인들조차 휴식 시간이면 땅바닥에 돌로 낙서를 한다.

어린아이가 있는 집 거실에서는 종종 낙서를 볼 수 있다. 현명한 부모라면 아이가 사리를 분별할 때까지 벽지를 새것으로 교체하지 않는다. 색연필이나 물감으로 다양한 그림을 그리고 색을 칠하는 것이 아이에게는 놀이이자 공부다. 하지만 졸라맨밖에 그리지 못한 나로서는 중고등학교 때의 미술 시간이 그리 즐겁지 않았다. 그림 그리기가 놀이와 연관되어 있다 보니 오히려 다른 수업 시간보다 더 엄격했던 탓도 있었다.

요즘에는 아이의 창의성을 길러주는 데 미술이 도움이 된다는 인식이 퍼져 있고, 즐겁게 배울 수 있는 분위기도 조성되고 있다. 그래서 미술 교육의 거창한 목표를 제시하지 않더라도 어렵고 따분한 영어나 수학 시간보다 미술 시간이 즐겁기 마련이다.

미술은 표현예술이다

그림을 그리기 위해서는 구상을 하고, 작품에 맞는 미술 재료들을 선정해야 한다. 훌륭한 음악을 연주하기 위해 좋은 악기가 필요하듯 그림을 그리는 데에도 다양한 미술 재료들이 필요하기 때문이다. 물론 종이와 연필만 있어도 뛰어난 작품을 그릴 수 있지만 자신의 생각을 다양하게 표현하고 작품이 오랫동안 보존되기를 원한다면 미술 재료의 특성을 올바로 알 필요가 있다. 미술 재료들 사이에는 다양한 화학반응이 일어난다. 그러니 이를 제대로 알지 못하면, 작품을 제대로 완성할 수 없고 심지어 공들인 작품이 얼마 못 가 손상될 수도 있다.

화방이나 대형 문구점에 가보면 상상을 초월할 만큼 다양한 미술 재료에 놀라게 될 것이다. 이렇게 종류가 다양해진 것은 오랜 세월 동안 많은 화가들이 자신의 생각을 표현하기 위해 꾸준히 미술 재료를 개선하고 새로운 것을 발명했기 때문이다. 사실 대부분의 화가들에게는 화학적 지식도 없었고, 자신들이 과학 실험을 하고 있다는 사실도 깨닫지 못했지만, 그들은 투철한 장인정신으로 미술의 새 역사를 만들어갔다. 더 좋은 미술 재료라고 해서 더 훌륭한 작품이 탄생한다고는 할 수 없지만, 미술의 역사는 미술 재료의 역사와 많은 부분을 공유하고 있다. 그러니 과학과 함께 미술이 발달했다고 해도 크게 틀린 말은 아닐 것이다.

최초의 미술 재료는 동굴 벽과 타다 남은 숯, 산화철 성분이 있는 붉은 돌조각이었다. 따라서 카본(탄소)은 가장 오래된 미술 재료인 셈이다. 그리고 3,500년 전에 파피루스로 책을 만들게 되자 안료를 물에 녹인 수채물감으로 최초의 수채화를 그릴 수 있게 되었다. 유화가 개발되기 전에 서양에서는 프레스코나 템페라로 그림을 많이 그렸다. 프레스코란 '신선한'이라는 이탈리아어 'fresco'에서 유래한 명칭으로, 젖어 있는 신선한 석회벽 위에 그린 그림을 뜻한다. 벽에 그리는 프레스코화 자체는 단순해 보여도, 회반죽의 석회 성분을 준비하는 데 2년이나 걸렸으며, 높은 천장에 매달려 오랜 시간 그림을 그리다 보면 몸에 여러 가지 장애가 생길 만큼 고통스런 작업이었다.

네덜란드의 화가 얀 반 에이크가 그린 〈아르놀피니 부부의 초상〉(1434).

프레스코와 함께 널리 이용되었던 템페라(tempera)는 달걀노른자를 용매로 삼아 안료를 섞어 그린 그림이었다. 템페라는 달걀이 쉽게 굳어버린다는 단점이 있었고, 이를 개선한 것이 기름을 용매로 사용한 유화였다. 유화가 본격적으로 시작된 때는 15세기경으로 네덜란드의 화가 얀 반 에이크(Jan van Eyck, 1395~1441)에 의해서다. 반 에이크는 기름을 쓰면 물감을 다루기가 쉽고 기름의 양에 따라 건조 속도를 조절할 수 있다는 것을 알고 유화를 발명해 〈아르놀피니 부부의 초상〉 등 뛰어난 작품을 그렸다.

이탈리아의 화가 안드레아 만테냐(1431?~1506)가 1473년 만토바 두깔레 궁 실내에 그린 프레스코화 〈신혼의 방〉(위쪽)과, 템페라로 그린 레오나르도 다 빈치의 〈최후의 만찬〉(1495~1497).

유화물감은 은은한 색과 광택, 뛰어난 발색과 내구성을 보여 많은 사랑을 받아왔지만 건조가 오래 걸려 제작 시간이 길다는 단점이 있었다. 이를 개선하기 위해 등장한 것이 아크릴물감이다. 아크릴수지 에멀션(emulsion)● 을 용매로 사용하는 아크릴물감은 부착력이 강하여 거의 모든 바탕 재료 위에 부착할 수 있으며 빨리 건조되어 벽화에 많이 사용된다. 물에 녹여 사용하지만 한 번 건조되면 물이나 자외선에도 강하여 쉽게 손상되거나 변색되는 일이 없어, 포스터나 팝아트, 일러스트 등에 다양하게 활용되고 있다.

● **에멀션** 두 액체를 혼합할 때 한쪽 액체가 미세한 입자로서 다른 액체 속에 분산해 있는 계(系). 가장 대표적인 예가 동물의 젖이라서 '유탁액'이라고도 한다. 우유, 라텍스, 버터, 크림 등이 이에 속한다.

이처럼 오늘날, 누구나 손쉽게 자유롭고 다양한 미술 작품을 제작할 수 있게 된 것은 많은 과학자들이 값싸고 좋은 미술 재료를 공급할 수 있도록 도움을 주었기 때문이다.

색의 치명적인 유혹

새로운 물감이 만들어지면 그만큼 더 다양한 그림을 그릴 수 있다. 하지만 물감의 발명이 화가들에게 항상 선물만 안겨준 것은 아니었다. '색의 치명적 유혹'이라는 말을 할 때는 단지 색이 그만큼 아름답다는 의미이며, 실제로 색을 내는 안료가 위험하다는 뜻으로 사용하지는 않는다.

하지만 장미의 아름다움에 매료되어 장미 가시에 찔리는 위험을 인지하지 못하듯 많은 사람들이 미술 재료가 위험할 수 있다는 생각을 하는 경우는 드물다. 단지 모든 것을 입으로 가져가는 어린아이들의 경우 독성

반 고흐의 〈해바라기〉(1888)와 〈자화상〉(1889).

이 없는 재료를 사용해야 한다는 정도만 알고 있을 뿐이다. 이런 생각과 달리, 미술 재료에는 치명적인 독성이 있는 경우가 있어 세심한 주의가 필요하다.

과거 연금술사들이 중금속의 위험성을 인지하지 못하고 이를 맛보는 무모한 실험을 했던 것처럼 미술 재료의 역사에도 비슷한 일들이 벌어졌다. 즉 과거의 수많은 미술가들은 더 아름다운 색채에만 관심을 기울였을 뿐 그것이 얼마나 해로운지는 관심도 없었고 알 수도 없었다. 그래서 많은 미술가들이 납중독이나 간, 신장, 생식기, 신경 장애, 피부염, 암 등의 각종 질병에 시달렸다. 특히 안료 중에는 독약이나 살충제로 사용될 만큼 아주 위험한 물질이 들어 있는 경우도 있었다. 아름다운 녹색을 띠는 에메랄드그린(emerald green)에는 독약의 대명사인 비소(砒素, arsenic)가 들어 있으며, 비소라는 이름도 노란색 안료로 사용된 웅황의 고대 그리스어인 'arsenikon'에서 유래되었다.

고흐가 즐겨 사용한 강열한 노랑색의 대명사 크롬옐로(chrome yellow)는 크롬산납이 주성분이다. 또한 시룰리언블루(cerulean blue)에는 코발트, 버밀리온(vermilion)에는 수은 그리고 플레이크화이트(flake white)와 같은 많은 종류의 흰색에는 납 등 많은 광물 안료들에는 중금속 성분이 들어 있었다. 이렇게 위험한 것이 물감이라는 생각을 꿈에도 하지 못했던 화가들은 붓을 뾰족하게 만들기 위해 입으로 문다든지, 손에 물감을 묻힌 채로 음식을 먹으면서 작업하는 등의 위험한 작업 습관을 가지고 있는 경우도 많았다. 결국 이러한 행동은 심각한 만성중독을 유발하여 화가들의 목숨을 단축시키는 주요한 요인이 되기도 했다.

많은 물감 속에는 중금속 성분의 안료가 들어 있으며, 이를 희석하거나 녹이는 데 사용하는 용매나 용제 또한 강한 독성을 지니고 있는 것이 많다. 용매는 유화물감, 합성수지, 바니시 등을 섞거나 묽게 할 때나 붓과 미술 도구 등을 세척할 때 등 미술에서 다양하게 사용된다. 유화물감의 용매로 사용되는 테레빈유(turpentine)가 소나무에서 얻어진 것이기는 하지만 피부 자극을 일으키기도 한다. 하지만 벤젠과 같은 유기용매는 인체에 매우 해롭다. 일반적으로 안전하다고 여겨지는 아크릴물감 속에도 소량의 암모니아와 포름알데히드가 들어 있다.

따라서 이러한 재료로 그림을 그릴 때는 적당히 환기를 시켜주고 한 번씩 외부로 나가 신선한 공기를 마시는 것이 좋다. 스프레이로 뿌릴 경우 공기 중에 에어로졸 형태의 물질들이 상당히 오랜 시간 부유하게 된다. 스프레이에 톨루엔이나 염화탄화수소와 같은 유기 용매가 들어 있는 경우에는 특히 주의해야 한다.

심지어는 연필, 목탄, 파스텔과 같은 드로잉 재료들도 인체에 해를 줄 수 있다. 이러한 재료로 그림을 그리면서 입으로 불게 되면 많은 미세먼지들이 화실 내에 부유하게 된다. 그래서 근래에 제조되는 파스텔은 유해 안료를 제거해 출시되고 있지만 여전히 미세먼지의 문제는 남아 있다.

모든 것은 색(色)에서 시작된다

영화 〈플레전트빌(Pleasantville)〉(1998)에는 온통 흑백으로 이루어진 플레전트빌이라는 세상이 등장한다. 기계적으로 반복되는 무미건조한 삶을 살던 플레전트빌 사람들에게 어느 날 현실세계로부터 두 사람이 찾아온다. 컬러풀한 현실에서 온 두 사람이 플레전트빌 사람들에게 희로애락의 감정을 가지게 하면서 흑백세상은 차츰 색을 가지게 된다. 물론 영화 속에서와 같이 사랑을 느껴야 컬러가 보이는 것은 아니지만 컬러와 감정은 밀접한 관계가 있으며, 사람들은 그림이나 디자인을 통해 다양한 감정을 표출하기도 한다.

영화 〈플레전트빌〉의 한 장면.

우리는 하루에도 수없이 많은 컬러를 보고 느끼며 생활하고 있으며, 이러한 삶은 동굴 속 원시인이었을 때부터 한시도 색과 분리된 적이 없었다. 동굴 속에 살았던 크로마뇽인들이 어떤 생각으로 그림을 그렸는지 알 수는 없지만 그들은 단순히 동굴 벽에 드로잉만 했던 것은 아니다. 그들은 드로잉을 한 후 당시 주변에서 가장 흔하게 구할 수 있었던 붉은색으로 그림에 아름답게 색을 입혔다. '컬러(color)'라는 말의 어원 속에 붉은색의 의미가 포함되어 있는 것은 가장 흔한 색이 바로 붉은색이었기 때문이다. 동굴 벽화에서부터 시작된 화려한 컬러에 대한 인류의 소유욕은 그림물감과 채색 기법의 발달을 가져왔고, 마침내 샤갈의 청색이나 반 고흐의 노란색과 같이 놀라운 컬러를 창조해낼 수 있게 되었다.

재미있는 사실은 이렇게 세상을 매료시키는 컬러가 실제로는 존재하지 않는다는 것이다. 다양한 색을 만들어내는 물감에는 사실 컬러가 없다. 색소는 단지 어떤 파장의 빛을 흡수하거나 반사시킬지를 결정하는 역할밖에 하지 않는다. 컬러는 우리의 뇌가 만들어내는 것으로 색의 본질은 광자로 이루어진 전자기 파동인 가시광선, 즉 빛일 뿐이다. 따라서 다양한 색을 만들어내기 위해서는 광원과 색소 그리고 이를 느낄 수 있는 뇌가 필요하다. 그래서 물체의 컬러는 항상 고정적인 것이 아니라 주변색이나 빛에 따라 다르게 느껴지게 되는 주관적인 것이다. '그림은 눈으로 보는 것이 아니라 마음으로 본다'라는 말은 과학적으로도 옳은 이야기인 셈이다. 눈은 단지 빛을 감지하여 뇌로 신호를 보내주는 기관일 뿐이며, 실제 느끼고 판단하는 일은 모두 뇌에서 이루어진다.

초현실주의 화가인 샤갈은 청색을 즐겨 사용했는데, 그의 청색은 누구도 흉내 낼 수 없는 화려함을 지니고 있다. 누구나 샤갈의 그림에서와 같은 청색을 만들 수는 있다. 하지만 단지 샤갈의 청색을 추출해서 그림을 그리면 아무리 같은 청색으로 그림을 그렸다고 하더라도 샤갈의 그림에서 느낄 수 있는 화려함은 도무지 찾을 수 없는 평범한 청색으로 변해버린다. 이는 샤갈이 자신만의 청색 물감을 가지고 있었기 때문이 아니라 청색의 배경에 검정색을 적당히 사용하여 청색이 더욱 밝게 느껴지도록 만들었기 때문이다.

아름다운 한국화의 비밀

한국화를 그리기 위해서는 지필묵이라고 불리는 종이, 붓, 먹이 필요하다고 알고 있는 경우가 많다. 물론 틀린 이야기는 아니지만 이것이 한국화의 전부는 아니다. 우리가 한국화라고 하면 추사 김정희의 〈세한도(歲

寒圖)〉(1884)와 같이 수묵화를 떠올리는 경우가 많지만, 원래 우리 그림은 고구려 벽화에서 시작된 채색화가 기원이다. 고구려 벽화는 고려의 불화를 거쳐, 조선의 민화로 이어지지만 조선의 주류 세력이었던 사대부들에게 외면받았다. 사대부들이 그렸던 문인화가 대부분 수묵화였기 때문이다. 조선시대에는 수묵화를 가치 있게 평가하는 흐름이 있었고, 해방 후에는 채색화가 일제의 잔재를 가지고 있다고 오해를 받아 천대받기도 했다. 하지만 한국화는 수묵화와 채색화로 나눌 수 있으며, 아름다운 우리 그림을 제대로 즐기기 위해서는 수묵화와 함께 채색화에 대해서도 알아둘 필요가 있다.

한국화가 서양화와 다른 이유는 문화적 배경에서 기인하는 것도 있지만 근본적으로 회화 재료의 차이 때문이다. 캔버스 위에 유화물감으로 아무리 정교하게 흉내 낸다 해도 혜원 신윤복의 〈미인도〉를 느낌 그대로 살려서 옮겨낼 수는

고구려 무용총의 〈수렵도〉.

신윤복의 〈미인도〉(18세기).

없다. 만일 혜원이 다시 살아온다 하여도 캔버스와 유화물감으로는 비단 위에 엷게 채색된 〈미인도〉가 주는 단아한 느낌을 살려내지 못할 것이다. 물론 원색을 즐겨 사용했던 혜원이 새로운 회화 재료를 접했다면 지금 우리가 보는 〈단오도〉가 훨씬 강렬한 색채로 그려졌을지도 모른다.

여하튼 분명한 것은 한국화를 그릴 때 사용하는 재료는 서양화와는 다르다는 것이다. 우선 그림을 그리는 바탕재로 서양화는 캔버스를 사용하지만 한국화는 종이나 비단에 그림을 그린다(물론 동서양 모두 벽이나 목판에 그림을 그리기도 했다). 사실 학교에서는 가격 때문에 비단으로 실습하는 경우는 거의 없지만 신사임당의 일화에서 알 수 있듯이 한국화는 종종 비단에 그린다. 사실 종이보다 비단이 먼저 만들어졌기에 많은 채색

신윤복의 〈단오도〉(18세기). 그네를 타는 여인의 화려한 의상이 주변의 자칫 민망할 수 있는 장면을 부각되지 않게 한다.

화가 비단에 그려졌다. 비단에 그린 그림은 부드럽고 반투명한 느낌이 있으며 발색성이 좋은 특징이 있다. 수묵화의 재료인 먹이나 채색화의 재료인 안료 모두 작은 알갱이로 되어 있어, 종이나 비단에 고착시키기 위해 아교(阿膠)를 사용한다. 특히 비단에 그림을 그리기 위해서는 비단에 아교막을 입히는 아교포수 작업을 한 후에 그림을 그려야 한다. 그러지 않으면 물이나 아교가 비단 사이로 흡수되고 난 뒤 비단 표면에 남은 안료가 쉽게 벗겨지기 때문이다.

아교(위쪽)와 다양한 색의 한지.

한국화를 그릴 때 가장 많이 사용하는 한지는 모세관 현상에 의해 물을 쉽게 빨아들이는 성질이 있다. 이러한 성질을 이용하면 선염(渲染)을 이용하여 안개 낀 호수와 같은 은은한 묘사를 하는 데 효과적이다. 마치 크로마토그래피와 같이 물질의 이동 속도 차이를 이용한 묘사 방법이 선염이다. 선염처럼 한국화는 종이의 특성에 영향을 많이 받기 때문에 화선지의 종류만 해도 수십 가지가 넘고, 한지는 수백 가지나 생산되었다.

바탕재에 그림을 그리기 위한 안료는 무기안료와 유기안료로 나눌 수 있다. 무기안료는 주사나 석청, 고령토처럼 광물에서 얻은 무기질 재료로 만든 것이고, 유기안료는 연지나 먹처럼 유기물로 만든 것이다.

동양화는 먹을 주로 사용하여 수묵담채화로 그리거나 안료로 색을 입힌 채색화로 그리기도 한다. 墨(먹 묵)은 우리말로 먹이라고 부르는데, 천연광물인 흑연을 물에 녹이거나 옻칠을 혼합하여 굳혀 사용했다. 오늘날에는 탄소분말을 아교액과 섞어서 단단한 먹으로 제조한다. 또한 동양화 물감에 사용되는 안료로는 호분, 진사, 연지, 녹청, 군청 등이 있다. 흰색 안료인 호분은 조개껍질을 분말로 만들어 물에 넣고 침전시켜 얻은 탄산칼슘($CaCO_3$)이다. 붉은색 안료인 진사는 천연광석으로 얻어지는데, 수은과 유황을 화합시켜 인공으로 만들기도 하고, 서양에서는 버밀리온으로 널리 알려져 있다. 또 다른 붉은색인 연지는 천초(alizarin)의 뿌리에서 추출했다. 녹청색은 공작석(malachite)을 미세하게 갈아서 만들었다고 한다.

이와 같이 동양화 물감과 수채화 물감의 안료는 원료가 같은 경우가 많다. 하지만 동양화 물감은 수채화 물감과 달리 높은 발색성과 뛰어난 채도를 가지고 있다. 이는 수채화 물감의 미디엄(medium)으로는 아라비아 검(arabic gum)이 사용되지만, 동양화 물감에는 아교가 사용되기 때문이다. 아라비아 검은 아프리카 원산인 아라비아고무나무에서 추출한 수지로 수용성을 띠고, 종이에 대한 점착성이 우수해 널리 사용하게 되었다. 동양화는 아교를 사용했기 때문에 색이 잘 번지지 않고 완성 후에 배접을 해도 그림이 상하지 않는 특징을 지닌다.

+ 앗! 그림이 변했어요

투명유리에 금속산화물을 조금 넣어 주면 아름다운 스테인드글라스를 만들 수 있다. 포함된 금속산화물의 종류에 따라 보석도 다양한 색을 띤다. 물감의 안료에도 자연에서 얻을 수 있는 금속산화물이나 화합물이 많이 사용되었다. 특히 흰색을 내는 데 많이 사용한 안료에는 납 성분이 들어 있는 경우가 많았는데, 납은 공기 중의 황화수소와 결합하여 검은색을 띠는 황화납(PbS)이 된다. 그래서 렘브란트의 〈야간순찰〉이나 밀레의 〈만종〉 같은 작품은 작가가 그림을 그렸을 때보다 많이 어두워졌다. 이와 같이 그림은 산소나 황과 같이 다양한 기체나 자외선에 의해 안료의 화학결합이 변하면, 결국 전자 배치가 달라져 다른 색채로 보이게 된다.

렘브란트가 그린 〈야간순찰〉(1642).

+ 타이탄의 무한 변신

가볍고 열에 강해 항공우주산업의 재료로 널리 알려진 티타늄(Ti)은 신들과의 싸움에 패해 지하세계에 갇히게 되었다는 거인 타이탄(Titan)의 이름을 따서 붙여진 것이다. 티타늄은 알루미늄과 함께 첨산산업 재료로 없어서는 안 될 금속이다. 하지만 산업적인 목적으로 가장 많이 사용되는 것은 이산화티타늄(TiO_2)의 경우 우리의 피부를 지켜주는 자외선 차단제부터 흰색 염료, 종이 충전제, 인조 보석, 광촉매에 이르기까지 다양한 곳에 사용된다. 티타늄화이트는 백색도가 높고 이산화티타늄은 매우 안전한 물질이라 한때는 식품첨가물로 사용되기도 했다. 우주선에 사용되는 금속으로 그림을 그리거나 피부에 바르는 것이다.

더 읽어봅시다!

전창림의 『미술관에 간 화학자』, 이명옥의 『명화 속 흥미로운 과학 이야기』.

더블린 필하모닉 오케스트라.

천차만별 악기들의 대동소이한 소리?

악기의 과학 간섭, 진동수, 맥놀이

세상에는 온통 소리 나는 물건들로 가득하다. 이 중 듣기 좋은 소리를 내는 물건들을 우리는 악기라고 부른다. 물론 같은 물건도 연주하는 방법에 따라 좋은 소리가 날 때도 있고 듣기 싫은 소리가 날 때도 있으니, 이러한 구분도 절대적이지 않다. 난타 공연에서와 같이 악기라고 생각도 못했던 것들이 악기로 사용되는 것을 보면 악기의 세계에는 아무런 규칙성도 없는 듯 보이기도 한다.

하지만 오케스트라에 사용되는 것이 아니더라도 음악을 연주하는 악기라면 어떤 규칙성을 지니고 소리를 낼 수 있어야 한다. 그렇지 않고 연주할 때마다 다른 소리를 낸다면 악기로 사용하기 어려울 것이다.

이렇게 기본적인 사항만 지킨다면 단지 플라스틱 줄 몇 개만 붙어 있는 유아용 기타도 훌륭한 악기가 될 수 있다. 어린이용이나 초보용 악기가 전문가들이 사용하는 것과 소리 내는 원리가 다른 것은 아니다. 단지 아주 사소한 차이가 엄청난 가격 차이를 불러올 뿐이다.

소위 '막귀'라고 불리는 일반인의 귀로는 일반연주자용 악기나 전문가용 악기의 차이를 느끼지 못하는 경우가 많다. 하지만 능력 없는 나무꾼이 도끼를 탓하듯 자신의 연주 실력은 생각지 않고 고가의 악기만 찾는 이들이 있다. 우리의 아버지들을 보라. 그분들은 비싼 악기 없이도 단지 젓가락과 손바닥만으로도 세상에서 가장 흥겨운 연주를 하셨다.

신비한 소리의 세계

세상의 모든 존재는 파동으로 이루어졌다고 해도 과언이 아니다(끈 이론에 따르면 세상의 모든 입자와 힘은 진동하는 끈으로 되어 있다). 사람들에게 많은 피해를 입히는 지진파부터 아름다운 음악을 만들어내는 음파에 이르기까지 우리는 수많은 파동에 둘러싸여 있다. 다양한 종류의 파동 가운데 사람이 들을 수 있는 음파의 가청주파수는 약 20~20,000헤르츠(Hz)이며, 음악은 바로 이 진동수 대역에서 만들어진다.

음파는 반사, 굴절, 회절(回折)*, 간섭 등 다양한 파동의 성질을 지닌다. 따라서 곳곳에서 음파에 의한 재미있는 현상들을 발견할 수 있다. 회랑(回廊, 주된 건물의 좌우에 있는 긴 집채)이나 원형 경기장 같은 건축물에서는 소리가 반사되어 멀리 떨어진 장

* 회절 파동이 장애물 뒤쪽으로 돌아 들어가는 현상.

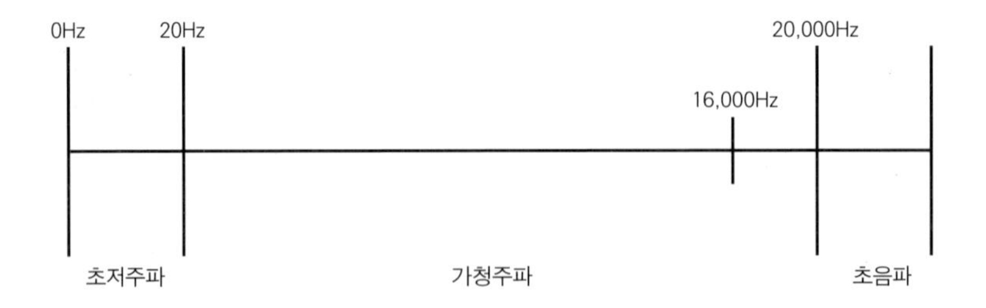

회랑에서는 소리가 반사되어 멀리 떨어진 장소까지 잘 전달된다. 서울 경복궁의 회랑(오른쪽)과 베니스 총독 궁의 회랑(아래쪽) 모습.

소까지 잘 들린다. 샤워하면서 노래를 흥얼거리면 잔향에 의해 노래를 잘하는 것처럼 들리는 현상도 소리의 반사 때문이다.

"낮말은 새가 듣고 밤말은 쥐가 듣는다"라는 속담은 소리가 낮에는 위쪽으로, 밤에는 아래쪽으로 굴절되는 현상을 잘 표현한 말이다. 그런가 하면 틈이 좁을수록 소리의 회절 현상이 잘 일어나기 때문에 스피커는 좁게, 즉 세로로 길게 제작하거나 배치한다. 공연장에 스피커를 잘못 설치하면 소리가 특히 크게 들리거나 잘 들리지 않는 지점이 생기는데, 이는 소리의 간섭 때문에 생기는 현상이다.

소리는 파동의 일반적 성질 외에도 특별한 성질을 가지고 있다. '마스킹 효과(masking effect)'와 '칵테일파티 효과(cocktail party effect)'가 그것이다. 마스킹 효과는 어떤 음이 다른 음의 방해로 잘 들리지 않는 현상을 가리킨다. 반주음의 소리가 너무 커서 노래 부르는 사람의 목소리가 잘 들리지 않는 경우가 여기에 해당한다. 이 현상은 우리 몸의 신경섬유가 큰 자극에 반응해 신호를 전달하면, 작은 자극에는 반응할 수 없기 때문에 발생한다. 마스킹 효과는 MP3에서 데이터를 압축하여 용량을 줄일 때 효과적으로 사용된다. 마스킹 효과로 귀에 잘 들리지 않는 음을 삭제하면 그만큼 데이터 용량을 줄일 수 있기 때문이다.

칵테일파티 효과는 마스킹 효과와 달리 여러 소리 가운데서도 원하는 소리를 구분해내는 특성을 말한다. 시끄러운 식당에서도 대화가 가능한 이유는 바로 칵테일파티 효과 때문이다. 같은 소리가 때로는 들리고 때로는 들리지 않는 것도 이 특성으로 설명할 수 있다.

음악은 수학이다

서양 음악의 기초를 세우는 데 가장 큰 역할을 한 사람은 고대 그리스의 수학자인 피타고라스(Pythagoras, BC 582?~BC 497?)이다. 피타고라스와 그의 제자들은 수학을 이용해 '도레미파솔라시'의 기초가 되는 '피타고라스 음계(Pythagorean scale)'를 만들었다.

그들은 악기에 달린 현의 길이와 진동수 사이에 일정한 수학적 관계가 있다는 사실을 알아냈다. 그리고 '도' 음의 진동수를 기준으로 '레'는 도의 $\frac{9}{8}$배, '미'는 $\frac{81}{64}$배, '파'는 $\frac{4}{3}$배 등 진동수 차이를 간단한 정수비로 나타내, 현의 길이의 비로 7개의 음계를 만들었다. 피타고라스 음계로 만든 음악은 음정 사이가 일정한 정수비로 형성되어 있기 때문에 완

그리스의 수학자 피타고라스(왼쪽)가 협화음정을 찾아내기 위해 실시한 다양한 실험을 나타내는 중세의 목판화.

벽한 화음을 만들어낸다.

10세기경에 음악이 발달하면서 '미'를 좀 더 간단한 정수비인 $\frac{5}{4}$로 나타내게 되었고, 이로써 17세기까지 사용된 음률인 '순정율(just intonation)'이 완성되었다. 순정율은 화음을 잘 이룬다는 장점이 있지만, 음 사이의 진동수 비가 일정하지 않기 때문에 조(장조, 단조)를 바꾸게 되면 악기를 새로 조율해야 하는 문제가 있었다. 즉 음 사이의 비율이 일정하지 않아서 '도'에서 시작하던 음악을 '레'에서 다시 시작하게 되면 이상하게 들렸던 것이다.

이런 문제를 해결한 음률이 바로 17세기에 등장한 '평균율(temperament)'이다. 평균율은 1옥타브를 12등분하여 1단위를 반음, 2단위를 온음으로 한다. 이 12음정은 모두 동일한 진동수의 비($\sqrt[12]{2} \fallingdotseq 1.0595$)를 가진 현의 길이와 진동수는 반비례하기 때문에 기타줄이 길수록 낮은 소리가 난다.

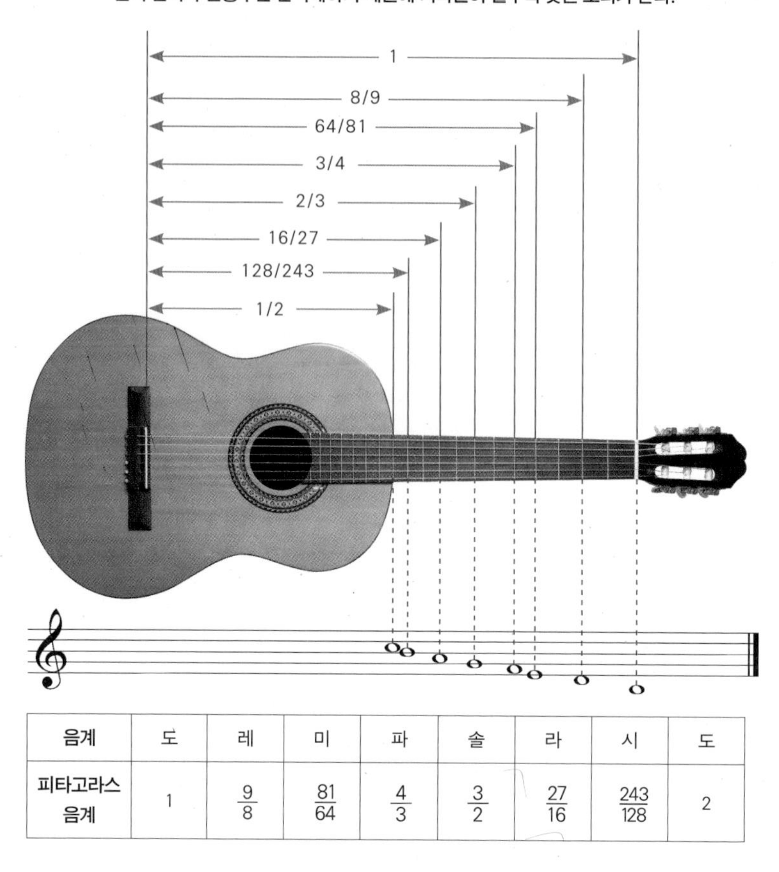

음계	도	레	미	파	솔	라	시	도
피타고라스 음계	1	$\frac{9}{8}$	$\frac{81}{64}$	$\frac{4}{3}$	$\frac{3}{2}$	$\frac{27}{16}$	$\frac{243}{128}$	2

다. 따라서 어느 음정에서 음악을 시작해도 쉽게 연주할 수 있는 장점이 있다.

사실 평균율의 기초를 닦은 사람은 서양인이 아니라 명나라 황제의 아들 주재육(朱載堉)이다. 그는 1584년에 간행된 『율학신설(律學新說)』에서 이미 12음정의 평균율 산출 방법을 제시했다. 비록 중국에서는 평균율이 널리 활용되지 못했지만, 유럽의 수학자들과 음악가들은 이 이론을 바탕으로 서양 음악의 음계를 만들어냈다.

평균율을 완벽하게 이해하기 위해서는 루트(√)와 로그(log) 같은 대수학의 개념이 필요했는데, 서양에는 그 개념이 존재했다. 또한 서양에는 피타고라스 이후로 수학과 음악의 연관성을 찾는 학문적 전통이 있었다. 그래서 평균율은 그곳에서 더 체계적으로 연구될 수 있었다. 중국에서 평균율의 기초가 들어온 뒤로 서양의 많은 학자들이 평균율을 연구하고 알리기 위해 노력했다. 하지만 음악에서 곧바로 활용되는 데는 시간이 걸렸다. 평균율 보급에 가장 큰 역할을 한 사람은 바로 음악의 아버지 바흐(Johann S. Bach, 1685~1750)다. 바흐는 '피아노 음악의 『구약성서』'로 불리는 『평균율 클라비어곡집』을 발표해 평균율이 널리 활용될 수 있도록 했다. 지금의 서양 음계는 바흐의 평균율을 충실히 반영한 것이다.

음악의 아버지 요한 세바스찬 바흐.

불고, 튕기고, 때려라

대부분의 나라는 그들만의 고유한 악기를 가지고 있다. 나라마다 다양한 악기들이 존재하는 이유는 주변의 모든 사물이 악기가 될 수 있는 요소를 지녔기 때문이다. 대부분의 사물은 다양한 방법으로 정상파(定常波)●를 만들어내기에 악기가 될 수 있다.

● **정상파** 진동의 마디점과 마루, 골의 위치가 고정된 파동.

많은 학생들이 줄을 이용한 기타와 바이올린, 관을 이용한 피리와 파이프오르간, 얇은 막을 이용한 북 등의 다양한 악기가 저마다 다른 원리를 이용해 소리를 낸다고 생각한다. 하지만 악기들은 모두 '진동'을 이용해 소리를 낸다. 단지 공기를 진동시키는 방법에 차이가 있을 뿐이다. 현악기는 줄의 진동, 관악기는 관 내부에 있는 공기 기둥의 진동, 타악기는 막을 진동시켜 소리를 내는 것이다.

기타의 경우 줄을 튕기면 제자리에서 진동하는 것처럼 보이지만, 사실 입사파와 반사파가 연속적으로 진행하면서 마치 정지해 있는 듯 보이는 정상파를 만들어낸다. 이런 정상파는 줄의 길이가 짧아지면 진동수가 높아지기 때문에 더 높은 소리가 난다. 줄의 길이가 절반이 되면 진동수가 2배 높은 소리가 만들어진다.

또한 진동수는 줄이 굵을수록 낮고, 가늘수록 높다. 그리고 진동수는 온도에 의해 악기 줄의 장력이 달라지면 변하기 때문에, 연주 홀은 온도

기타 줄을 튕기면 입사파와 반사파가 연속적으로 진행하며 정지해 있는 듯 보이는 정상파를 만들어낸다.

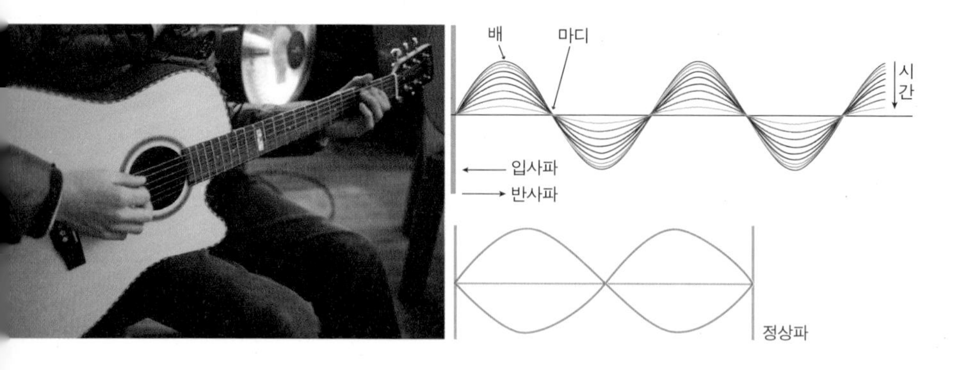

를 항상 일정하게 유지해야 한다. 그래서 악기는 장소에 따라 매번 새롭게 조율하는 작업이 필요하다.

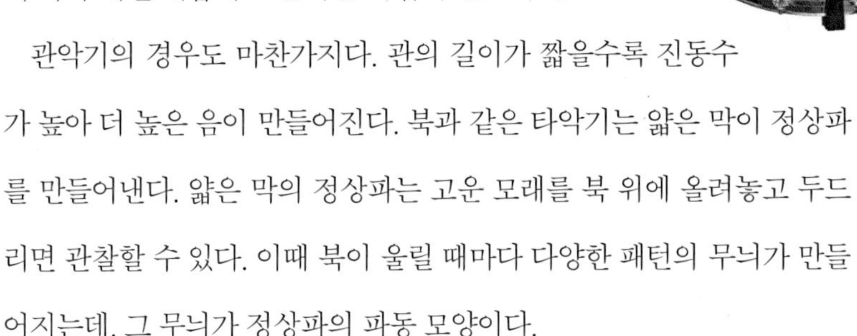

관악기의 경우도 마찬가지다. 관의 길이가 짧을수록 진동수가 높아 더 높은 음이 만들어진다. 북과 같은 타악기는 얇은 막이 정상파를 만들어낸다. 얇은 막의 정상파는 고운 모래를 북 위에 올려놓고 두드리면 관찰할 수 있다. 이때 북이 울릴 때마다 다양한 패턴의 무늬가 만들어지는데, 그 무늬가 정상파의 파동 모양이다.

이처럼 악기가 소리를 내는 원리는 간단하지만, 실제로 아름다운 음색을 가진 명기(名器)를 만들기는 쉽지 않다. 악기는 여러 가지 배음이 합쳐지며 아름다운 소리를 탄생시키기 때문이다. 즉 배음(倍音. 원음의 정수 배의 진동수를 가진 소리)이 완벽한 조화를 이룰 때 아름다운 소리를 내는 악기가 탄생한다.

명기 속의 신비

명검으로 불리는 다마스커스 검은 달궈진 칼을 튼튼한 노예의 몸에 찔러 식혀서 만들었다고 전해진다. 또한 에밀레종이라고도 하는 성덕대왕신종은 쇳물을 부어 만들 때 아기를 넣었다는 전설도 있다. 영화 〈레드 바이올린〉에는 아내의 피를 칠해 완성한 바이올린이 등장한다. 이처럼 명기 탄생의 비화가 인간의 목숨과 밀접하게 연관되어 있는 이유는, 목숨을 바칠 정도로 피나는 노력을 쏟아야 비로소 명기가 탄생할 수 있기 때문이다. 악기의 과학적 원리가 어느 정도 밝혀진 오늘날에도 다시 재현

선덕대왕신종, 통일신라 771년, 높이 366센티미터, 국보 29호. (국립경주박물관 소장)

해내기 어려운 그 기술을 연마한 옛 장인들의 노력에 감탄하지 않을 수 없다.

성덕대왕신종의 소리를 아름답게 만들기 위해 아기를 넣었다는 이야기가 전해지긴 하지만, 종의 성분을 분석해 본 결과 사람 몸에 있는 원소인 인(P)이 발견되지는 않았다. 그러니 그랬을 가능성은 거의 없다고 볼 수 있다. 오랜 세월 동안 풀리지 않았던 성덕대왕신종의 비밀은 철저하게 계산된 종의 맥놀이[●]에 있다.

● **맥놀이** 진동수가 약간 다른 두 소리가 간섭을 일으켜 소리가 주기적으로 세어졌다 약해졌다 하는 현상.

종은 울리게 되면 한 방향으로만 진동하며 한 가지 음파를 만들어내는 것이 아니라, 세 가지 진동이 동시에 일어나며 소리를 만든다. 이때 발생한 세 가지 소리는 서로 중첩되며 맥놀이 현상을 일으켜 '웅~ 웅~ 웅~' 하는 소리를 낸다.

종소리는 맥놀이의 울림에 따라 지속 시간이 결정된다. 성덕대왕신종은 종의 양쪽이 미묘한 비대칭을 이루어 맥놀이 현상이 잘 일어날 수 있도록 설계되었다. 이 종이 만들어지는 데 30년 이상 걸린 이유는 바로 여러 소리를 중첩시켜 맥놀이를 잘 일으키는 최상의 모양을 찾기 위함이었다.

바이올린은 언뜻 보면 네 개의 현이 달린 간단한 악기처럼 보이지만, 사실 일흔 가지가 넘는 부품이 정교하게 결합된 과학적인 악기다. 바이올린의 현을 켜면 진동이 줄받침(bridge)에 전해지고 울림기둥(음향을 전달하는 기둥)을 진동시킨다. 울림기둥의 진동은 고스란히 음판(音板. 떨어서 소리를 내는 쇠붙이나 나무들의 조각)으로 전해지고, 바이올린 속의 공기와 주위의 공기를 진동시켜 소리를 낸다.

이때 현의 진동이 음판에 잘 전달되기 위해서는 현의 진동 주기와 음판의 고유진동수가 일치해야 한다. 일치하는 순간 현과 음판에서는 공명진동•이 일어나 아름다운 소리가 난다. 즉 바이올린 현의 진동 에너지는 열에너지로 소실되지 않고, 공기를 진동시키는 소리에너지로 전환되는 것이다.

• **공명진동** 어떤 물체가 외부에서 물체 자체의 고유 진동수와 비슷한 진동수를 가진 힘을 주기적으로 받을 때 진폭이 급격하게 커지는 현상이다.

사실 바이올린의 깊은 음색은 현과 음판뿐만 아니라 바이올린을 구성하고 있는 다양한 부품들의 미세한 진동에 의한 것이다. 바이올린은 판의 재질은 물론이고 두께가 0.1밀리미터만 달라져도, 도료(塗料. 물건의 겉에 칠하여 그것을 썩지 않게 하거나 외관상 아름답게 하는 재료)의 원료가 달라져도, 소리에 영향을 받는 섬세한 악기다. 이러한 악기 소리의 미묘한 차이를 과학적으로 완벽하게 밝혀낸다면 수십억 원을 호가하는 완벽한 바이올린 '스트라디바리우스'를 누구나 가질 수 있는 날이 오지 않을까?

+ 소리의 파동은 서로 '간섭'한다!

둘 이상의 파동이 만났을 때 서로 더해지면서(중첩되면서) 나타나는 현상이 '간섭'이다. 파장과 진폭이 같은 두 파동이 만나 마루와 마루 또는 골과 골이 일치하면, 파동의 진폭은 원래 파동의 2배가 되고 세기는 4배가 되는데 이 같은 경우를 '보강 간섭'이라고 한다. 한편 마루와 골이 일치해 파동의 진폭이 감소하면서 결국 0이 되는 때가 있는데 이 경우가 '상쇄 간섭(소멸 간섭)'이다.

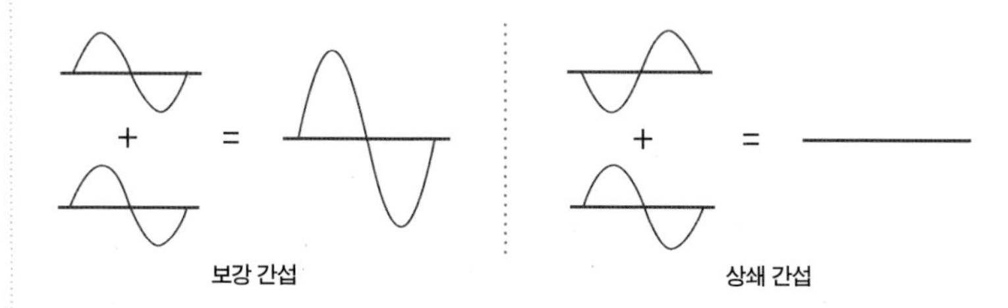

보강 간섭 상쇄 간섭

+ 평균율의 기본서 『평균율 클라비어곡집』

『평균율 클라비어곡집』은 바흐의 작품으로 총 2권으로 이루어져 있는데, 제1권은 1722년, 제2권은 1744년에 완성되었다. 각 권에 똑같이 24곡의 전주곡과 푸가(먼저 한 성부가 으뜸조로 주제를 연주해나가고, 조금 뒤에 다른 성부가 조를 바꾸어 같은 주제를 모방하면서 되풀이하는 방법)가 들어 있고, 장조와 단조가 모두 사용되고 있다. 모든 곡이 평균율로 작곡되었고, 그 기술적 가능성을 탐구하는 동시에 건반 음악이 만들 수 있는 최고의 예술적 표현을 이룩했다는 평가를 받고 있다.

더 읽어봅시다!

데이비드 버니어 외의 『음악: music science』, 알랭 쉴 · 장륔 슈와르츠의 『음악은 과학인가?』.

6부

■

창의력 발견

■

NYHAVN 17

LEGO
LEGOLAND
WINDSOR

세상의 모든 레고, 어디까지 만들어봤니?

레고놀이의 과학 마찰력, 탄성력, 고분자, 공유결합, 중합, 열가소성, 열경화성

아이들이 있는 집이라면 레고와 같은 블록 장난감 한두 개쯤 없는 집이 없을 만큼 블록 장난감은 인기가 많다. 이렇게 블록 장난감이 인기가 많은 이유는 블록으로 무한한 모양을 만들 수 있어 아이들이 쉽게 질리지 않기 때문이다. 물론 블록을 몇 번 끼워보다가 안 되면 쉽게 포기하는 아이들도 있지만 블록 장난감은 다른 장난감에 비해 다양하게 가지고 놀 수 있다는 것은 분명하다.

부모들이 블록 장난감을 사주는 이유는 아이들의 창의성을 길러줄 수 있다고 믿기 때문이다. 물론 실제 자연이 이러한 방식으로 만물을 창조해내고 있다는 사실을 아는 부모는 별로 없을 것이다. 하지만 조금만 관심을 가지고 보면 우리 주변이 레고처럼 만들어지고 있다는 것을 알 수 있다. 벽돌을 쌓아서 집을 만드는 것을 보면 크기만 다를 뿐 원리상 크게 다르지 않다. 그래서 레고를 조립하고 수집하는 취미가 단지 아이들의 놀이만이 아니라 어른들의 건전한 여가 생활도 될 수 있는 것이다. 나아가 레고를 주제로 한 테마파크인 레고랜드가 만들어질 만큼 레고는 인기가 많다.

레고와 같이 블록이나 키트로 다양한 물건을 만드는 장난감이 많아지는 것은 창조에 대한 사람들의 욕구가 그만큼 강하기 때문이다.

레고로 만든 집

레고는 한쪽이 볼록하고 반대쪽은 오목한 구조로 된 블록을 끼워 여러 가지 모형을 만드는 장난감이다. 레고가 처음부터 이러한 모양이었던 것은 아니며, 1958년에 이러한 연결 방식으로 블록을 제조하기 시작했다고 한다.

블록의 요철은 크기가 같고 일정한 간격으로 배열되어 있다. 때문에 상상력을 발휘하면 셀 수 없이 많은 방법으로 블록을 조립할 수 있다. 그래서 블록 장난감이 창의력을 길러준다고 하여, 어린아이가 있는 집에는 거의 필수적으로 있는 장난감이 되었다. 그렇다면 레고 블록으로 다양한 모양을 만들 수 있는 원리는 무엇일까?

좋은 블록 장난감이라면 사용 연령에 따라 적절한 힘을 가했을 때 블록을 끼우고 뺄 수 있어야 한다. 유아용 블록이라고 만들어진 일부 커다란 블록 장난감 중에는 끼우고 빼는 데 너무 많은 힘이 요구되어 어른이 옆에서 일일이 도와줘야 하는 것들도 있다. 물론 대부분의 블록 장난감들은 아이들이 조금만 요령을 익히면 블록을 끼우고 빼는 것을 어렵지 않게 할 수 있다.

이렇게 블록을 끼우고 빼는 데 힘이 작용하는 것은 블록 사이에 마찰력이 작용하기 때문이다. 그러나 마찰력이 마찰계수와 수직항력의 곱이라는 것을 생각해보면 뭔가 좀 이상하다는 것을 느끼게 된다. 수직항력은 접촉면에 대해 수직으로 작용하는 힘인데, 블록에는 이러한 수직 방향의 힘이 보이지 않기 때문이다.

이때 수직항력의 역할을 해주는 것은 블록의 탄성력이다. 플라스틱으로 블록을 만들면 끼우거나 뺄 때 블록의 모양이 조금 변형되면서 탄성력이 작용하게 된다. 따라서 탄성이 거의 없는 유리나 돌로는 블록 장난감을 만들 수 없으며, 나무도 플라스틱만큼 다양하게 만들 수는 없다. 탄성계수가 너무 커서 탄성이 거의 없는 물질로 블록을 만들면 마치 아서왕의 칼처럼 아무도 뺄 수 없는 블록이 되어버릴 것이다. 즉 잘 빠지지 않는 블록은 탄성력(또는 마찰력)이 커서 그런 것이라고 볼 수 있다.

간혹 블록을 뺄 때 '뽕' 하고 소리가 날 때가 있다. 이런 블록은 요철과 홈 사이가 너무 정확히 들어맞아 빈틈이 없는 것이다. 이렇게 너무 정확하게 만들어진 블록은 갑자기 빼면 맞물려 있던 요철 속으로 공기가 서서히 들어가지 못하고 한꺼번에 들어가면서 공기의 진동이 만들어져 소리를 발생시킨다.

한편 블록을 높게 쌓으려면 바닥이 고른 곳을 선택해서 작업해야 한다. 침대 같은 곳에서 레고를 만들면 높이가 낮을 때는 아무런 문제가 없겠지만 점점 높아지게 되면 사소한 진동에도 구조물이 휘어지거나 무너질 수 있기 때문이다. 레고를 정확하게 연직 방향으로 조립했을 때는 중력에 의한 압축력만 작용하지만 기울어지게 되면 측면 방향의 힘까지 작용하여, 결국 힘을 가장 많이 받는 곳의 블록이 빠지며 구조물이 무너지게 되는 것이다. 물론 블록의 홈을 길게 만들면 측면 방향의 힘에 의해서도 쉽게 빠지지 않겠지만, 그렇게 되면 블록 한 개의 크기가 너무 커져 장난감으로서 적합하지 않게 되거나 손으로 빼기도 힘들어 아이들이 가지고 놀기가 어렵게 된다.

레고 왕국의 악마

초창기의 나무블록 장난감 레고.

블록 장난감의 대명사 레고는 덴마크를 풍차의 나라가 아닌 레고의 나라로 불리게 할 만큼 유명하다. '레고(Lego)'라는 말은 덴마크어 '레그 고트(leg godt)'를 줄인 말로 '잘 논다(play well)'는 뜻에서 붙여진 이름이라고 한다.

레고는 1932년 덴마크의 목수 올레 키르크 크리스티안센(Ole Kirk Kristiansen)의 나무블록 장난감에서 시작되었다. 하지만 나무로 만든 블록 장난감의 값이 너무 비싸 저렴한 다른 재료를 찾아야 했고, 셀룰로오스 아세테이트라는 플라스틱으로 새롭게 블록 장난감을 만들게 되었는데, 이것이 바로 오늘날에 가까운 레고다. 지금은 아크릴로니트릴 부타디엔 스티렌(ABS)이라는 플라스틱으로 레고를 만들고 있다. 이렇게 레고가 많은 인기를 누리며 많은 사람들이 찾는 장난감이 된 것은 모두 플라스틱으로 만들어졌기 때문이다.

'플라스틱(plastic)'이라는 이름은 '가소성이 있는(can be molded)'이라는 뜻을 가진 그리스어 'plastikos'에서 따온 것이다. 따라서 플라스틱은 원래 열에 쉽게 녹아 다양한 모양을 만들 수 있는 물질에 붙여진 이름이다. 이러한 플라스틱의 특성 덕분에 다양한 모양의 장난감이 탄생할 수 있었다.

플라스틱과 같은 물질을 고분자(polymer) 물질이라고 하는데, 분자량이 1만 이상인 매우 큰 분자를 뜻한다. 고분자는 단량체(monomer)라고 부르는 작은 분자들이 중합(polymerization)을 거쳐 만들어진다. 오늘날에는 고분자에 대한 개념이 자연스럽게 받아들여지지만, 1920년대 슈타우딩거(Hermann Staudinger, 1881~1965)가 '거대분자(macromolecule)'를 제안할 때만 해도 많은 화학자들의 거센 저항에 부딪혀야 했다.

심지어 거대분자는 "아프리카에 길이 1,500피트, 높이 3,000피트에 이르는 코끼리가 발견되었다"고 주장하는 것과 같다면서 비난하는 화학자도 있었다. 그도 그럴 것이 당시에는 고무나 셀룰로오스는 작은 분자들이 콜로이드* 상태로 모여 단지 물리적으로 응집된 것이라고 믿었기 때문이다. 하지만 슈타우딩거는 고무란 작은 분자가 긴 사슬형 구조로 연결된 고분자라는 사실을 밝혀냈고, 1935년에는 캐러더스(Wallace H. Carothers, 1896~1937)가 나일론을 합성해냄으로써 고분자화학, 즉 플라스틱의 시대가 열리게 되었다.

* **콜로이드** 기체, 액체, 고체 속에 분산 상태로 있고 확산 속도가 느리며, 현미경으로는 볼 수 없으나 원자 또는 저분자보다는 커서 반투막을 통과할 수 없는 물질.

고분자를 구분하는 기준은 여러 가지가 있는데, 열에 대한 반응으로 구분한 것이 열가소성(thermoplastic) 고분자와 열경화성(thermosetting) 고분자다. 열가소성은 레고를 일렬로 계속 연결하면 외부 충격에 의해 끊어지더라도 몇 군데만 다시 끼우면 원래의 모양으로 돌아가듯, 열에

독일의 화학자 헤르만 슈타우딩거.

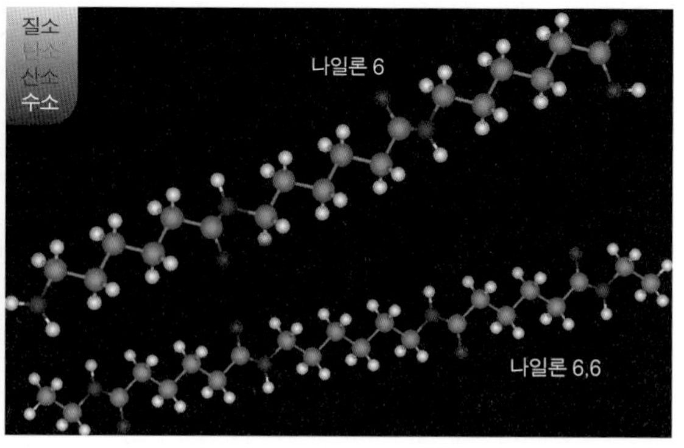

미국의 화학자 월리스 흄 캐러더스가 나일론을 합성해내면서 플라스틱의 일종인 합성 섬유의 시대가 열렸다. 나일론의 구조(오른쪽).

의해 쉽게 용융과 응고의 과정이 반복될 수 있는 성질을 가진다.

하지만 레고로 만든 모형이 부서지는 것이 안타까워 그 사이를 접착제로 붙여버리면 너무 튼튼하여 다시는 새로운 모형을 만들 수 없게 된다. 이렇게 한 번 가공이 되면 다시 용융시켜 사용할 수 없는 물질을 열경화성 고분자라고 한다. 열경화성이 생기는 이유는 레고 사이에 접착제를 칠하듯 경화제로 분자 사이에 가교결합●을 형성시켜 그물 구조를 이루도록 만들었기 때문이다.

● **가교결합** 분자와 분자 간에 공유결합이나 이온결합처럼 완전한 화학결합이 형성된 상태.

플라스틱과 같은 고분자 물질은 저렴한 가격에 다양한 특성을 지닌 형태로 제작이 가능해 모형 자동차에서 인형에 이르기까지 수많은 장난감 제조에 사용된다. 또한 기능성 고분자 물질과 같이 특수한 목적에 사용되는 다양한 물질도 모두 합성 고분자 물질로 만들어진다.

새로운 합성 고분자 물질 없이는 새로운 첨단 기술을 논할 수 없을 정도로 날로 중요성이 증대되고 있지만, 아이러니하게도 생활 수준이 향상되면서 플라스틱에 대한 반감도 높아졌다. 그래서 싸구려 고분자 물건은 플라스틱이라고 부르고, 고급 제품에는 합성수지라고 부르는 웃기는 구분법도 생겼다.

한옥은 레고다?

레고랜드는 조그만 레고 블록으로 실물 크기의 각종 캐릭터나 미니어처 건축물을 만들어놓은 테마파크다. 2011년 개장한 '레고랜드 플로리다'에는 이집트 피라미드를 소재로 한 재미있는 패러디 작품이 있다. 이 작품은 이집트 벽화에 레고블록을 절묘하게 결합시켜 만들었다. 피라미드와 레고블록이 어색하지 않게 어울릴 수 있는 것은 실제로 인류의 건축기술이 레고와 많은 연관성이 있기 때문이다.

돌이나 벽돌을 쌓아올리거나 나무를 연결하면 집을 지을 수 있다는 것을 알았던 인류의 조상들은 마치 레고를 만들 듯 수많은 건축물들을 창조해냈다. 고대 건축가들은 레고를 조립하듯 단순한 원리를 가지고도 만고풍상을 견뎌내며 오늘날까지 든든하게 버티고 있는 피라미드와 같은 건축물들을 만들어낸 놀라운 상상력과 끈기를 가진 인물들이었다.

고대 건축가들은 역학에 대한 개념은 몰랐지만 나무와 돌을 수직으로 쌓으면 무너지지 않는다는 사실은 알고 있었다. 고대 건축물들이 돌이나 나무로 지어진 것은 주변에서 쉽게 구할 수 있는 재료이기도 했지만, 이러한 재료들이 수직압력, 즉 중력에 의한 압축력에 잘 견디기 때문이다.

건물이 무너지지 않고 견고하게 서 있으려면 건물에 작용하는 힘의 합력이 '0'이 되어야 한다. 가장 지배적인 힘인 중력을 고려할 때 나무와

김홍도의 〈기와이기(葺瓦)〉, 단원풍속도첩.
(국립중앙박물관 소장)

돌은 우수한 건축 재료였다. 하지만 아무리 든든하게 잘 세워놓은 집이 더라도 태풍이나 지진 같은 외력에 의해 한순간에 무너지는 경우가 생겼고, 이러한 문제를 해결하기 위한 과정에서 건축 기술이 발달했다.

나무나 돌을 단순히 쌓기만 하면 수직 방향의 힘은 잘 견디지만 측면 방향의 힘에는 쉽게 무너지는 문제점이 발생한다. 벽돌이나 블록, 돌 등의 재료를 사용한 조적조(brickwork)● 건물은 돌에 홈을 파서 끼울 수 없기 때문에 모르타르(mortar)●와 같은 교착재로 부착시켜 횡압력에 저항할 수 있도록 만들었다.

조적조 건물은 구조나 시공이 간단하고 내화 내구적인 반면 교착재를 사용했더라도 여전히 횡압력에 취약한 구조물이었다. 이러한 단점 때문에 피라미드나 성벽과 같은 건축물들은 무겁고 거대한 돌을 쌓아 마찰력을 극대화하는 방식으로 만들어졌다. 그래서 웬만한 외부 충격에도 무너지지 않는다.

● **조적조** 돌, 벽돌, 콘크리트 블록 등을 쌓아 벽을 만드는 건축 구조.

● **모르타르** 회나 시멘트에 모래를 섞고 물로 갠 것이다. 얼마 지나면 물기가 없어지고 단단해진다. 주로 벽돌이나 석재 등을 쌓는 데 쓰인다.

측면 방향의 힘에 의해 건물이 쉽게 무너지는 것을 막기 위해 레고가 홈을 만들었듯이 한옥에서는 이음, 맞춤, 쪽매와 같은 방법을 사용해 목재들이 단단히 결합되도록 했다. 하지만 한옥은 단순히 정밀하게 끼워 맞춘 것뿐 아니라 지진에도 쉽게 무너지지 않도록 만든 우수한 구조를 가지고 있다. 한옥은 흙을 다지고 돌로 된 기단 위에 나무로 기둥을 세우고 지붕을 올린다.

석조 단상을 세우는 것은 나무로 된 기둥이 지면의 습기로 인해 썩거나 침하되는 것을 막고, 방 안으로 습기나 해충이 올라오는 것을 막는 기능도 있었다. 특이한 것은 주춧돌 위에 기둥을 고정시켜놓은 것이 아니라,

단지 올려놓은 구조로 되어 있다는 점이다. 측면에서 가해지는 힘에 쉽게 붕괴되는 것을 막기 위해 내부의 모든 부재들을 짜맞춤 구조로 연결하고 지붕에는 흙과 기와를 얹어 큰 하중으로 기둥을 눌러 안정성을 유지했다.

지면과 연결된 주춧돌은 지진파에 흔들리더라도 기둥과 지붕은 주춧돌과 분리되어 있어 관성에 의해 그대로 버틸 수 있었던 것이다. 지진이 흔하지 않은 우리나라에서 이러한 내진 설계를 했다는 것은 매우 놀라운 일이 아닐 수 없다.

레고놀이를 즐기는 자연

레고는 인류가 발견한 것처럼 보이지만 사실 원조는 자연이다. 자연은 원자를 결합시켜 분자로 만들고, 분자를 결합시켜 다시 거대분자로 합성해 낸다. 이러한 분자들이 모여 세포를 이루고, 세포가 모여 생명체를 구성하기 때문에 세상 만물은 모두 레고처럼 조립되어 있다고 할 수 있다.

오늘날 이러한 사실은 중학교 정도의 화학 상식만 알고 있어도 쉽게 이해할 수 있지만, 19세기만 해도 원자와 분자의 세계를 이해한다는 것은 쉽지 않았다. 이렇게 눈에 보이지 않는 세계를 설명하기 위해 분자 모형을 처음으로 사용한 사람은 영국의 화학자 존 돌턴(John Dalton, 1766~1844)이었다. 그는 원자를 구형이라고 생각하고 공에 열두 개의 구멍을 뚫어 나무막대기를 꽂아 연결하여 분자 모

영국의 화학자 존 돌턴.

형을 만들었다.

스웨덴의 화학자 베르셀리우스.

돌턴이 분자 모형으로 화합물을 이해할 수 있는 단초를 마련했음에도 불구하고 당시 화학자들은 여전히 간단한 무기물을 연구하고 이해할 수 있는 수준에 머물러 있었다. 이는 무기물이 몇 가지 원소로 되어 있어 간단한 화학반응을 통해 물질을 이해하는 데 용이했기 때문이다.

하지만 이와는 달리 나무나 설탕 같은 유기물들은 연소시키면 쉽게 타버려 재만 남았는데, 어떤 화학적 방법을 동원해도 원래 상태로 돌릴 수 없었다. 그래서 화학자들은 유기물의 경우에는 도대체 어떤 원소로 구성되어 있는지를 알 수 없었다.

베르셀리우스(Baron Berzelius, 1779~1848) 같은 유명한 화학자조차 유기물은 생명력에 의해 그 분자가 만들어진다고 생각했다(유기물이라는 이름도 이러한 이유에서 붙여졌다). 하지만 1828년에 뵐러(Friedrich Wöhler, 1800~1882)는 동물의 콩팥에서 생성되는 요소를(실제로는 간에서 오르니틴 회로*를 통해 생성) 인공으로 합성했고, 생명력설은 완전히 사라지고 합성화학공업이 탄생한다.

* **오르니틴 회로** 동물체 내에서 암모니아를 요소로 전환하는 화학반응 경로.

이렇게 탄생한 합성화학은 여러 가지 물질을 화학반응시켜 인류가 필요로 하는 수많은 물질을 만들어냈다. 하지만 인류의 도전은 이에 그치지 않았다. 이제는 원하는 특성을 지닌 분자를 합성하는 초분자화학(supramolecular chemistry)에 도전하기에 이르렀다. 일반분자들이 공유결합을 통해 형성되는 것과 달리 초분자는 비공유결합(수소결합이나 정전

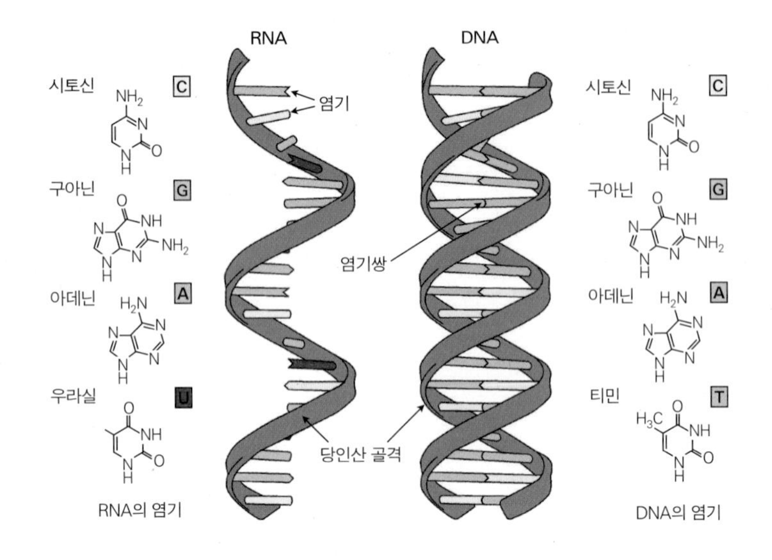

DNA와 RNA 분자는 분자인식과 자기조립을 통해 복제한다.

기적 상호작용, 반데르발스 힘)을 통해 형성된다.

비공유결합은 공유결합에 비해 결합력이 약해서 에너지가 조금만 가해져도 쉽게 변화를 일으키는 특성을 보인다. 그렇다고 약한 결합력을 가진 초분자가 별 쓸모없을 것이라 생각하면 큰 오산이다. DNA나 RNA와 같이 생명 현상과 관계되는 많은 분자들이 바로 초분자이기 때문이다.

초분자의 가장 큰 특징은 분자인식(molecular recognition)과 자기조립(self assembly)이다. 분자인식은 레고에서 서로 맞는 블록이 있듯이 분자들이 짝을 이루어 결합하는 것으로 효소나 항원-항체 반응이 이에 속한다. 자기조립은 분자들이 스스로 결합해 더 복잡한 분자를 만들어내는 것으로 생명체는 바로 자기조립에 의해 탄생한 것이다.

우주가 탄생한 이래로 자연에서는 레고놀이를 하듯 원자나 분자를 조립해왔으며, 인간은 그 놀라운 기술을 이제 조금씩 흉내 내려고 하고 있다.

+ 모듈러 하우스

최근 도시형 전원주택의 인기가 높아지면서 공장에서 만들어 현장에서는 레고처럼 조립하는 모듈 생활주택이 주목받고 있다. 모듈러주택(modular house)은 마치 거대한 크루즈 선의 선실처럼 규격화된 자재를 사용해 집을 짓는 방식이다. 기초와 마감을 제외하면 하루 만에도 집을 조립할 수도 있다. 그렇다고 인스턴트 세상에서 집도 그렇게 짓는구나 하고 씁쓸해 할 필요는 없다. 오히려 신속하게 지을 수 있어 공사비가 절약되고, 자재도 대부분 재활용할 수 있는 경제적인 집이다. 또한 공장에서 정밀하게 제작되어 나오기 때문에 거의 완벽하게 열의 이동을 차단할 수 있어 뛰어난 친환경성을 자랑하는 미래형 주택이기도 하다.

+ 상향식과 하향식

레고를 조립하듯 분자를 하나하나 결합해서 복잡한 분자와 세포를 만드는 방법을 상향식(bottom up)이라고 한다. 상향식으로 복잡한 분자들이 만들어지는 것은 분자인식과 자기조립을 통해 가능하다. 인류가 최근까지 물건을 만들던 방식은 큰 것을 깎아서 작게 만드는 하향식(top down)이었다. 더욱 정밀하게 가공해야 하는 반도체 분야의 경우 하향식 제조의 한계에 도달했고, 상향식으로 제조하는 방법을 모색하고 있다. 에릭 드렉슬러(Eric Drexler)의 『창조의 엔진(Engine of Creation)』(1986)에 따르면 원자와 분자를 마음대로 조립할 수 있는 분자기계가 등장하면 환경과 에너지와 같은 인류의 고민거리들이 모두 해결될 것이라고 한다. 물론 이러한 전망이 언제 실현될지는 아직 알 수가 없다.

더 읽어봅시다!

에릭 드렉슬러의 『창조의 엔진』, 페니 르 쿠터와 제이 베레슨의 『역사를 바꾼 17가지 화학 이야기』.

무대 장치가 무대의 생사를 가른다?

무대의 과학 소리의 반사와 흡수, 빛의 위상, 소리의 세기, 중합체

학교 행사 중 가장 기다려지는 것은 역시 축제다. 축제에는 성적에 구애받지 않고 누구나 자신의 끼를 펼칠 수 있는 무대가 마련되어 있어 즐겁다. 무대에 오르는 학생도 아래서 구경하는 사람도 학업에 대한 부담은 싹 잊어버리고 한때를 즐길 수 있다.

이때 조명이나 음향 장비는 행사업체에서 준비해주지만 나머지는 학생들의 몫이다. 이러한 무대에는 창의적인 아이디어가 더욱 소중한데, 학생들로서는 무대를 화려하게 꾸밀 재원과 기술이 없기 때문이다. 모든 소품과 무대 배경까지 학생들이 손수 제작하다 보니, 때로는 실수와 어설픈 무대 소품이 웃음을 자아내기도 한다.

한편 대형 무대에서는 다양한 특수 장치들이 등장해 관객들의 눈과 귀를 사로잡는다. 최근에 기획되는 뮤지컬 공연 중에는 배우들의 노래나 연기뿐 아니라 화려한 무대 역시 볼거리에서 빠지지 않는 경우가 많다. 대형 뮤지컬이란 단지 많은 배우들이 출연하는 것만을 의미하지 않는다. 과학 기술이 동원된 화려한 무대 장치가 관객들의 눈과 귀를 사로잡을 수 있어야 하는 것이다.

야외 무대에서 디지털 무대까지

축제를 펼치기 위해서는 연극이나 뮤지컬을 올릴 무대가 필요하다. 연극은 고대 그리스인들이 포도주와 연극의 신인 디오니소스를 위한 축제 때 행한 의식과 제례에서 시작되었다고 한다. 따라서 기원전 6세기경 디오니소스 축제를 위해 돌로 건축된 극장이 최초의 무대이다. 이러한 고대의 야외 극장은 멀리까지 소리가 들릴 수 있도록 부채꼴의 계단식 구조로 만들어진 경우가 많았다. 즉 계단형 구조가 바닥에서 소리를 반사시켜 뒤쪽까지 전달될 수 있게 했다.

고대 그리스에서는 무대 장식 기술을 '스케노그라피아(skenographia)'라고 불렀다. '무대(스케네)를 그리는(그라페인) 기술'을 뜻하는 스케노그라피아는 무대에서 입체감을 살리기 위한 회화의 한 기법이었다. 건축이나 무대 미술은 특성상 3차원을 2차원으로 표현하는 원근법과 관련이 많았고, 르네상스시대에는 무대 장치 기술자를 '원근법 사용자'와 같은 의미로 사용하기도 했다. 선 원근법의 창시자로 알려진 이탈리아의 건축가 필리포 브루넬레스키(Filippo Brunelleschi, 1377~1446)도 무대를 디자인했으며, 무대 장치 기술자를 이탈리아어로는 '찾아내는 사람', 즉 창조자를 의미하는 'ingeniere'(엔지니어)로 불렀다.

이탈리아의 건축가 브루넬레스키.

과거에는 무대 장치 기술자들이 정해진 장

에페소스 야외 극장. 소리가 멀리까지 전달될 수 있게 부채꼴의 계단식 구조로 되어 있다.

소에서 정해진 시간 내에 무대의 배경이 효과적으로 전환될 수 있도록 직접 꾸미고 장치해야 했다. 그러니 막과 막 사이에 많은 시간이 걸릴 수밖에 없었고, 관객들은 지루하게 기다려야 했다.

반면 오늘날에는 도르래와 와이어 등을 이용한 무대 기계 장치가 자동화되어 10초 안팎의 짧은 시간 안에 무대의 전환이 이루어진다. 여기에 컴퓨터 제어 시스템이 적용되면 0.1초의 짧은 시간도 정확하게 조절할 수 있다. 다양한 디지털공학 장치 덕분에 예전에는 상상도 할 수 없었던 일들이 무대 위에서 펼쳐지고 있는 것이다.

무대를 밝혀주는 빛

그리스시대부터 르네상스시대에 이르기까지 야외 극장이 많았던 것은 자연광을 제외한 충분한 광원을 확보하기가 어려웠기 때문이다. 르네상스시대가 되면서 횃불이나 촛불, 초롱 등을 사용한 실내 극장이 등장했다. 그중 가장 널리 활용된 것은 촛불이었다. 극장에서는 샹들리에 위에 초를 꼽고 도르래를 이용해 천장으로 끌어올려 사용했다.

샹들리에 촛불 조명을 설치한 오페라 실내 극장.

1784년 프랑스에서는 심지 조절이 가능한 기름램프가 발명되어 한층 밝은 빛을 선사했다. 이 램프에는 고래 기름이 많이 사용되었기 때문에, 포경선들이 엄청나게 많은 고래들을 잡아들이는 일이 발생했다. 멸종위기의 고래를 구한 것은 놀랍게도 해양생태계 파괴의 주범 석유였다. 석유는 많은 고래의 목숨을 구했지만 엑손발데스호 사고와 같은 엄청난 재앙을 일으키기도 했다.

여하튼 이렇게 극장에서 널리 활용된 촛불과 램프는 단지 무대를 밝게 해주는 역할만 했을 뿐 다양한 무대 효과를 내기에는 무리가 있었다. 당시의 무대 효과라면 기껏해야 등피●에 색깔을 넣어 여러 색의 빛을 만들어내는 정도가 전부였다.

● 등피 등불이 꺼지지 않도록 바람을 막고 불빛을 밝게 하기 위하여 남포등에 씌우는 유리로 만든 물건이다.

1803년에 등장한 가스등은 기름램프보다 밝았고 무

대를 순식간에 완전히 암흑으로 만들 수도 있었지만, 열과 냄새가 심하다는 단점이 있었다. 1816년에는 영국의 토머스 드러몬드(Thomas Drummond, 1797~1840)가 수소와 산소를 태울 때 발생하는 열로 석회(CaO)를 가열해서 강렬한 백색광을 만들어내는 라임라이트(lime light, 석회등)를 발명했다. 라임라이트에는 반사경이 붙어 있어 빛을 모아 무대를 집중 조명하는 것이 가능했기 때문에, 지금도 영어권에서는 '각광(脚光, spotlight) 받는다'는 의미로 사용되고 있다. 또한 렌즈와 필터를 라임라이트에 넣으면 이전의 조명과는 다른 조명 효과도 낼 수 있었다.

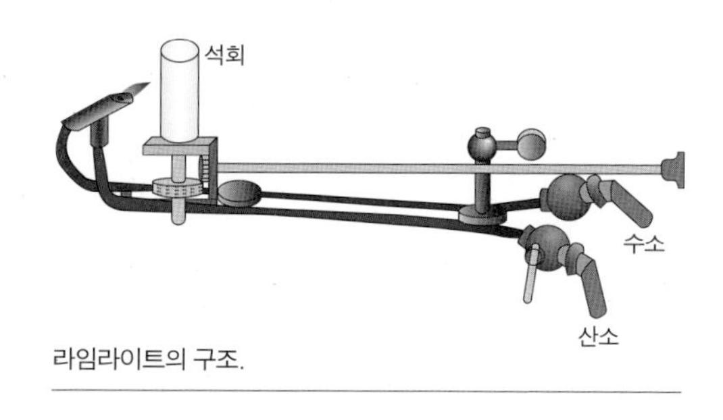

라임라이트의 구조.

하지만 촛불을 비롯해 지금까지 살펴본 조명들은 근본적으로 물질을 산화(연소)시켜 빛을 얻었기 때문에 직접적인 화재의 위험에 늘 노출될 수밖에 없었다. 그래서 좀 더 편리하고 안전한 조명 효과를 얻기 위해서 전등이 필요했다.

1878년 최초의 백열전구를 만든 사람은 영국의 화학자 조지프 스완(Joseph W. Swan, 1828~1914)이었다. 그는 탄소필라멘트로 백열전구를 만들었고, 미국의 발명가 에디슨(Thomas A. Edison, 1847~1931)과 합작으로 상용화에 성공한다. 이렇게 전등이 등장하고 전기와 광학이 발달함에 따라 무대는 새로운 빛

영국의 화학자 조지프 스완.

2009년 홍콩에서 열린 엑스재팬 콘서트 현장의 홀로그램 영상.

의 향연을 펼칠 수 있게 되었다.

최근에는 마술의 빛이라 불리는 레이저를 사용해 실제로는 존재하지 않는 것을 만들기도 하고, 무대를 더욱 화려하고 환상적으로 꾸미기도 한다. 이는 레이저가 결맞음성•이 있어 일반적인 빛과 달리 퍼져나가지 않고 직진하는 성질을 가졌기 때문이다(레이저의 빛은 위상•이 모두 같은 빛이 방출되어 결맞음성이 있다).

과거에는 레이저를 이용해 초보적인 홀로그램 동영상을 만들었다. 하지만 최근에는 놀라울 만큼 사실적인 3D 입체 영상을 선보이고 있다. 관객들은 실제 가수가 노래 부르고 있다고 여기지만 마지막에 갑자기 부서지거나

● **결맞음성** 파동이 간섭 현상을 보이게 하는 성질로 가간섭성(coherence)이라고 한다. 두 개 이상의 파동이 합쳐질 때 두 파동의 위상에 따라 상쇄 간섭 또는 보강 간섭이 일어나는데, 결맞음이 잘될수록 간섭 현상이 잘 일어난다. 햇빛이나 촛불의 빛은 다양한 위상을 가지고 있어 간섭을 일으키지 않아 결맞음성이 없다.

● **위상** 진동이나 파동과 같이 주기적으로 반복되는 현상에 대해 일주기 내에서 어떠한 상태에 있는가를 특징지어 나타내는 변수.

사라지는 것을 보고 가짜임을 깨닫게 된다. 3D 입체 영상 기술은 결국 사이버 가수처럼 실존하지 않는 인물이 무대에 설 수 있도록 한다. 그리고 멀리 있어 실제로는 무대에 설 수 없는 배우들과 같은 무대 공간에서 함께 연기하는 것도 가능하다. 또한 공학기술의 발달로 기존에는 표현할 수 없었던 각종 무대 효과들도 가능해져, 연극이 영화에 비해 표현의 제약이 있다는 것도 옛말이 될지 모른다.

소리를 살리는 무대

무대의 크기와 구조는 소리에 의해서도 많은 제약을 받는다. 과거에 큰 야외 무대를 만들기가 어려웠던 이유는 멀리까지 소리를 선 명하게 전달하기가 쉽지 않았기 때문이다. 그래서 과거에는 뮤지컬이 연극처럼 육성으로 전달이 가능한 소규모 극장 무대에 올려질 수밖에 없었다. 하지만 마이크와 스피커 같은 전기적 음향 증폭 시스템이 발달하면서 축구장만 한 큰 무대를 지을 수 있게 되었다.

과거에는 건축가들이 음향학(acoustics)에 대한 과학적 지식을 갖추지 못해 오로지 경험에만 의존해 강당을 지었다. 물론 과거의 건축가들이 음파의 물리적 특성을 몰랐다 하더라도, 그들은 음향학적으로 훌륭한 건축물을 완성시킨 뛰어난 장인들이었다. 음향학은 뉴턴이나 호이겐스 같은 물리학자들에 의해 음파의 파동적 성질이 물리적으로 기술되면서 시작되었다고 할 수 있다. 그리고 본격적인 연구는 19세기에 들어서면서 레일리나 헬름홀츠 같은 과학자들이 음향학의 기초를 세우면서 시

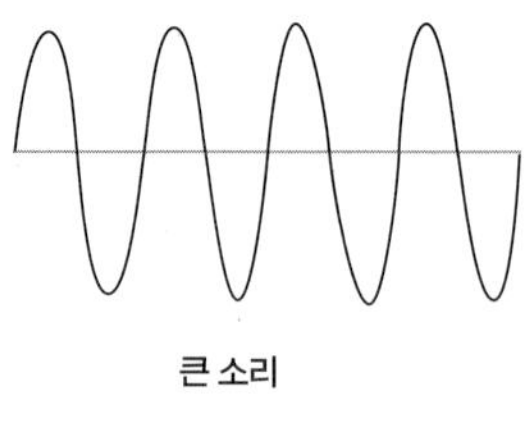

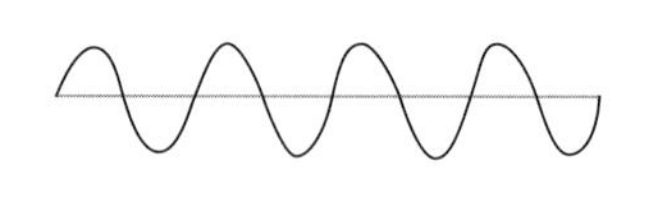

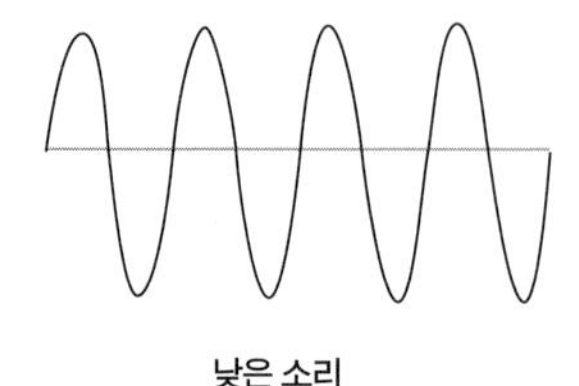

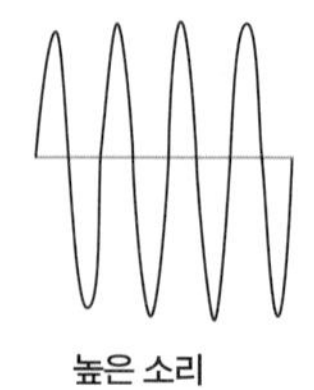

큰 소리는 작은 소리보다 진폭이 크고, 높은 소리는 낮은 소리보다 진동수가 높다.

작되었다.

음향학은 소리를 제어하는 학문으로 소리의 발생부터 전달까지를 모두 다룬다. 즉 유쾌하지 못한 소음의 발생을 억제하는 것부터 극장에서 관객들에게 최상의 소리가 전달되도록 하는 방법까지 연구한다.

음향학적 관점에서 보면 연주 못지않게 건물이 중요한 역할을 하며, 심지어 음악의 발달에도 영향을 주었다는 것을 알 수 있다. 대표적인 것이 중세시대 교회 음악의 발달이다. 교회 음악이 발달한 것은 중세 사회에 교회가 막강한 영향력을 행사한 것도 있었지만, 고딕양식의 건축에서는 성가대가 부르는 미사 음악과 잘 어울렸다는 이유도 있다.

둥글고 높은 지붕을 가진 성당에서 성가대의 합창 소리는 깊은 잔향을 일으켜 종교적인 엄숙함을 극대화할 수 있었다. 하지만 이러한 교회 음악과 달리 소리의 명료성이 중요한 오페라나 기악 등의 바로크 음악은 커다란 강당과는 잘 맞지 않았다. 그래서 오페라나 기악은 궁정 오페라와 같이 궁궐이나 귀족들의 소규모 홀에서 연주되었다. 그리고 최대한 무대와 관객이 가깝게 있도록 하기 위해 3~4층의 발코니를 원형으로 배치한 원통형 극장이 등장하면서 바로크 음악이 발전했다. 물론 바로크 음악이 발달하면서 이러한 건축물이 발달하기도 했다.

공연장의 음향 상태를 평가하는 지표가 여러 가지 있지만 특히 잔향(reverberation)이 중요하다. 잔향은 소리가 벽이나 의자, 사람 등에 반사되어 전해지는 소리다. 소리는 물체에 반사될 때마다 일부 에너지가 열에너지로 전환되기 때문에 세기가 줄어든다. 이렇게 소리가 반사되어 처음 발생한 소리의 세기가 10^{-6}배가 되는 시간, 즉 60데시벨(dB)로 줄어드는 시간을 잔향 시간이라고 한다.

잔향 시간이 길면 음향이 풍부하게 느껴지고, 짧아지면 명료도가 높아진다. 따라서 오케스트라의 공연장은 연극 무대에 비해 잔향 시간이 길게 설계된다. 이는 연극 무대에서는 명확한 대사의 전달이 더 중요하기 때문이다. 음향이 중요한 역할을 하는 콘서트홀의 경우에는 바닥과 벽, 천장에 반사판을 설치하여 소리가 적당히 반사되어 에코가 발생하지 않고 알맞은 잔향이 생기도록 설계한다.

무대 분장의 과학

한때 '분장실의 강 선생님'과 '꽃미남 수사대'라는 개그코너가 인기를 끌었다. 전자에서는 여자 개그맨들이 과장되고 우스꽝스러운 분장으로, 후자에서는 남자 개그맨들이 옷차림이나 과장된 분장으로 관객들에게 웃음을 전했다. 두 코너에서 여자는 아름다워 보이고 싶어하고, 남자는 아름다움과는 거리가 멀다는 통념을 거부하는 것을 분장을 통해 보여준다. 이처럼 분장은 극중 인물이 드러내고자 하는 면면을 배우의 외모를 통해 보여주는 도구라고 할 수 있다.

분장의 역사는 넓게 보면 아름다워지려고 하는 인간의 본능과 주술적 행위에서 시작되었다고 할 수 있다. 직접적으로 무대에 올리기 위한 분장은 디오니소스 축제 때 포도주 찌꺼기로 치장한 것이 시초이고, 기록에 따르면 고대 그리스 연극에서는 백연이나 진사●를 발라 분장을 했다고 한다. 또

● **진사** 수은으로 이루어진 황화 광물. 진한 붉은색을 띠고 다이아몬드 광택이 난다. 흔히 덩어리 모양으로 점판암, 혈암, 석회암 속에 들어 있다.

신명나는 탈놀이의 백미는 한국인의 개성적인 표정들을 담은 다양한 탈이다.

한 동서양을 막론하고 연극에서는 가면을 많이 사용했는데, 이는 분장 재료가 풍부하지 못했기 때문이다.

중국의 경극에서 배우들의 화려한 얼굴 분장은 극의 줄거리와 배역의 특징을 이해하는 열쇠가 되기도 한다.

분장이 서툴러도 19세기에 라임라이트가 등장할 때까지 배우들은 분장에 세심한 주의를 기울일 필요가 없었다. 조명이 어두워 관객들이 잘 알아볼 수 없었기 때문이다. 하지만 라임라이트와 전등의 등장으로 무대가 밝아지고 새로운 분장 재료가 등장하면서 분장술은 점점 발전하게 된다. 특히 HDTV의 등장으로 영상 분장의 경우 아주 세심하고 섬세한 기술이 필요하게 되었다.

뛰어난 분장 기술을 가지고 있더라도 이를 표현할 수 있는 분장 재료가 없다면 아무 소용이 없다. 일반적으로 널리 알려진 분장 재료로는 분장용 컬러물감이나 연필 같은 분장 화장품에서 라텍스•나 왁스, 실리콘, 접착제까지 다양하다. 그리고 빵가루나 솜과 같이 일상에서 쉽게 구할 수 있는 것들도 좋은 분장 재료가 된다. 분장 화장품은 일반 화장품과 달리 안료의 함량이 높아 더욱 진하고 선명한 색상을 보인다. 안료는 빛의 특정 파장을 흡수하여 색을 내는데, 유기물이나 무기물로 이루어져 있다.

• **라텍스** 고무나무의 껍질에 흠을 내었을 때에 분비되는 우윳빛 액체. 천연 또는 합성 고분자의 콜로이드 수용액으로 고무를 30~40퍼센트 함유하고 있다. 폼산을 가하여 생고무를 만드는 원료로 쓴다.

안료에 대한 화학적 지식이 없었던 과거에는 중금속이나 발암 물질이 포함된 것이 사용되기도 했지만, 오늘날에는 그런 재료들이 대부분 금

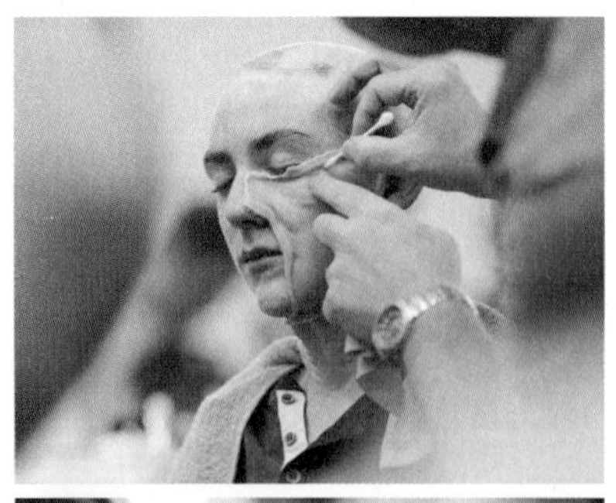

실리콘을 이용한 특수 분장 모습.

지되었다.

사람을 좀비, 뚱보, 노인 등으로 마술 같이 둔갑시키는 것으로 주목받고 있는 분장 재료는 실리콘이다. 여기서 실리콘은 규소(silicon)를 뜻하는 말이 아니라 유기 규소 화합물인 실리콘(silicone)을 뜻한다. 이 실리콘은 유기기를 함유한 규소가 실록산결합(-Si-O-Si-O-)에 의해 연결된 중합체다. 재미있는 것은 규소가 유기화합물이 되면서 모래나 유리와 같이 딱딱한 성질을 가지는 것이 아니라, 분자 구조에 따라 오일이나 고무 형태의 유기물의 특징을 보인다는 것이다.

분장은 예쁘게 꾸미는 목적을 지닌 화장과 다르다. 분장은 상황에 따라 더 늙어 보이게 할 수도 젊어 보이게 할 수도 있다. 이러한 분장을 하기 위해서는 얼굴의 뼈와 안면 근육 등에 대한 해부학적 지식도 갖춰야 한다. 등장인물을 젊게 또는 노인으로 꾸미기 위해서는 나이에 따른 피부나 골격, 근육의 변화를 알고 이를 분장으로 표현할 수 있어야 하기 때문이다. 따라서 뛰어난 분장사는 미술적 재능뿐 아니라 재료에 대한 과학적 지식과 함께 이를 응용할 수 있는 창의성도 가지고 있어야 한다.

+ 멘로파크의 마법사

미국의 발명가 에디슨.

천여 개의 특허를 가진 발명왕 에디슨의 발명품 중에서 가장 많은 사람들이 떠올리는 것이 멘로파크의 연구소에서 만든 전등일 것이다. 하지만 에디슨이 발명한 것은 전등이 아니라 전등을 켤 수 있는 시스템이었다. 사실 전등은 이미 스완이 발명했지만 그의 발명이 널리 알려지지 못한 것은 전등을 켜는 데 필요한 전력과 관련된 대부분의 발명과 특허를 에디슨이 소유했기 때문이다. 에디슨은 전등을 만들면서 이미 전등에 필요한 전력 공급 시스템을 구상하고 있었던 것이다. 이처럼 에디슨은 발명뿐 아니라 사업적 수완도 뛰어나 흔히 알려진 것처럼 창고에서 노력하는 발명이 아닌 연구소에서 대규모 인력과 예산을 동원하는 발명 시스템을 만들어 낸 거대 발명가였다.

+ 얼어붙은 음악 건축

괴테는 "건축은 얼어붙은 음악이다"라는 말로 건축의 예술성을 표현했다. 건축가는 단순한 기술자가 아닌 마치 도시라는 오선지에 건물이라는 음악을 창조하는 예술가와 같다는 의미다. 건축음향학의 입장에서 본다면 제대로 지어진 건물이라야 완벽한 음악 감상이 가능하다는 말이 되니, 마치 괴테가 미리 예견한 말처럼 느껴지기도 한다. 즉 반사나 흡수, 중첩과 같은 소리의 파동적 성질을 고려하여 만든 음악적인 건축물이 곧 예술적인 작품이며 훌륭한 공연장이 되는 것이다.

더 읽어봅시다!

정진수의 『연극과 뮤지컬의 연출』, 서현의 『건축, 음악처럼 듣고 미술처럼 보다』.

2D, 3D, 4D, ……
다음은?

영화의 과학 시차, 산란, 상대 운동, 초점거리, 굴절, 간섭 현상, 음파, 진동수

2009년에는 영화사에 한 획을 그은 작품이 등장한다. 제임스 카메론 감독의 〈아바타〉이다. 당시 이 영화를 보지 않고는 대화가 되지 않을 정도로 인구에 회자되었고, 대기업에서는 단체 관람이 이어졌을 정도로 하나의 문화 아이콘이 되었다.

하지만 더욱 놀라운 것은 이 영화가 새로울 것이라고는 전혀 없는 기술과 스토리로 관객들을 사로잡았다는 것이다. 3D 영화도 이미 존재했었고, 마치 〈포카혼타스〉와 같은 식민지 침탈의 이야기는 너무 진부했기 때문이다. 하지만 카메론 감독이 거장이 될 수 있었던 것은 새로운 것이라고는 전혀 없는 상황에서 관객들이 완전히 새로운 세상을 맛볼 수 있도록 만들었기 때문이다. 이 영화를 보면서 관객들은 몽환적인 판도라 행성을 여행하는 것처럼 느꼈기 때문이다.

물론 새로운 것이 전혀 없는 것은 아니다. 이 영화가 보여주는 3D 기술은 이전의 영화에서 볼 수 있었던 것보다 한층 진보된 것임에 틀림없다. 그래서 혹자는 이 영화가 기술상의 진보를 보여주는 것일 뿐이라며 영화의 가치를 폄하하기도 했지만, 분명 카메론 감독은 3D 영화의 새로운 가능성을 열었다.

그 덕분에 〈아바타〉는 영화 역사상 최고의 흥행작으로 기록되면서 영화 내

용뿐 아니라 영화 기술이 과연 어디까지 발달할 수 있는지 관객들이 상상하게 만들었다. 이는 영화가 100년을 갓 넘은 짧은 역사를 가지고 있지만 채플린의 우스꽝스러운 동작이 찍힌 무성영화에서 관객을 외계의 행성으로 안내하는 3D 영화에 이르기까지 발전에 발전을 거듭해왔기 때문이다. 그렇다면 과연 영화의 미래는 어떤 모습일까?

과학이 탄생시킨 예술

연대기 순으로 보면 그림에서 사진 그리고 영화의 순으로 등장했다고 알고 있는 사람들이 많다. 물론 기술의 발달이라는 측면에서 본다면 틀린 이야기라고 할 수는 없지만 사진의 발명이 영화의 발명을 이끌어낸 것은 아니다. 즉 사진의 발명이 반드시 영화의 발명을 예견한 것은 아니라는 것이다.

오히려 영화가 지향하는 바를 살펴보면 사진보다 영화의 역사가 더 길다고 볼 수도 있다. 영화의 역사는 이미 인류가 알타미라 동굴에 벽화를 그릴 때부터 시작되었다고 볼 수 있기 때문이다. 알타미라 동굴 벽에는 여덟 개의 다리와 몸이 여러 개인 황소가 그려져 있다. 이는 움직이는 동물을 정지화면에 담아내기 위한 조상들의 노력이

알타미라 동굴 벽화 중 일부.

숨어 있는 훌륭한 예술품이다. 알타미라의 다 빈치는 뛰어난 관찰력과 상상력으로 화려한 영화의 서막을 예견했던 것이다.

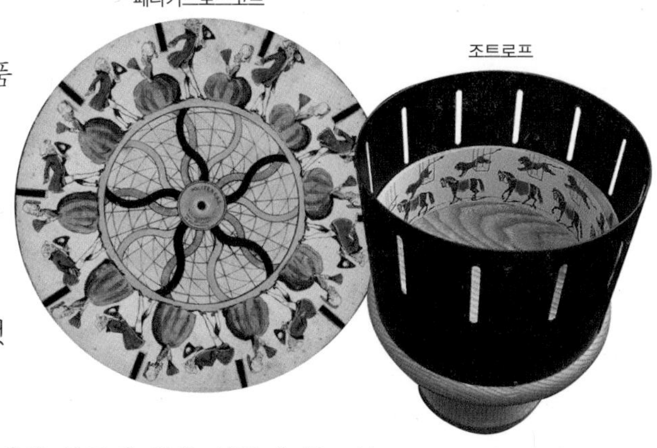
페나키스토스코프
조트로프

움직임을 재현해내기 위한 인류의 꿈을 실현시키는 일은 그리 녹록치 않았다. 알타미라 동굴 벽화가 그려진 이후 수천 년 동안 인류는 겨우 그림을 일정하게 넘기는 것을 이용해 중국에서 주마등(走馬燈)을 발명한 것이 고작이었다. 주마등은 학창 시절 교과서 귀퉁이에 연속적인 그림을 그려넣고 책장을 넘기면서 움직이는 그림을 감상했던 것과 같은 원리로 작동했다. 같은 식으로 등불 앞에서 그림을 넘기면 말이 달리는 것과 같은 모습으로 그림자가 보였던 것이다.

19세기에 접어들어 페나키스토스코프(phenakistoskope)• 나 이보다 좀 더 개선된 조트로프(zootrope)• 와 같이 영화의 전신이라고 할 만큼 개선된 장치들이 등장했다. 그리고 드디어 사진이 발명되었다.

사진이 영화의 등장에 중요한 역할을 한 것은 사실이지만 사진의 발명이 곧바로 영화의 발명으로 이어진 것은 아니다. 사진을 이용해 움직이는 모습을 담아내기 위한 노력의 과정에서 영화가 탄생한 것이다.

1878년 미국의 사진사 에드워드 머이브리지(Eadweard Muybridge, 1830~

• **페나키스토스코프** 주위에 세로로 길쭉한 구멍을 뚫은 원판과, 원둘레에 조금씩 다른 자세의 그림을 늘어놓은 원판을 같은 축(軸)으로 돌려서 보는 장난감.

• **조트로프** 물체의 동작을 만들기 위해 회전하는 원형 통의 틈새로 보이는 연속 그림의 스트립을 사용하는 초기 애니메이션 장치.

머이브리지가 찍은 달리는 말의 스냅사진.

1904)는 달리는 말의 스냅사진을 촬영했다. 머이브리지는 12대의 카메라에 실을 연결하여 말이 지나가면서 실을 끊을 때마다 촬영이 되도록 장치해, 달리는 말의 연속사진을 찍는 데 성공한다. 이 사진은 달리는 말의 발이 어느 순간에 모두 땅에서 떨어지는지 판별하는 데 중요한 역할을 했고 영화의 탄생에 중요한 영감을 준 사진으로 평가받고 있다.

포토그래픽 건

머이브리지의 이 활동사진(motion picture)은 곧 유명해졌고 프랑스의 생리학자인 에티엔-쥘 마레(Etienne-Jules Marey, 1830~1904)는 동물의 움직임을 연구하기 위해 이를 개량한 크로노포토그래픽 건(chronophotographic gun)이라는 일종의 촬영 총을 발명한다. 머이브리지는 12장의 사진을 찍기

위해 12대의 카메라를 이용했지만 마레는 한 대의 카메라로 일정한 시간 간격으로 촬영이 이루어지도록 만들었다.

마레의 발명품은 현대의 카메라의 시조라고 불릴 만했지만 아쉽게도 마레는 자신의 발명품으로 동물의 움직임을 분석하는 과학 도구로만 사용했다. 역시 사진과 영화가 예술로 태어나기 위해서는 단지 과학 기술뿐 아니라 감성적이고 창의적인 안목도 필요한 것이다. 여하튼 이러한 발명가들의 노력 덕분에 드디어 발명왕 에디슨의 손에서 키네토스코프(kinetoscope)가 탄생한다. 키네토스코프는 셀룰로이드 필름을 원통형으로 감아서 필름이 카메라 렌즈 앞으로 지나가도록 만들었다.

키네토스코프는 오늘날의 영사기와 거의 흡사했지만, 한 번에 한 사람밖에 볼 수 없다는 한계가 있었다.

원근법과 3D 영화

분명 에디슨의 발명품은 오늘날의 영사기와 거의 흡사했지만 그를 영화의 아버지로 부르는 경우는 많지 않다. 이는 키네토스코프가 한 번에 한 사람씩밖에 볼 수 없어 영화관의 영사기보다는 텔레비전에 가까웠기 때

뤼미에르 형제가 발명한 시네마토그라프(위 오른쪽)와 그들이 상영한 영화 포스터(아래쪽).

문이다. 이와는 달리 뤼미에르 형제의 시네마토그라프(cinematographe)는 촬영에서 상영까지 할 수 있는 종합 영사 시스템을 갖추고 있었고, 그들은 제작에서 배급까지 도맡아 했다. 그래서 오늘날 영화산업을 탄생시킨 영화의 시조로 뤼미에르 형제를 꼽는 것이다.

영화 〈기차의 도착〉 한 장면.

뤼미에르 형제는 자신들의 발명품으로 1896년 최초의 영화인 〈기차의 도착〉을 상영한다. 이 영화는 기차가 역에 도착하는 장면을 찍은 짧은 뉴스 정도에 불과했지만, 이를 본 관객들 중에는 놀라서 밖으로 뛰쳐나가는 사람이 있을 정도로 그 문화적 충격은 컸다. 물론 당시의 관객들이 영화를 처음 봤기 때문이기는 하지만 뤼미에르 형제가 평면 스크린에 최대한 원근감을 표현하기 위해 노력했다는 사실도 중요했다.

뤼미에르 형제가 평면상에서 원근감을 표현했다면, 제임스 카메론 감독은 실제로 관객들에게 3차원의 화면을 제공했다. 역사상 가장 흥행한 영화로 기록된 〈아바타〉는 영화뿐 아니라 문화 전반에 새로운 변화가 시작되었음을 알리는 중요한 시발점으로 평가받고 있다.

문화적 충격이 컸기에 〈아바타〉를 마치 3D 영화의 효시로 생각하는 사람들이 많지만 놀랍게도 3D 영화는 이미 탄생한 지 100여 년이 넘는 낡은(?) 기술이다. 더 놀라운 사실은 3D의 원리는 영화가 탄생하기도 전인 19세기 초에 알려져 있었다는 사실이다. 1838년 찰스 휘트스톤(C. Wheatstone, 1802~1875)은 양안시차를 이용해 스테레오스코프

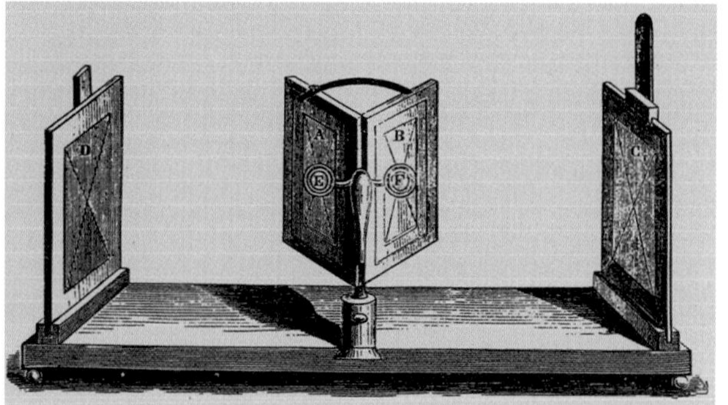

찰스 휘트스톤이 양안시차를 이용해 발명한 스테레오스코프의 모습.

(stereoscope)라는 입체 영상을 보는 장치를 발명했다. 흔히 3D 영화의 입체 영상을 가짜라고 생각하고 우리가 보는 현실을 진짜라고 생각하는 사람들이 많다. 하지만 3D 영화에 의한 입체 영상이나 우리가 눈으로 직접 보는 현실이나 가짜이기는 마찬가지다. 우리 눈을 카메라에 비유하듯 망막에 맺히는 상도 어차피 2차원이기 때문이다. 망막에 맺힌 2차원의 상을 3차원으로 지각하는 것은 뇌의 역할이다. 눈은 단지 상을 맺게 하는 역할만 할 뿐이며, 물체를 보는 것은 눈이 아니라 뇌이다.

뇌가 상을 3차원으로 만들어내는 데는 여러 가지 정보가 필요한데, 그중 대표적인 것이 바로 양안시차다. 한쪽 눈을 감은 채 양손에 연필을 각각 쥐고서 서서히 접근시켜 연필 끝을 서로 맞닿게 하기란 쉽지 않다. 이는 한쪽 눈을 감아서 양안시차에 의한 거리 감각이 상실되었기 때문이다.

이처럼 양안은 입체감을 느끼는 데 중요한 역할을 하지만 한쪽 눈을 잃은 사람이더라도 거리 감각을 완전히 잃지는 않는다. 대부분의 사람들은 한쪽 눈의 시력을 잃고도 생활하는 데 큰 지장을 받지 않는다. 한쪽 눈으로도 입체감을 느낄 수 있기 때문이다. 이는 직선 원근법이나 대기 원근법, 물체의 겹침, 운동에 대한 시차의 인식 등을 이용하여 입체감을 느끼기 때문이다.

직선 원근법은 도로가 멀어질수록 폭이 좁아지는 현상을 이용한 것이다. 대기 원근법은 멀리 있는 산이 가까이 있는 산보다 희게 보이는 현상을 이용한다. 이는 빛이 대기 중에서 산란되어 나타나는 현상으로, 멀리 있을수록 더 많은 대기를 통과해야 하기 때문에 가까이 있는 산이 더 짙은 색으로 보이는 현상이다.

물체의 겹침은 가까이 있는 물체가 멀리 있는 물체를 가리를 것을 말한다. 운동에 의한 시차는 기차를 타고 갈 때 상대 운동에 의해 달은 정지한 듯 보이지만, 가로수는 빠르게 지나가는 것처럼 가까이 있는 물체일수록 더 큰 움직임을 보이는 현상이다.

이와 같이 많은 정보를 종합하여 뇌는 입체 영상을 만들어내지만 영화관의 3D 영화는 단지 양안시차를 이용할 뿐이다. 그래서 입체 영상은 전용 안경을 벗고 보면 다르게 보인다.

양안시차를 이용해 입체 영상을 만드는 원리.

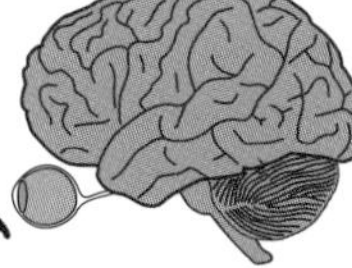

2대의 카메라 촬영
A, B의 간격은 사람의 눈 간격을 감안하여 조절.

2대의 영상을 화면에 표현.
(맨눈으로 보면 영상이 흐리게 보임)

특수안경에서
A, B정보를
분리해서 지각.

2개의 영상정보를
조합해 인식.

완전 영화를 위한 꿈

알타미라 동굴에서 시작된 현실을 재현하기 위한 인간의 꿈은 영화의 역사 속에서도 꾸준히 이어졌다. 그리고 그러한 노력의 결과, 놀랍도록 선명한 3D 영화가 탄생하였다. 물론 3D 영화가 등장하기 이전에 다양한 노력들이 있었다. 2D 영화를 만들면서도 감독들은 화가들이 그림 속에서 입체감을 주기 위해 노력했던 것과 같은 노력을 스크린을 통해 표현하려고 했다. 많은 영화감독들이 영화 속에 소실점을 형성시켜 원근감을 표현하는 것이 대표적인 입체감의 표현이었다. 또한 그들은 광각렌즈를 사용하여 이러한 효과를 증폭시키기도 했다. 초점거리가 짧은 광각렌즈(wide-angle lens)는 굴절이 많이 되어 상의 왜곡이 심하게 일어나 가까운 거리에서도 원근감이 나타난다.

현실에 더욱 가깝게 다가가기 위해 천연색 필름을 만들었고, 아날로그에서 디지털로 영화 제작 방식을 바꿨다. 그리고 와이드스크린과 I-MAX(eye maximum)*를 발명했다. 시네마스코프(cinemascope)라고 불리는 와이드스크린은 1950년대에 텔레비전의 인기로 관객 수가 줄어들자 새롭게 등장한 스크린이었다. 가로와 세로의 비율이 1.85:1인 기존의 표준스크린에 비해 2.35:1의 와이드스크린은 더 큰 시야각을 제공해 스펙터클한 화면을 보여줄 수 있었다. 이렇게 가로의 길이가 길어진 것은 사람의 시각이 상하로는 130도지만 좌우로는 180도로 더 넓기 때문이다. 그래서 와이드스크린보다 더 넓

* **아이맥스** 인간이 볼 수 있는 시야 한계(시야각)까지 모두 영상으로 채운다는 의미다. 실감 나는 영상을 보여주기 위해 관객을 향해 스크린이 5도 정도 기울어졌고 곡선 형태로 설계되었다. 1970년 캐나다에서 개발됐다.

영화관에서 상영하는 3D 영화는 양안시차를 이용하기 때문에, 전용 안경을 쓰고 봐야 한다. 입체 영상은 3D 안경을 벗고 보면 다르게 보인다.

은 시야각을 제공하는 I-MAX 영화관이나 플라네타륨(planetarium)●과 같은 반원형 스크린이 훨씬 생생한 현장감을 느끼게 해주는 것이다. 하지만 이러한 노력들도 2차원 스크린에 의한 것이기 때문에 결국 완전 영화를 위한 노력은 3D 영화와 홀로그램으로 발전하게 된다.

● **플라네타륨** 반구형의 천장에 설치된 스크린에 달, 태양, 항성, 행성 등의 천체를 투영하는 장치. 천구(天球) 위에서 천체의 위치와 운동을 설명하기 위하여 만들었다.

3D 영화는 2차원 영상이 사람의 뇌에서 3차원으로 조합되도록 만든 가짜에 불과하지만 홀로그램은 공간상에 실제로 3차원 상이 존재한다. 홀로그램(hologram)은 전체라는 뜻을 가진 '홀로(holo)'와 기록 방법을 뜻하는 '그래피(graphy)'를 합성한 말로 빛이 가진 전체 정보를 기록한다는 의미를 지녔다. 사진의 경우에는 빛의 세기만 기록되지만 홀로그램은

빛의 위상도 기록되기 때문에 전체 정보를 가졌다고 볼 수 있다. 즉 동일한 빛의 세기를 가지고 있더라도 위상은 다를 수 있는데 홀로그램은 이러한 차이까지 모두 기록한다.

홀로그램을 만들 수 있는 것은 빛이 간섭 현상(두 개 이상의 파동이 중첩되어 진폭이 커지거나 작아지는 현상)을 일으키기 때문이다. 하지만 일상적인 빛은 간섭성을 가지고 있지 않아서 간섭 현상을 관찰하기가 어렵다. 그래서 홀로그램을 만들 때는 결맞음성을 가진 레이저를 사용한다. 레이저는 위상이 동일한 빛으로 되어 있어 간섭 현상을 일으키기 때문에 홀로그램을 만들 수 있다. 홀로그램은 레이저로 정밀하게 촬영해야 하기 때문에 최근에는 컴퓨터로 수학적인 계산을 하여 홀로그램을 만들기도 한다. 원형 무대에서 홀로그램으로 제작된 영화가 상영되면 관객들은 마치 연극을 보듯 영화를 볼 수 있을 것이다.

보는 것이 전부는 아니다

입체감이 영화의 전부는 아니다. 최근에는 영화에 입체 음향 기술을 도입하고 4D 영화관을 통해 촉감이나 후각을 자극해 관객들을 영화 속으로 몰입시키고 있다. 그렇다면 몰입감을 높이는 이러한 방법에는 어떤 원리가 숨어 있을까?

뤼미에르 형제에서 찰리 채플린으로 이어지는 무성 영화는 단지 움직이는 영상일 뿐 소리는 없었다. 물론 무성 영화라고 소리가 전혀 없었던 것은 아닌데, 변사가 별도의 대사를 읽어주거나 녹음된 소리를 틀기도

채플린의 〈모던 타임스〉의 한 장면.

했다. 그래서 무성 영화는 영상과 소리가 잘 맞지 않는 경우가 많았고, 이러한 단점을 해결한 것이 바로 필름 옆에 사운드트랙을 넣은 유성 영화였다.

오늘날에는 단지 영상과 음성을 일치시키는 데서 그치는 것이 아니라 더욱 현장감 있는 영화를 만들기 위해 다양한 음향 기술을 사용한다. 이는 사람이 양안을 이용해 입체감을 느끼듯 양이(兩耳)를 통해 입체 음향을 느끼기 때문이다. 즉 사람은 음원에서 발생한 음파를 두 귀에 도달하는 데 걸리는 시간차, 음파의 에너지, 파형의 변화까지 감지해 공간을 느끼게 된다. 따라서 이러한 청각의 특성(청각에 대해서는 347쪽의 설명 참고)을 그대로 활용하면 음원을 제작자가 원하는 위치에 배치할 수 있다. 이를 음상 정위 기술이라고 하는데, 이를 이용해 헤드폰으로도 소리의 공간적 효과를 낼 수 있다. 특히 컴퓨터그래픽을 많이 사용하는 오늘날에는 음상 정위 기술이 매우 중요하게 작용한다. 컴퓨터그래픽으로 총알이 날아가는 장면을 만들었는데, 소리가 총알과 함께 공간상을 이동해가지 않는다면 그만큼 현장감이 떨어질 수밖에 없다.

극장에서는 다채널로 여러 대의 스피커를 이용한다. 이는 더 많은 스피커로 소리를 세분화해 들려주면 현장감을 더 생생하게 느끼기 때문이다. 소리는 진동수 별로 전달 특성이 조금씩 차이 나서 고음, 중음, 저음대역으로 분리하여 전달되면 더욱 생생하게 느껴진다. 뛰어난 성능의 서브우퍼(sub-woofer)*가 설치된 영화관에서는 육중한 기계음이나 북소리에 의해 실제로 몸이 떨리는 느낌을 받을 정도다. 그만큼 소리의 전달 특성을 고려하여 스피커를 설치한 것이다.

* **서브우퍼** 일반적으로 스피커는 소리를 재생하는 전문영역이 정해져 있다. 100~300헤르츠를 우퍼라고 하며, 100헤르츠 이하의 초저음영역을 전문적으로 재생하는 저음 재생 전용 스피커를 서브우퍼라고 한다.

이제는 3D를 넘어 영화의 내용에 맞추어 관객에게 진동이나 바람, 향기와 같은 자극을 전달하는 4D 상영관도 등장했다. 영화관에 설치된 이러한 장치들은 관객이 영화 속으로 최대한 몰입하게 하기 위한 것들이다. 따라서 영화의 궁극적 목표라 할 수 있는 완전 영화는, 〈매트릭스〉에서와 같이 현실과 구분되지 않는 모습으로 다가올지도 모르겠다. 그렇게 되면 영화란 보는 것이 아니라 체험하는 것일 수도 있으며, 상호작용이 가능한 영화가 등장하면 더 이상 게임과의 구분도 어려워질지도 모른다.

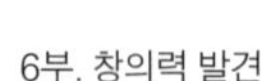

+ 양안시차와 3D 영화

입체 영화는 우리의 두 눈이 약 6센티미터가량 떨어져 있어 사물을 볼 때 발생하는 양안시차를 이용한 것이다. 우리가 사물을 입체로 인식하는 것은 오른쪽 눈과 왼쪽 눈에서 본 이미지에 차이가 생기기 때문이다. 이를 뇌에서 합성해 입체적으로 느끼게 하는 것이다. 따라서 입체 영화는 양쪽 눈에 조금 차이가 나는 영상을 보여주는 원리를 이용한다. 초창기에는 단지 파란색과 빨간색의 셀로판지를 붙인 안경을 쓰고 파란색과 빨간색이 동시에 투영된 영화를 보게 하여 양쪽에 다른 영상을 보게 만들었다. 하지만 최근에는 편광필터를 이용해 필터에 수직인 빛이 통과하지 못하는 원리를 이용해 입체 영상을 만들어낸다.

+ 동영상과 가현 운동

맨눈으로 입체 영상을 볼 수 없듯이, 실제로 눈은 진짜 동영상을 보지도 못한다. 이는 마치 영화가 정지 사진을 연속으로 보여주는 것과 마찬가지로 우리의 뇌도 망막으로부터 전송된 정지 영상 신호를 동영상으로 해석하는 것일 뿐이다. 곰곰이 생각해보면 결코 우린 '실제 움직임'을 관찰할 수 없다는 것을 알 수 있다. 망막에서 동영상을 전송할 수 있는 방법이 없기 때문이다. 우리의 눈이 카메라의 구조와 닮았듯 신기하게도 영화의 원리와 마찬가지로 뇌가 동영상을 만들어내고 있는 것이다. 흔히 잔상효과로 알려진 것은 우리 눈이 영화를 보기 위해 만들어낸 것이 아니라, 원래 세상을 영화처럼 보기 위한 뇌의 효과적인 편법인 것이다. 그래서 뇌는 움직이는 네온사인의 불빛처럼 실제로 운동하지 않아도 운동으로 느끼는 가현 운동을 일으켜 영화를 볼 수 있게 해준다.

더 읽어봅시다!

정재승의 『물리학자는 영화에서 과학을 본다』, 최원석의 『영화 속에 과학이 쏙쏙』.

▲ 콘스탄틴 마코프스키의 〈숨바꼭질〉(1890).
◀ 장 베르아스의 〈숨바꼭질〉(19세기).
▼ 윌리엄 블리스 베이커의 〈건초더미에 숨기〉(1881).

술래가 숨어 있는 아이들을 본다?

숨바꼭질의 과학 확산, 폐관의 진동, 회절, 가시광선, 식, 쌍성, 별의 진화, 블랙홀

동서고금을 막론하고 가장 오랜 역사를 자랑하는 놀이는 무엇일까? 아마도 숨바꼭질일 것이다. 숨바꼭질은 인간이 문명을 이루고 살기 이전부터 생존을 위해 자연과 끊임없이 벌여왔던 게임이었다.

사실 원시시대의 숨바꼭질은 놀이라고 부르기에는 너무 살벌했다. 그때의 숨바꼭질은 포식자로부터 몸을 숨기고 먹이를 사냥하기 위해 몰래 숨어서 접근해야 했던 목숨을 건 게임이었기 때문이다. 이렇게 생존을 건 서바이벌 게임을 숨바꼭질이라고 부른다면 생태계의 가장 널리 퍼져 있는 놀이가 바로 숨바꼭질이라고 할 수 있다.

문명의 탄생 이전부터 즐겨왔던(?) 숨바꼭질은 여러 문화권에서 다양한 변형이 있기는 하지만 기본적으로 술래가 숨어 있는 아이들을 찾아다닌다는 설정은 비슷하다. 생존을 건 게임에서 발전해왔기에 숨바꼭질은 단순하면서도 짜릿한 느낌을 가질 수 있는 놀이가 된 것이다. 어린아이들은 숨은 것을 들켰을 때 깜짝 놀라면서도 즐겁게 웃는다. 놀라면서도 즐거운 게임. 그것이 바로 숨바꼭질이다.

숨어 있어도 숨겨지지 않는 것

숨바꼭질은 숨어 있는 사람을 찾는 놀이이기 때문에 당연히 시각에 의존하는 것이라고 단순하게 생각하기 쉽다. 하지만 술래는 자신의 감각기관을 최대한 동원해 숨어 있는 사람을 찾아내려 하고, 이때 동원할 수 있는 감각은 시각 외에도 후각과 청각이 있다(실내에서 눈을 가리고 하는 술래잡기가 아니라면 접촉감각인 촉감은 사용할 수 없다).

후각과 청각은 시각과 마찬가지로 원격 감각기관으로 자극원이 멀리 떨어져 있어도 감지가 가능하다. 그렇다면 후각과 청각은 숨바꼭질에 어떤 도움을 주는 것일까?

봄비콜(bombykol)이라는 페로몬에 반응하는 누에나방 수컷의 경우 1조 개의 공기 분자 중 단 한 개의 봄비콜 분자가 있어도 감지해낸다. 이렇게 뛰어난 후각으로 수 킬로미터 떨어진 암컷을 찾아갈 만큼 누에나방은 후각을 이용한 숨바꼭질의 챔피언이다. 이 외에도 후각 숨바꼭질의 달인들은 많다. 돼지는 땅속에 묻혀 있는 송로버섯을 찾을 수 있고, 다람쥐는 몇 달 전에 묻어놓은 도토리도 냄새로 찾아낸다. 그리고 우리에게 가장 친숙한 개의 경우에는 2억 개가 넘는 후각세포(인간의 경우 500만 개)를 지니고 있어 마약 탐지견이나 인명구조견으로 활약하기도 하고, 최근에는 암 환자를 판별하는 실험이 진행되기도 했을 만큼 뛰어난 후각을 가진 것으로 유명하다.

후각으로 위치 찾기가 가능한 것은 휘

발성 분자들이 공기 중으로 확산되어나가면 분자의 농도를 따져서 방향과 거리를 찾을 수 있기 때문이다. 이때 분자량이 작은 분자들은 빠른 속도로 확산되고, 분자량이 클수록 확산 속도는 느리다. 조용히 숨어 있으면 소리나 모습이 보이지 않는 것과 달리, 몸에서 발산되는 휘발성 분자는 결코 막을 수 없기 때문에 후각을 이용한 위치 감지가 가능한 것이다. 이는 마치 헨젤과 그레텔이 지나온 길을 찾기 위해 돌조각을 떨어뜨리듯 수많은 분자들을 떨어뜨려 숨어 있는 장소로 안내하는 것과 같다. 도망자를 찾아내기 위해 개를 동원하는 이유도 이 때문이다.

물론 휘발성 분자라고 해서 모두 냄새를 다 맡을 수 있는 것은 아니다. 분자의 종류에 따라 방향을 찾을 수 있는 정도 차이가 있고, 몸 상태에 따라서도 후각 능력의 차이가 많이 난다. 또한 냄새는 바람의 영향을 많이 받기 때문에 바람을 안고 숨어 있으면 찾기 힘들어진다. 분자들이 확산되어 퍼져나가는 데는 시간이 필요하고, 많은 양의 분자들이 필요하다는 것도 후각을 숨바꼭질에 사용하기 힘든 이유 중 하나다.

듣는 것이 보는 것이다

후각을 이용한 숨바꼭질은 집에 있는 강아지와 함께할 경우 유용하겠지만 사람에게는 별 도움이 안 되는 경우가 많다. 이는 사람이 직립보행을 하면서 후각에 대한 의존도가 급격히 낮아져 영화 〈향수〉의 그루누이나 제빵왕 김탁구처럼 절대후각을 가지고 있지 않다면 숨어 있는 친구를 찾기란 힘들기 때문이다. 이럴 때 사용 가능한 두 번째 원격 감각이 청각이다. 사실 숨바꼭질은 술래가 등을 돌리고 눈을 감고 있을 때부터 시작된다. 술래는 단순히 눈을 감고 있는 것이 아니라 친구들이 달려가는 소리를 듣고 가는 방향을 짐작할 수 있기 때문이다.

귀는 눈에 비해 둔감할 것이라고 생각하는 경우가 종종 있는데, 사실은 그렇지 않다. 눈이 2배의 진동수 범위에 반응하는 데 비해 귀는 1,000배(20~2만 헤르츠)에 이르는 범위에서 작동한다. 또한 가장 민감한 진동수인 3,000헤르츠 부근에서는 고막이 겨우 10^{-11}미터 정도 떨려도 소리를 들을 만큼 예민한 기관이 귀다.

사람은 3,000~4,000헤르츠 사이의 소리에 가장 민감하게 반응하는데 이는 귀의 외이도가 길이 2.5센티미터 정도의 폐관• 으로써 역할하기 때문이다. 즉 2.5센티미터의 폐관의 경우 공명진동수가 약 3,300헤르츠이기 때문에 이 소리가 제일 잘 들리게 된다.

• **폐관** 풍금관이나 클라리넷처럼 한쪽 끝이 닫히고 다른 쪽 끝이 열린 관. 관 안에 든 공기의 진동으로 소리를 낸다.

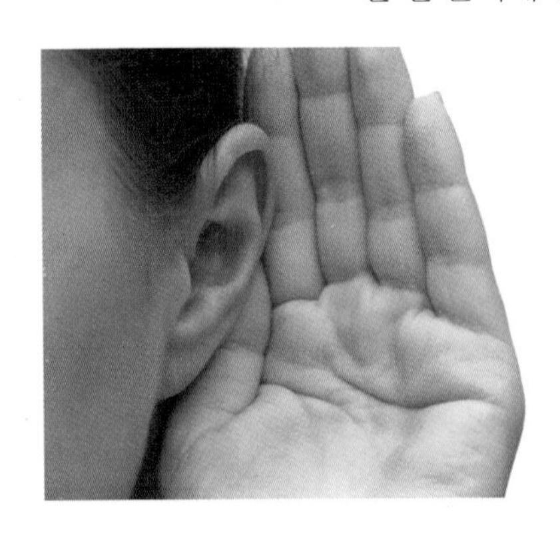

사람은 양쪽 귀로 전해지는 음파의 도달 시간과 위상 변화, 세기 차이를 이용해 음원의 위치를 찾아낸다. 소리는 공기 중에서 초당 340미터 정도 진행하는데, 정확하게 양 귀에서 같은 거리의 앞이나 뒤에서 소리가 발생하지 않는다

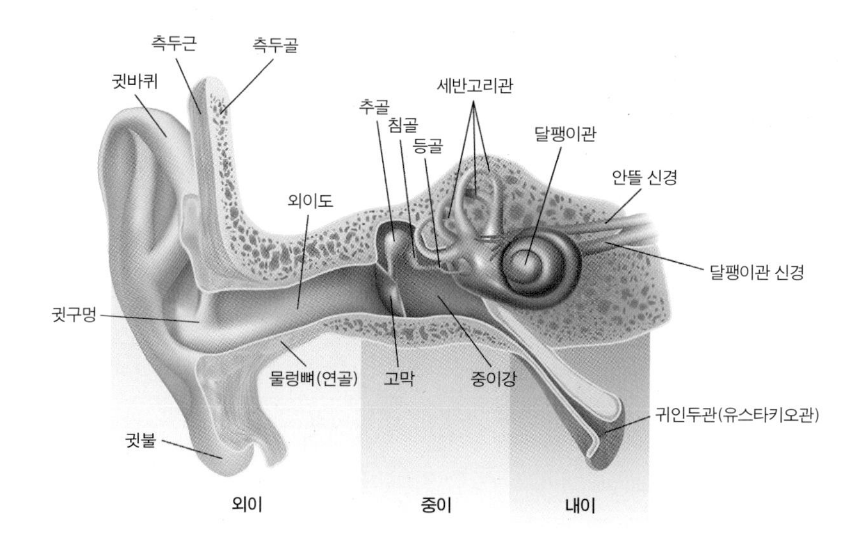

귀의 구조.

면 양쪽 귀에 도달 시간 차이가 발생한다. 시간 차이로 위치를 찾아내는 것은 진동수가 낮은 음의 경우에 사용한다. 양 귀 사이에 도달하는 음파는 위상에 차이가 발생하는데 이것도 위치를 판단하는 근거가 된다.

진동수가 높은 음의 경우에는 음파의 세기를 이용해 위치를 알아낸다. 음파의 세기는 진동수의 제곱에 비례하고, 거리의 제곱에는 반비례한다. 그래서 진동수가 큰 음파의 경우에 진동수를 이용한 세기의 차이를 이용해 거리를 판단하는 데 사용한다. 실제로 1880년 미국의 음향학자인 메이어(Alfred M. Mayer, 1836~1897)는 소리로 방향을 알 수 있는 토포폰(topophone)이라는 발명품을 만들어내기도 했다. 토포폰은 트럼펫 모양의 커다란 두 개의 귀가 달린 장치로 안개가 낀 해상에서 다른 선박의 경적 소리를 듣고 위치를 알아내는 데 사용되었다.

담장 뒤에 숨어도 소리를 내면 회절 현상에 의해 술래에게 전달되기

메이어의 토포폰.

때문에 보이지 않는 사람을 찾는 데 이용할 수 있다. 회절은 파동이 장애물을 돌아서 전달되는 현상으로 파장이 길수록 잘 일어난다. 방파제 뒤에 있는 배들이 파도에 흔들리는 현상이 바로 파동의 회절인데 음파도 회절 현상을 일으킨다. 음파는 빛에 비해 파장이 길어 회절이 잘 일어나기 때문에 담장 뒤 친구의 모습은 보이지 않더라도 소리가 술래에게 들리는 것이다.

꼭꼭 숨어라

"꼭꼭 숨어라. 머리카락 보인다~"라는 노랫가사에서 알 수 있듯이 숨바꼭질하며 숨어 있는 친구를 찾을 때는 후각과 청각을 이용하는 것보다는 시각을 활용하는 것이 일반적이다. 또한 아무리 냄새나 소리로 숨어 있는 위치에 대한 힌트를 얻는다 해도 숨바꼭질은 술래가 숨어 있는 친구를 직접 가서 봐야 한다. 따라서 숨바꼭질은 과학적으로 말하면 '반사된 가시광선이 관측자에게 도달하지 않는 영역에 숨는 놀이'라고 할 수 있다.

우리는 흔히 '술래가 숨어 있는 아이들을 본다(찾는다)'라고 하지만 이는 물리적으로 정확하지 않은 표현이다. 우리의 눈은 슈퍼맨처럼 광선이 나가서 물체를 보는 것이 아니라, 물체에서 반사된 광선이 눈의 망막에 도달하여 보게 되는 것이기 때문이다. 과거에는 눈을 감으면 아무것도 볼 수 없었기 때문에 눈에서 물체를 볼 수 있게 하는 광선이 나와 세상을 볼 수 있다고 생각하기도 했다.

숨어 있는 친구에게서 전자기파가 방출되거나 반사되었다고 하더라도 모두 볼 수 있는 것은 아니다. 충분한 양의 가시광선(380~760나노미터) 영역의 빛이 망막에 도달해야만 볼 수 있다. 따라서 숨어 있는 친구가 방출하는 적외선은 술래에게 아무런 도움이 되지 않는다. 또한 어두운 저녁에 약하게 도달한 빛은 사물을 분간하기 어렵게 한다. 그래서 항상 어둠 속으로 숨거나 밤에 도둑이 침입하는 것이다. 이를 막기 위해 광증폭기•가 달린 야시경•을 사용하거나 적외선을 감지할 수 있는 적외선 쌍안경을 사용하면 숲 속이나 벽 뒤에 숨은 사람도 찾을 수 있다.

• **광증폭기** 광전 효과를 이용하여 적외선, X선 등 빛의 신호를 증폭시키는 장치. 빛증폭기라고도 한다.

• **야시경** 밤 또는 완전히 어두운 상황에서 맨눈이나 보통 광학 기구로는 볼 수 없는 물체를 볼 수 있게 하는 기구.

저녁때나 몸을 숨길 장소가 있는 곳에서 숨바꼭질을 하는 것이 아니라면 주변의 색이나 모양과 비슷한 장소에 숨어야 술래에게 잘 발견되지 않는다. 이러한 보호색은 표범의 무늬나 얼룩말의 줄무늬처럼 고정적인 것부터 카멜레온처럼 장소에 따라 색을 바꿀 수 있는 동물들도 많이 지니고 있다. 이처럼 다양한 보호색을 가진 동물에 비해 인간

의 피부는 보호색이라 부르기에는 부끄러울 정도로 단조롭다. 그래서 우리는 군인들의 얼룩무늬 전투복처럼 위장복(camouflage suit)을 이용해 자신의 모습을 숨기는 방법을 연구한다.

숨바꼭질에 임무의 성패와 목숨까지 달렸던 군인들은 보호색으로 국방색(카키색) 전투복을 입고 의태를 위해 몸에 나뭇잎을 꽂고 다니기도 한다. 기도비닉(企圖秘匿)과 은폐(隱蔽, masking), 엄폐(掩蔽, cover)라는 군대 용어는 모두 숨바꼭질과 관련이 깊은 것들이다. 기도비닉이라는 말은 '몰래 숨어서 움직인다'는 뜻이며, 은폐는 '관측으로부터 숨는 것', 엄폐는 '숨는 것과 함께 몸을 보호하는 것'을 이야기한다. 보병에서 전통적으로 많이 활용하던 이러한 숨바꼭질 기술과 함께 군에서 가장 중요하게 다루고 있는 것은 바로 스텔스(stealth) 기술이다. 스텔스는 레이더에서 발사된 마이크로파를 흡수하거나 다른 방향으로 반사하여 수신기에 아무것도 나타나지 않도록 하는 기술로, 항공기에 많이 사용된다. 스텔스기는 보통의 비행기가 유선형의 부드러운 곡선으로 이루어진 것과 달리 다면체로 구성되어 있다. 이는 원통형인 경우 일부 마이크로파가 레이더로 되돌아가 레이더 상에 표시되기 때문이다.

스텔스기는 반사파가 레이더로 가지 않도록 다면체로 구성되어 있다.

레이더 상에서 투명해지는 스텔스 기술이 뛰어나기는 하지만 영화 〈해리 포터와 마법사의 돌〉에 등장하는 투명 망토는 훨씬 놀랍다. 투명 망토가 영화 속에 처음 등장했을 때는 마법으로만 가능할 뿐이라고 생각했지만, 이제는 과학적으로 전혀 불가능한 것이 아니다. 2003년 일본 도쿄 대학에서 개발한 투명 망토나 영화 〈미션 임파서블: 고스트프로토콜〉에 등장하는 투명스크린과 같이 증강현실을 이용한 투명 기술은 이미 개발되었다. 단지 기술적 성숙도가 낮고 일상에서 사용하기 위해서는 여러 가지 장비가 필요하기 때문에 아직까지 실용화되지 않았을 뿐이다.

영화 속 투명 망토에 가장 근접한 것은 메타물질(meta material)을 이용한 방법이다. 메타물질은 음의 굴절률처럼 자연에 존재하지 않는 물리적 성질을 가진 물질을 말한다. 투명 망토가 곧 등장할 것이라는 뉴스의 대부분은 바로 이 메타물질의 연구 성과를 다루고 있다. 하지만 메타물질의 연구 성과는 특정한 파장 영역에서 조그만 크기의 물체를 사라지게 했을 뿐 아직 가시광선 영역에서 망토로 사용할 만큼 만들지는 못했다.

이렇게 빛을 원하는 대로 휘게 하는 방법을 연구하는 분야를 변환광학이라고 한다. 상대성 이론에 따르면 중력에 의해 공간이 휘어지면 이 공간을 따라 지나는 빛이 휘어진다. 마찬가지로 공간상에서 굴절률이 달라져도 공간이 휘어진 것처럼 빛이 휘어지는데 이를 연구하는 것이 변환광학이다. 미래에는 변환광학을 통해 투명 망토가 등장하게 될지도 모른다.

우주 최대의 숨바꼭질 천체 블랙홀

숨바꼭질은 꼭 생물들만 즐기는 것이 아니다. 우주에서는 수많은 천체들이 우리와 숨바꼭질을 하고 싶다는 듯 숨었다가 나타나기를 반복한다. 이를 천문학에서는 식(蝕, eclipse)이라고 부르는데, 한 천체가 다른

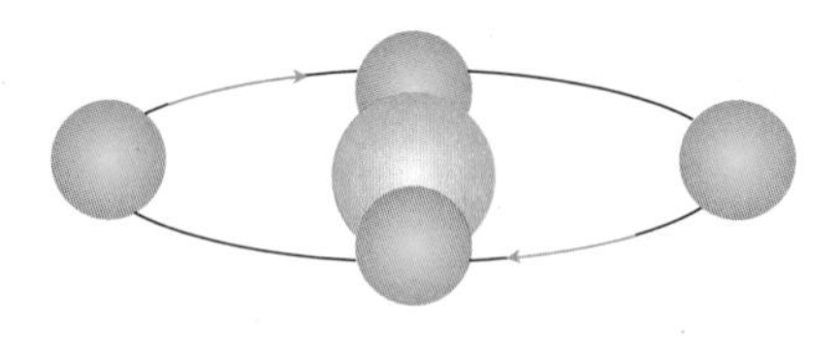

쌍성은 두 개 이상의 별이 공통의 질량 중심 주위로 공전하는 것을 말한다.

천체에 가려지는 현상을 말한다. 이러한 일이 일어나는 것은 별이나 행성들이 따로 움직이는 것이 아니라 중력에 묶여 공전을 하기 때문이다. 물론 우연히 궤도가 겹쳐 가려지기도 하는 광학적 쌍성(optical binaries)도 있다. 광학적 쌍성은 우연히 두 별이 가까이 있는 것으로 보일 뿐 실제로는 멀리 떨어져 있다.

쌍성은 두 개 이상의 별이 공통의 질량 중심 주위로 공전하는 항성계를 말한다. 쌍성은 천체물리학에서 매우 중요한데, 공전 주기와 반경을 알면 케플러의 제3법칙*을 이용해 별의 질량을 직접적으로 알아낼 수 있기 때문이다.

* **케플러의 제3법칙** 1618년에 케플러가 발표한 법칙으로 "행성의 공전주기의 제곱은 궤도 장반경의 세제곱에 비례한다"는 내용이다. '조화의 법칙'이라고도 한다.

쌍성계에서 밝은 별을 주성이라고 하며, 어두운 다른 별들은 반성(또는 동반성)이라고 부른다. 흔히 주성 주변을 반성이 돌고 있다고 표현하는 경우가 많은데, 이는 엄밀한 의미에서는 옳지 않다. 앞에서도 이야기했듯이 별들의 공통 질량 중심 주위로 서로 회전하며, 일방적으로 한 별이 다른 별 주변으로 궤도 운동을 하는 것은 아니기 때문이다.

쌍성의 역사에 있어 가장 유명한 별은 바로 큰곰자리의 미자르(Mizar)일 것이다. 미자르는 고대로부터 병사들의 시력 측정에 사용될 만큼 유명한 쌍성이었다. 미자르에는 알코르(Alcor)라고 불리는 희미한 동반성이 있었는데, 시력이 좋은 병사들은 이 두 별을 구분해 볼 수 있었다. 하지만 가장 유명한 쌍성인 미자르와 알코르는 실제로 멀리 떨어진 광학적 쌍성일 뿐이다. 재미있는 것은 눈에는 보이지 않지만 분광스펙트럼으로 분석해보면 미자르에 숨겨진 두 개의 별들이 있다는 것이다. 그래서 미자르는 분광쌍성●인 동시에 광학 쌍성인 복잡한 구조를 이루고 있는 별이다.

● **분광쌍성** 매우 가까이 있어서 망원경으로는 분리되어 보이지 않으나 분광기에 의한 스펙트럼 분석으로 두 개의 천체임을 확인할 수 있는 쌍성을 말한다.

또 다른 유명한 쌍성계는 악마의 별로 불리는 페르세우스자리의 알골(Algol)과 백조자리의 X-1이다. 알골은 보통 2등급의 별이지만 2일 20시간 49분을 주기로 밝기가 어두워졌다가 다시 몇 시간이 지나면 원래의 밝기로 돌아오는 불가사의한 별이었다. 1783년 영국의 천문학자 존 구드릭(John Goodricke, 1764~1786)은 이러한 알골에 대해 철저히 연구한 후 쌍성일 것이라고 주장했다. 하지만 당시에는 스펙트럼을 분석할 수 있는 기술이 없어 증명할 수 없었다.

영국의 천문학자 존 구드릭.

알골도 미자르와 같이 분광쌍성이라는 사실은 이후 100여 년이 지난 1889년 독일의 천문학자 보겔(Hermann Carl Vogel, 1841~1907)에 의해 밝혀진다. 그러나 이러한 모든 쌍성들도 백조자리의 X-1의 신비에 비하면 아무것도 아니다. X-1은 우리 주위에서 가장 강력한 X선을 방출하는 천체로서 동반성은 청색거성으로 이루어져 있다.

독일의 천문학자 H. C. 보겔.

X-1이 유명해진 것은 최초로 발견된 블랙홀의 후보이기 때문이다. 블랙홀은 알려진 대로

미항공우주국(NASA)이 공개한 블랙홀 가상 사진. 사진 속에 나타낸 두 개의 별은 마치 쌍성처럼 보이지만 중력렌즈에 의해 생긴 일종의 신기루(가짜 별)이다.

빛조차 빠져나올 수 없는 강력한 중력을 가지고 있어 블랙홀만 단독으로 존재하면 찾아내기가 어렵다. 하지만 쌍성을 이루고 있을 때는 질량을 추정할 수 있다. 관측을 통해 알려진 바에 따르면 X-1은 태양 질량의 8.7배 정도이고 알려진 그 어떤 천체보다 밀도가 높아 블랙홀에 가장 근접한 후보라 할 수 있다.

또한 블랙홀이 있을 것이라는 추측을 더욱 강하게 해주는 것은 쌍성인 청색거성에서 방출된 물질이 블랙홀로 빨려 들어가면서 마찰로 인해 발생한 X선이 검출된다는 점이다. 블랙홀로 빨려 들어가는 물질이 마지막으로 내보내는 비명인 X선은 마치 자신만 잡히기 억울해서 술래에게 아이들이 숨은 곳을 몰래 알려주는 비밀신호와도 같다.

+ 들려야 본다?

배터리를 장착한 하이브리드 자동차는 연비와 정숙성 측면에서 보통의 엔진을 장착한 자동차보다 뛰어나다. 고급 차량일수록 조용하기 때문에 하이브리드 차량의 제조사에서는 정숙성을 하이브리드의 장점으로 선전하기도 한다. 하지만 과유불급이라 했던가. 하이브리드의 지나친 정숙성은 오히려 보행자에게 위협이 되기도 한다. 저속으로 주행하는 경우 배터리에서 공급되는 전기로 모터를 작동시켜 움직이는데, 거의 소리가 나지 않아 다른 자동차에 비해 40퍼센트나 가깝게 접근했을 때야 보행자가 차를 인식하고 대비하게 된다. 그래서 하이브리드 자동차나 전기차에는 인위적으로 엔진음이나 독특한 소리가 나도록 한다. 사람들은 '보고 듣는 것'이 아니라 '듣고 보는 것'이 일반적이기 때문이다.

+ 별의 최후와 블랙홀

별의 최후는 별의 질량에 따라 결정된다. 별의 질량이 태양 질량의 1.4배보다 작은 별은 백색왜성으로 생을 마감한다. 하지만 이보다 질량이 클 경우에는 중성자성이나 블랙홀이 된다. 별은 질량에 따라 수명과 그 최후가 결정되는데, 질량이 적을수록 수명이 길다. 즉 가늘고 길게 살 것인지 짧고 굵게 사는지는 질량에 따라 결정되는 것이다. 백색왜성이 되기 위해서는 지름이 139만 킬로미터인 태양이 지구 정도(1만 2,000킬로미터)로 압축되어야 한다. 또한 중성자성은 태양의 지름이 10킬로미터, 블랙홀은 지름이 6킬로미터로 압축되었을 때 만들어진다. 지구는 겨우 포도알 크기로 압축되어야 블랙홀이 될 수 있다. 이처럼 블랙홀은 우리의 상상을 초월할 압력으로 질량을 한곳에 다져넣어야 만들어질 수 있다.

더 읽어봅시다!

우종학의 『블랙홀 교양곡』, 이정원의 『소리 공기의 질주』.

도판 출처 |

12쪽 ⓒ뉴시스 / 17쪽 위(좌) (cc) anonymous, 위(우) ⓒGraphics1976|Dreamstime Stock Photos, 아래(좌) ⓒMihail Orlov|Dreamstime Stock Photos, 아래(우) ⓒmy / 22쪽 ⓒPatrick Foto|Shutterstock.com / 23쪽 위 ⓒhagit berkovich|Shutterstock.com, 아래 ⓒethylalkohol|Shutterstock.com / 24쪽 (cc)GNU Free Documentation License / 26쪽 ⓒArne9001|Dreamstime.com / 28쪽 ⓒJun Mu|Shutterstock.com / 30쪽 ⓒbh2 / 31쪽 ⓒmy / 32쪽 위 ⓒOliver Hoffmann|Shutterstock.com, 아래 ⓒMarsan|Shutterstock.com / 34쪽 (cc)Frettie / 36쪽 ⓒAlba|Dreamstime Stock Photos, ⓒAndrea Leone|Dreamstime Stock Photos, ⓒ아사달 / 42쪽 ⓒbh2 / 43쪽 ⓒbh2 / 46쪽 ⓒmy / 48쪽 ⓒbh2 / 49쪽 ⓒmy / 50쪽 좌 ⓒIulius Costache|Dreamstime.com, 우 ⓒEmanuele Leoni|Dreamstime.com / 52쪽 (cc)Jan Ainali / 53쪽 ⓒMilosluz|Dreamstime.com / 54쪽 ⓒJohanna Goodyear|Dreamstime Stock Photos / 57쪽 ⓒafekung|Shutterstock.com / 58쪽 (cc)Clearly Ambiguous / 59쪽 ⓒmy / 60쪽 ⓒmy / 62쪽 ⓒmy / 66쪽 ⓒmy / 72쪽 ⓒmy / 73쪽 ⓒmy / 76쪽 ⓒmoonfish8|Shutterstock.com / 77쪽 (cc)Bernat / 79쪽 ⓒmy / 80쪽 ⓒmy / 81쪽 (cc)D. Sharon Pruitt / 82쪽 (cc)Jjron / 83쪽 (cc)Jiyang Chen / 84쪽 (cc)Glogger / 86쪽 (cc)Serguei S. Dukachev / 87쪽 ⓒ연합뉴스 / 89쪽 위 (cc)GuidoB, 아래 ⓒmy / 90쪽 ⓒclawan|Shutterstock.com / 92쪽 (cc)Matthew Yohe / 93쪽 ⓒmy / 94쪽 ⓒmy / 96쪽 위(좌) ⓒPeter Sobolev|Dreamstime.com, 위(우) ⓒ연합뉴스, 아래 (cc)nDevilTV / 100쪽 ⓒ아사달 / 102쪽 (cc)jj Harrison / 103쪽 ⓒ아사달 / 104-105쪽 ⓒaleksandr hunta|Shutterstock.com / 105쪽 ⓒmy / 106쪽 ⓒmy / 108쪽 (cc)William Cho / 110쪽 ⓒmy / 112쪽 (cc)S Sepp / 116쪽 ⓒ연합뉴스 / 117쪽 (cc)anonymous / 119쪽 ⓒm. bonotto|Shutterstock.com / 121쪽 ⓒmy / 122쪽 위 ⓒJinyoung Lee|Dreamstime Stock Photos, 아래 ⓒWhite Room|Shutterstock.com / 126쪽 ⓒ아사달 / 129쪽 ⓒMarsia16|Dreamstime.com / 130쪽 ⓒTatjana Kruusma|Shutterstock.com / 132쪽 ⓒ연합뉴스 / 134쪽 (cc)Shalom Jacoboviz / 136쪽 ⓒJdazuelos|Dreamstime.com / 138쪽 (cc)Gabriel Baratheu / 140쪽 (cc)Pavel Novak / 144쪽 위 (cc)Wolfgang Beyer, 아래 ⓒmy / 145쪽 (cc)Nagyman / 147쪽 ⓒNataliia Pogrebna|Dreamstime.com / 152쪽 (cc)Alta bakiniz / 154쪽 ⓒSilviu Daniel Tataru|Dreamstime Stock Photos / 156쪽 ⓒmy / 157쪽 ⓒ연합뉴스 / 158쪽 ⓒ연합뉴스 / 159쪽 ⓒmy / 161쪽 위 ⓒDenys Prokofyev|Dreamstime.com, 아래 (cc)Zoom Zoom / 162쪽 ⓒmy / 163쪽 ⓒmy / 165쪽 ⓒmy / 168쪽 (cc)Jim Thurston / 171쪽 ⓒmy / 172쪽 ⓒCornelius20|Dreamstime.com / 174쪽 ⓒAlila07|Dreamstime.com / 179쪽 ⓒ연합뉴스 / 180쪽 ⓒmy / 182쪽 ⓒ연합뉴스 / 187쪽 ⓒmy / 188쪽 (cc)anonymous / 189쪽 (cc)Dvortygirl / 190쪽 ⓒmy / 193쪽 ⓒmy / 194쪽 ⓒmy / 195쪽 ⓒNumber0001|Dreamstime.com / 196쪽 ⓒTeprzem|Dreamstime.com / 202쪽 (cc)Hachimaki / 207쪽 ⓒ아사달 / 208쪽 (cc)Jon Callas / 210쪽 ⓒmonticello|Shutterstock.com / 212쪽 위 (cc)Lakilech / 219쪽 ⓒPavel L Photo and Video|Shutterstock.com / 221쪽 (cc)Pink Sherbet Photography / 223쪽 좌 ⓒbh2, 우 ⓒmy / 224쪽 ⓒ화현 / 229쪽 ⓒmy / 233쪽 ⓒ연합뉴스 / 234쪽 ⓒGingergirl|Dreamstime.com / 235쪽 ⓒmy / 236-237쪽 ⓒWikkiss|Dreamstime.com / 242쪽 좌 ⓒ연합뉴스 / 245쪽 (cc)anonymous / 247쪽 좌 (cc)Loadmaster, 우 (cc)Sry85 / 250쪽 (cc)Fanny Schertzer / 252쪽 ⓒmy / 254쪽 ⓒNaraporn Muangwong|Dreamstime.com / 257쪽 (cc)Leedkmn / 259쪽 좌 (cc)PHGCOM / 260쪽 (cc)Rob Lavinsky · Daniel Ventura / 262쪽 위 ⓒ연합뉴스, 아래 (cc)Alain Seguin / 264쪽 위 ⓒTupungato|Dreamstime.com, 아래 (cc)David Monniaux / 266쪽 (cc)Adbar / 267쪽 (cc)David Jackson / 268쪽 ⓒ화현 / 270쪽 (cc)Creative Tools / 281쪽 위 (cc)Simon Eugster, 아래 (cc)jared / 284쪽 (cc)Derek Gleeson / 286쪽 ⓒmy / 287쪽 좌 ⓒJozef Sedmak|Dreamstime.com, 우 ⓒPius Lee|Dreamstime.com / 290쪽 ⓒAlexfiodorov|Dreamstime.com, ⓒmy / 291쪽 (cc)Jazzenthusiast / 292쪽 좌 ⓒ화현, 292쪽 우 ⓒmy / 293쪽 (cc)Vladimir Morozov / 295쪽 (cc)Pianoplonkers / 296쪽 ⓒmy / 298쪽 위 (cc)fdecomite, 중간 (cc)Rob Young, 아래 ⓒProsetisen|Dreamstime.com / 300쪽 (cc)CJ Isherwood / 303쪽 (cc)Fr. Schmelhaus / 304쪽 (cc)Michael Strock / 306쪽 위 (cc)Robert / 301쪽 ⓒmy / 312쪽 위 (cc)David Shankbone, 12쪽 아래 ⓒ화현 / 317쪽 ⓒmy / 317쪽 하단 전구 (cc)KMJ / 318쪽 (cc)Jase The Bass / 320쪽 ⓒmy / 323쪽 (cc)Saad Akhtar / 324쪽 (cc)vancouverfilmschool / 326쪽 ⓒ연합뉴스 / 328쪽 (cc)Thomas Quine / 329쪽 (cc)Andrew Dunn / 335쪽 ⓒmy / 337쪽 (cc)NASA Goddard Space Flight Center / 340쪽 ⓒSashkin|Shutterstock.com / 344쪽 (cc)Djmirko / 345쪽 (cc)Florin Chelaru / 346쪽 ⓒVladimir Voronin|Dreamstime.com / 347쪽 ⓒPeter Junaidy|Dreamstime.com / 349쪽 중간 (cc)JonRichfield / 352쪽 ⓒmy / 354쪽 (cc)NASA

※ 이 책에 사용된 사진과 그림 대부분은 저작권자의 동의를 얻었습니다만, 저작권자를 찾지 못하여 게재 허락을 받지 못한 도판에 대해서는 저작권자가 확인되는 대로 게재 허락을 받고 정식 동의 절차를 밟겠습니다.

참고 문헌 |

- 게일 M. 크레이그, 『비행의 원리』, 우용출판사, 2002년.
- 고경신, 『한국전통도자기 문화의 과학기술적 연구』, 한국과학사학회지, 제14권 제1호, 1992년.
- 공예도서 편찬연구회, 『도자기 공예기법』, 상투스, 2004년.
- 김동민 외, 『스마트폰 사용자 인터페이스 기술 동향』, 정보과학회지, 2010년.
- 김봉수, 『질량중심 이심률과 관성모멘트의 비등방률에 따른 Tippe Top의 운동특성분석 및 교육적 활용』, 공주대학교대학원, 2010년.
- 김석호, 『한국전통옹기의 통기성』, 한국콘텐츠학회논문지, Vol. 7 No. 10, 2007년.
- 김성련 외, 『새의류 관리』, 교문사, 2008년.
- 김은애 외,「투습방수 소재 및 평가 기술」, 『섬유기술과 산업』, 제8권 3호, 2004년.
- 김충섭, 『동영상으로 보는 우주의 발견』, 북스힐, 2002년.
- 김희봉, 『미래를 위한 기술 나노테크놀러지』, 야스미디어, 2004년.
- 남윤자 외, 「3차원 인체측정 기술의 의류산업에의 활용」, 『섬유기술과 산업』, 제6권 제3-4호, 2002년 / 「3D 데이터를 이용한 3차원 인체 모델링」, 『섬유기술과 산업』, 제10권 3호, 2006년.
- 다이앤 애커먼, 『감각의 박물학』, 작가정신, 2004년.
- 돈 벌리너, 『목숨을 건 도전 비행』, 지호, 2002년.
- 라베 저, 『최신 고분자화학』, 시그마프레스, 1998년.
- 로버트 L. 월크, 『 아인슈타인이 요리사에게 들려준 이야기』, 해냄출판사, 2003년.
- 루나 B. 레오폴드 외, 『물의 본질』, 한국일보 타임라이프, 1980년.
- 루이스 A. 블룸필드, 『생활 속의 물리(알기 쉬운)』, 한승, 2000년.
- 류재식, 『수영 접영동작의 운동학적 분석』, 조선대학교 교육대학원, 2005년.
- 마거릿 맥윌리엄스, 『식품과 조리과학 [4판]』, 라이프사이언스, 2001년.
- 메데페셀헤르만 외, 『화학으로 이루어진 세상』, 에코리브르, 2007년.
- 방병선, 『사람을 닮은 그릇 도자기』, 보림출판사, 2006년.
- 백승기 외 , 『게임이론과 통계물리학』, 물리학과 첨단기술, 2007년.
- 베네츠키, 『신기한 금속의 세계1,2』, 현대정보문화사, 2002년.
- 베른트 슈, 『발명 (클라시커 50)』, 해냄출판사, 2004년.
- 벤보버, 『빛 이야기(THE STORY OF LIGHT)』, 웅진닷컴, 2004년.
- 볼프강 뷔르거, 『달걀 삶는 기구의 패러독스』, 성우, 2003년.
- 사마키 다케오 외, 『부엌에서 알 수 있는 거의 모든 것의 과학』, 휘슬러, 2004년.
- 사쿠라이 히로무, 『원소의 새로운 지식』, 아카데미서적, 2002년.
- 섀런 버트시 맥그레인, 『화학의 프로메테우스』, 가람기획, 2002년.
- 송인아, 『발레 Turn-out 수직점프의 미적 특성에 대한 무용역학적 분석』, 이화여자대학교 대학원, 1998년.
- 스튜어트 카우프만 , 『혼돈의 가장자리』, 사이언스북스, 2002년.
- 스티븐 스트로가츠, 『동시성의 과학 싱크』, 김영사, 2005년.
- 신병철, 『분장의 표현기법을 적용한 연극분장의 실제』, 중부대학교 인문산업대학원, 2005년.
- 안나 파스케브스카, 『거울의 양면과 같은 발레예술과 과학』, S&D, 2008년.
- 안전공학협회, 『방폭공학』, 동화기술교역, 2006년.
- 에르베 디스, 『냄비와 시험관』, 한승, 2005년.
- 엘리안 스트로스 베르, 『예술과 과학』, 을유문화사, 2002년.
- 오빌 라이트, 『우리는 어떻게 비행기를 만들었나』, 지호, 2003년.

- 유정열, 『초보자를 위한 등산가이드』, 삼호미디어, 2006년.
- 윤혜경, 『드디어 빛이 보인다(선생님도 놀란 과학 뒤집기 1)』, 성우, 2001년.
- 이능재, 『발레 회전 동작의 역학적 분석』, 수원대학교 교육대학원, 2006년.
- 이대택, 『인간사냥꾼은 물위를 달리고 싶어했다(이대택 박사의 인간과학1)』, 지성사, 2009년.
- 이상훈, 『분장의 표현기법에 관한연구』, 중부대학교 인문산업대학원, 2005년.
- 이안 해리슨, 『최초의 것들』, 갑인공방, 2004년.
- 이우재, 『현대춤의 문화적 대중성과 힙합 춤의 경향 연구』, 세종대학교 대학원, 2009년.
- 이종철, 『신발 재료학』, 글로벌, 1998년.
- 장승옥, 「PCM 응용 온도감은 섬유 소재」, 『섬유기술과 산업』, 제8권 3호, 2004년.
- 장환 편, 『현대 무대 조명 개론』, 들꽃누리, 2001년.
- 정재승, 『정재승의 과학콘서트』, 동아시아, 2001년.
- 정진영, 『발레 소드바스끄 동작 착지 시 역학적 분석』, 한국체육대학교 대학원, 2007년.
- 조 슈워츠, 『장난꾸러기 돼지들의 화학피크닉』, 바다출판사, 2002년.
- 조길수, 『최신의류 소재』, 시그마프레스, 2004년.
- 조지 오디언, 『고분자화학(제3판)』, 사이텍미디어, 1996년.
- 조항현, 『좁은 세상 연결망 위에서 모래 쌓기』, 한국과학기술원 석사학위논문, 2000년.
- 존 R. 캐머런 외, 『인체물리(생명과학을위한)(2/E)』, 한승, 2000년.
- 존 데인테이스, 『화학용어사전』, 전파과학사, 2000년.
- 존 허드슨, 『화학의 역사』, 북스힐, 2005년.
- 최무영, 『복잡계의 개관』,물리학과 첨단기술, 2007년.
- 최민규, 『게임에서의 물리기반 시뮬레이션 기술의 현황과 전망』, 전자공학회지 제34권 제10호, 2007년.
- 최상흘, 『인류가 만든 최초의 세라믹스: 토기』, 세라미스트, 제11권 제3호, 2008년 6월.
- 최숙영, 『화학반응, 매끄러운 충돌』, 동아사이언스, 2002년.
- 최영근, 『Anaglyph방식을 활용한 3차원 입체영상 제작기법 연구』, 동의대학교영상정보대학원, 2010년.
- 최원석, 『과학 엔터테이너 최원석의 패션 사이언스』, 살림, 2010년 / 『세계명작 속에 숨어있는 과학』(세트), 살림, 2006년 / 『영화로 새로 쓴 지구과학교과서』, 북스힐, 2010년 / 『영화로 새로 쓴 화학교과서』, 북스힐, 2013년.
- 최원호, 『달콤한 물을 마시다(선생님도 놀란 과학 뒤집기 2)』, 성우, 2007년.
- 최혁진, 『자전거 디자인의 변천에 있어서 형태에 관한 연구』, 국민대학교 테크노디자인전문대학원, 2002년.
- 칼 H. 스나이더, 『화학과 생활』, 한승, 2002년.
- 코츠 외, 『일반화학』, 북스힐, 2007년.
- 타츠야 혼구, 『하이테크섬유의 세계』, 전남대학교 출판부, 2003년.
- 폴 B. 켈터 외, 『화학의 기초』, 북스힐, 2007년.
- 프락노이 외, 『우주로의 여행 1, 2』, 청범출판사, 1998년.
- 피터 바햄, 『요리의 과학』, 한승, 2002년.
- 필립 볼, 『화학의 시대』, 사이언스북스, 2001년 / 『H_2O』, 양문, 2003년.
- 한국섬유공학회, 『최신합성섬유』, 형설출판사, 2001년.
- 한국지구과학회, 『지구환경과학 Ⅰ, Ⅱ』, 대한교과서주식회사, 1994년.
- 후란시스 아스크로프, 『생존의 한계』, 전파과학사, 2001년.
- 후지이 노리아키, 『로드 바이크의 과학 : 지구를 살리는 자전거』, 엘빅미디어, 2009년.

찾아보기 |

ㄱ

가교결합 304
가마 261~264
가마터 262
가상현실 97~98, 201~203
가소성(可塑性) 256~257, 260, 302
가속도 169, 173, 204
가스등 316
가시광선 22, 86, 236, 278, 343, 348~349, 351
가청주파 286
가현 운동 341
가황 55, 57~58, 62~63
가황고무 57
각막 128
간극(間隙, 공극) 92, 112
간섭무늬 13, 23
간섭색 22~23
간섭 현상(간섭) 22~23, 80, 318, 327, 338
〈갈릴레오의 빗면 실험〉(베추올리) 192
갈릴레이(Galilei, Galileo) 52, 192~193
갈릴레이의 낙하 법칙 193
갈릴레이의 낙하 실험 원리 193
감자 29, 33
감칠맛 37
〈강남 스타일〉(싸이) 244
강력 191, 195
강수진 249
강옥 237
개[犬] 344~345
개그콘서트(방송프로그램) 113
개기일식 73
거품 13, 15, 20~21
〈건초더미에 숨기〉(베이커) 342
걷기 107, 169~170, 214
게이틀린(Gatlin, Justin) 176
게임의 과학 197
게임 중독 197, 200, 202
게임 트리(게임 기능) 206~ 207
결맞음성 318, 338
결정수 261
경극 323
계면활성제 13, 16, 19
고고도 풍력발전 117
고글 147
고기 28, 31, 34~36, 39
고래 316
고려청자 258~260, 262
고령토 255, 260, 267, 281
고막 136, 346~347
고무나무 57, 282, 323
고무줄 61
고무(천연고무) 56,~58
고무풍선 로켓 59
고무풍선의 과학 55
고무풍선(풍선) 56, 59~62
고분자 57, 299, 303~304
고비 사막 105
고비성(criticality) 111
고생대 143
고어(Gore, W. L.) 148
고어텍스 148~149, 264~266
고유진동수 241, 246, 295
고전 발레 247, 249~250, 253
고정기어 자전거(픽시) 223
고트어 198
골렘(Golem) 256
공기 16, 21, 36, 50, 55, 59~63, 65~66, 106, 118~120, 128~129, 131, 136~137, 146, 151, 153, 161, 177, 220, 228, 266, 276, 292, 295, 301, 344, 345~346
공기저항 43, 209, 219~220
공룡 44, 47
공명진동 295, 346
공명 현상 52
공연장 287, 321, 325
공유결합 159, 167, 189, 299, 304, 309~310
공유전자쌍 159
공중부양 팽이(레비트론) 49~50
관성 모멘트 241, 251
관성의 법칙 241, 246
관악기 292~293
광각렌즈 336
광로차 22
광물 102, 255, 257, 260, 275, 281~282, 322
광원 72~73, 78, 81, 83, 278, 316
광증폭기 349
광학적 쌍성 352
괴테(Goethe, J. W. von) 325
교결작용 103
교회 음악 320
구드릭(Goodricke, John) 353
구름 146, 152
구면파 71, 78
구석기 256
군인 269, 350
굴절 22, 128~129, 286~287, 327, 336
굴절률 22, 127~128, 351
굿이어(Goodyear, Charles) 56~57
궤도 운동 352
귀의 구조 347
규산염광물 101, 103
규소 103, 324
그노몬(gnomon) 76
그랑 쥬떼 250~251
그레이트베이슨 사막 106
그레이트아라비아 사막 106
그레이트오스트레일리아 사막 106
그레이하운드(경주견) 179
그리스 45~46, 76, 78, 88~89, 170, 184, 192, 225, 227, 228, 253, 288~289, 314, 316, 322
그리스시대 18, 316
그림 15, 46, 73, 101, 184, 198~199, 269, 270~271, 273, 276~283, 328~329, 336
그림 그리기의 과학 269
그림자 71~73, 75~82, 329
그림자놀이 70~71, 75, 78
그림자놀이의 과학 71
극성 19, 109, 159
근세포 190
근세포의 구조 190
근육 67, 138, 171~173, 189~190, 192, 195, 246~247, 249~251, 324
〈근초고왕〉(드라마) 115
글라이더 115~117
글루탐산나트륨염(MSG) 37
기도비닉(企圖秘匿) 350
기름램프 316
기압 66, 141, 146, 150, 153
기어 217~218, 223, 247
기와 257, 263, 308
〈기와이기〉(김홍도) 306
기지시 줄다리기 182, 184
〈기차의 도착〉(영화) 333
기타 285, 292
길 찾기(게임 기능) 84, 206
꼭짓점 댄스(김수로) 242
꿀 166
끈 이론 191, 286

끓는점 31, 34, 35
끓는점 오름 25

ㄴ
나미브 사막 106
나일론 303~304
나트륨(Na) 19, 37, 236
나트륨 이온 19, 266
낙서 269
낙하산 121~122
날씨 145, 153
납 267, 275, 283
내이 136, 347
〈내일을 향해 쏴라〉(영화) 209
네온사인 235~237, 341
네팔 140
녹는점 255, 264
농구선수 241, 251
농악무 244
뇌홍(雷汞) 232
누에나방 344
누워서 타는 자전거 → 리컴번트 자전거
눈[目] 35, 88, 128, 147, 220, 234, 236, 278, 308, 313, 334~335, 344, 346, 348, 349, 353
뉴턴(Newton, Isaac) 89, 91, 120~121, 123, 192~195, 197, 204, 319

ㄷ
다람쥐 344
다 빈치(da Vinci, Leonardo) 74, 211, 213, 272, 329
단백질 18, 31, 35
단열팽창 146
〈단오도〉(신윤복) 280
달걀 31, 53, 271
달리기 169, 170~171, 173~174, 178~179, 215
달리기의 과학 169
〈담비를 안고 있는 여인〉(다 빈치) 74
당삼채 259
대류 31, 110
대륙판 140, 144
대보 조산 운동 144
〈대장금〉(드라마) 25, 35
대포 205, 231
〈더티 댄싱〉(영화) 245
던롭(Dunlop, J. Boyd) 57~ 58, 216~217
던컨(Duncan, Isadora) 253
덧띠무늬토기 261
데카르트의 잠수부 66
도기(陶器) 263
도르래 186~187, 315, 316
도자기 255, 257~261, 263~ 265
도자기의 과학 255
독무덤 → 옹관묘
독성 27, 33, 230, 273, 275~ 276
독수리 춤(촉토족) 242
돌고래 86
돌림힘 209, 218, 222, 223
돌턴(Dalton, John) 308, 309
동굴 벽화 277, 328
동맥 167
동양화 281~282
돼지 344
두루마리 디스플레이 95
두발자전거 221, 222
듀퐁사(기업) 148
드라이스(Drais, Karl) 212~ 213
드라이지네(Draisine) 212~ 213
드러몬드(Drummond, Thomas) 317
드레벨(Drebbel, Cornelis) 211
드리프트(drift) 203
들뜬 상태 96, 235, 236, 237
등산 141, 142, 145, 147
등산복(아웃도어) 147, 149, 152
등산의 과학 141
등피 316
디스크휠 220
디오니소스(Dionysos) 314, 322
디지털 무대 314
디지털 치매 99

ㄹ
〈라따뚜이〉(영화) 25
라부아지에(Lavoisier, A. L. de) 229, 230, 238
라이덴병 89, 92
라이트 형제 123
라임라이트(석회등) 317, 323
라텍스 273, 323
라틴댄스 245
레고 299~305, 307~308, 310
레고놀이 308, 310
레고놀이의 과학 299
레고랜드 299, 305
레드문(붉은 달) 83
〈레드 바이올린〉(영화) 293
레비트론(공중부양 팽이) 49
레이더 350
레이저 72, 78, 318, 338
로망캔들 234
로봇 98, 195, 208, 247, 256
로켓 51, 53, 59, 231
루비 237
루이 14세 243~244
루이 16세 24
룸바 245
뤼미에르 형제 332~333, 338
르네상스 73~74, 243, 314, 316
르블랑(Leblanc, Nicolas) 24
르블랑법(Leblanc法) 24
리듬 245, 253
리컴번트 자전거 218
리튬(Li) 236
릴리엔탈(Lilienthal, Otto) 117

ㅁ
마그마 103, 144, 145, 264
마닐라 로프 187~188
마라토너 177
마라톤 87, 175, 177, 179
마레(Marey, Etienne-Jules) 330~331
마루(파도) 133~135
마르코니(Marconi, Guglielmo) 87, 88, 92
마스킹 효과 287~288
마이클 잭슨(Jackson, Michael) 247
마찰계수(n) 186, 300
마찰력 41, 43~44, 108~109, 112, 130, 134, 171, 183, 185~187, 195, 204, 209, 214, 223, 247, 299, 300~ 301, 307
마천령산맥 144
만유인력 15, 194
만유인력의 법칙 183, 194
말[馬] 86, 211, 329, 330
말춤(싸이) 241, 244~246
맘보 245
맛 13, 30, 31, 33, 35~38
〈매트릭스〉(영화) 200~202, 207, 340
맥놀이 79, 285, 294
맥스웰(Maxwell, J. C.) 88, 91, 92
맥스웰 방정식 85, 90~91

맥주 13, 21
맨발 169, 176, 253
맨틀 대류 143~144, 192
맬러리(Mallory, George) 142
머이브리지(Muybridge, Eadweard) 329~330
먹(묵) 282
멀라이트(mullite) 263
메소포타미아 135, 214, 256
메스너(Messner, Reinhold) 151~152
메이어(Mayer, A. M.) 347~ 348
메일라드 반응 34~35
메타물질 351
명량대첩 165, 166
명량해전 153
〈모던 타임스〉(영화) 339
모듈러스(modulus) 60
모듈러주택(modular house) 311
모래 58, 101~104, 107~111, 293, 324
모래놀이 101~102, 107, 109~112
모래놀이의 과학 101
모래더미 108, 110~112
모래사장 102, 104
모래성 쌓기 107
모래시계 112
모래 알갱이(모래알) 108~ 109, 111
모래찜질 101~102, 107
모르타르(mortar) 307
모르포나비 22~23
모세관 현상 281
모스(Samuel F. B. M.) 87
모하비 사막 106
목소리 97, 288
몬스터플라이 176~177
몬테 사막 106
몬테주마(Montezuma) 56
몽골피에 형제 65
몽블랑 산 149
무게중심 170, 214, 221~222, 241, 247, 251~252
무기안료 281
무당 242~243
무대 16, 241, 313~319, 321~323, 338
무대 분장 321
〈무대 위에서의 발레 연습〉(드가) 248
무대의 과학 313
무대 장치 313~314
무문토기 261
무산소 등정 151
무선전신기 88
무선통신 88, 92
무성 영화 338~339
무아레 무늬 79~80
무아레 토포그래피 80
무중량 130, 139
무중력 139
문워크 247
문인화 279
물 16, 128, 134, 137, 157
물놀이 127~130, 132, 133
물놀이의 과학 127
물리 법칙 194, 203~204, 208, 246~247
물리 엔진 204, 208
물방울 15, 22, 35, 146~148, 152, 165, 266
물 부족 155, 157
물 분자 16, 17, 30, 109, 148, 159~160, 167
물안경(수경) 128
물의 분자 구조 159
물의 성질 153, 160
물총 153, 155, 160~161, 163~166
물총놀이 153, 157~159
물총놀이의 과학 153
뮤지컬 246, 313~314, 319, 325
미각 25, 37
미나마타병 156
미네랄 원소 27
미뉴에트 245
미늘톱니바퀴(ratchet) 223
미디엄(medium) 282
미셀(micelle) 29~30
〈미션 임파서블〉(영화) 351
미쇼(Michaux, Pierre) 214~ 215, 217
미술 255, 270, 273, 276
미술 재료(미술 도구) 270~ 271, 273, 275~276
미오글로빈 138
미오신(myosin) 190
〈미인도〉(신윤복) 279~280
미자르(Mizar) 352~353
미적분 90
민속무용 243~244
밀가루 반죽 13, 20
밀도 31, 44, 65~66, 129~ 131, 144, 146, 160, 354
밀란코비치(Milankovitch, Milutin) 47
밀폐요(密閉窯) 263

ㅂ

바가노바(Vaganova, A. Y.) 250
바니시 276
바다 102~103, 107, 127~ 128, 133, 135~136, 156
바닥 상태 235
바륨(Ba) 234, 236
바이올린 292~295
바퀴(자전거) 213~218, 220~223, 251, 347
바흐(Bach, J. S.) 291, 296
박(Bak, Per) 110
박지성 174, 249
박태환 131~132
반그림자 72~73, 83
반데르발스 힘 189, 310
반사파 292, 350
반성 352~353
반응 속도 25, 29, 95
발 16, 127, 131, 170, 172~178
발광다이오드(LED) 72, 95
발레 190, 243, 246~247, 249~252
발레리나 241, 246~247, 249~252
〈발레리나를 사랑한 비보이〉(뮤지컬) 246
발레리노 251~252
발바닥의 아치 구조 174
발효 20, 29, 31, 265
발효식품 34, 265, 267
〈밤의 발레〉(발레) 244
밥 30, 85
방구멍 113, 122
방수(防水) 148
방패연 118, 122
배터리 88, 95, 149
백두산 144
백색왜성 355
백연 56
백열등 72
백열전구 317
〈백조의 호수〉(발레) 251
백조자리 353
버밀리온(vermilion) 275, 282
버블쇼 12, 15

번개 116, 118, 152
베게너(Wegener, Alfred) 143
베르누이(Bernoulli, Daniel) 118, 153, 163~164
베르누이 방정식 164~165
베르누이의 정리 113, 118~120, 123, 153, 164~167
베르셀리우스(Berzelius, B. J. J.) 309
베이컨(Bacon, Roger) 167
베이킹파우더 21
벡터 197, 207
벨(Bell, A. G.) 87
벨로시페드(Velocipede) → 드라이지네
변환광학 351
별의 진화 343
별의 최후(수명) 355
보강 간섭 296, 318
보겔(Vogel, H. C.) 353
보드 133, 134, 135
보일-샤를의 법칙 55, 61~62, 65
보일의 법칙 61~62, 127, 137
보호색 349~350
복사 31, 47, 105, 107, 146
복어 33
본그림자 72, 73
본셰이커 → 페달 자전거
본차이나 267
볼타 전지 85, 89
볼트(Bolt, Usain) 178~179
봄비콜(bombykol) 344
봉수(烽燧) 87
뵐러(Wöhler, Friedrich) 309
부력 55, 66, 127, 129~131, 137, 139, 162~163
부분일식 73
부엌 28~29
부타디엔 58
부표 129
북 292~293
북경원인(北京原人) 28
북극성 45, 47
북한산 144~145, 152
북회귀선 105, 106
분광스펙트럼 353
분광쌍성 353
〈분노의 역류〉(영화) 228
분산 174, 303
분압 141, 150~151
분자 간 결합 15
분자요리학 39
분자인식 310~311
분장 321~324
분장 재료 323~324
불 28, 30~31, 34, 35
불꽃놀이 231~234, 236~237, 260
불꽃놀이의 과학 225
불꽃색 225, 235~236
불완전 연소 31~32
불카누스 56~57
브라질 땅콩 효과 109~110
브레이크 223
브레이크 댄스 246
브루넬레스키(Brunelleschi, Filippo) 314
〈브이(V)〉(드라마) 155
블랙홀 343, 351, 353~355
블록 장난감 299~302
블루 베이비 증후군 156
블루투스(bluetooth) 99
블루투스(Bluetooth, Herald) 99
비거(飛車) 116
비공유전자쌍 159
비누 13, 15~19, 21~22, 24
비눗방울 13, 15~16, 21~23
비눗방울놀이 13, 15
〈비눗방울놀이〉(왓슨) 14
〈비눗방울 부는 큐피트〉(렘브란트) 14
〈비눗방울〉(샤르댕) 14
비눗방울의 과학 13
비단 280~281
비보이 246~247
비빔밥 33
비소(砒素) 230, 275
비중 129, 130
비킬라(Bikila, Abebe) 175
비틀림저울 89
비행기 350
빗살무늬토기 261
빙하기 47
빛 237
빛의 위상 313, 338
빛의 회절 71~72
빵 13, 20~21

ㅅ
사구 105~106
사막 82, 101, 103~106, 117
사막화 현상 106
〈사슬에 묶인 프로메테우스〉(아담) 226
사슬톱니(자전거) 217~218
사진 65, 73, 75, 84, 90, 132, 145, 147
사카로미세스 세르비지에(효모균) 20
사파이어 237
사하라 사막 104, 106
산란 327, 335
산소 27, 103, 137~138, 150~151, 155, 159~160, 230, 237, 283, 304, 317
산소 원자 148, 159, 160
산행 141, 145~149, 152
상대성 이론 191, 204, 351
상대 운동 327, 335
상쇄 간섭 296, 318
상태변화 30, 34, 160
상하 운동 214~215
색 21~22, 73, 102, 225, 235, 237, 260, 269, 273, 276~278, 281~282
생수 155
샤갈(Chagall, Marc) 23
샤를(Jacque, Charles) 65
〈샤를과 로베르트의 첫 열기구 비행〉(작자미상) 64
샤를의 법칙 21, 61~62
서브우퍼 340
서양화 279~280
서핑 127, 133
석기(石器) 263
석영 255, 263
석회등 → 라임라이트
설형문자 256
성덕대왕신종 293~294
세계 사막 지도 106
세넷(Senet) 198~199
세라믹스 257
세발자전거 221~222
세이프티 자전거 215~216
세종대왕 77
세차 운동 41, 45~47, 51~53
세추라 사막 106
센서(sensor) 53, 94~97
셀레리페르(Célériferè) 213
소결(燒結) 263~264
소금꽃 266
소금쟁이 16, 158, 160
소노라 사막 106
소리 36, 59, 86, 97, 129, 204,

285~288, 292~295, 301
소리에너지 295
소리의 반사와 흡수 313
소리의 세기 313, 321
소립자 191
소멸 간섭 → 상쇄 간섭
속도 50, 61, 93, 107, 118, 119, 129, 169, 171, 177~ 178, 197, 204, 207, 233, 264, 271, 345
솔라닌 33
송과선(솔방울샘) 75
〈수렵도〉(고구려 무용총) 279
수묵화 279, 281
수소결합 29, 153, 159~160, 167
수소 기체 65
수소 원자 51~52, 58, 148, 159~160
수압 66, 112, 129, 136~137
수영 101, 127, 129~133, 135
수영복 131
수온 129
수은 230, 232, 275, 282, 322
수증기 266
수직항력(N) 186, 300~301
수채물감 271
수학 91, 269, 288, 291
순정율 289
숨바꼭질 343~346, 348~351
〈숨바꼭질〉(마코프스키) 342
〈숨바꼭질〉(베르아스) 342
숨바꼭질의 과학 343
숯 107, 270
숯불구이 34, 107
슈타우딩거(Staudinger, Hermann) 303
슈탈(Stahl, G. E.) 229
스마트폰 71, 85~86, 88, 92~98, 113, 198
스마트폰의 과학 85
스완(Swan, J. W.) 317, 325
스케노그라피아 314
스쿠버 137
스크린 93, 94, 333, 336~337
스킨다이빙 137
스타이렌 58
스타크래프트(게임) 196~ 197, 206
스타팅블록 173
스테레오스코프 333~334
스텔스기 350
스트랜드 187
스트로크 동작(수영) 131~ 132
스트론튬(Sr) 236
스파이크 173
스파크 실험 92
스파클라 234
스펙트럼 225, 235, 353
스피커 287, 319, 340
습곡산맥 141, 143~144
승무 244
시각 36, 76~77, 79, 86
시계추 170~171
시네마스코프 336
시네마토그라프 332, 333
시룰리언블루 275
시브락(Sivrac, Comte de) 213
시에네 79
시차 129, 327, 335
식(蝕, eclipse) 351
〈식객〉(영화) 25
〈신기전〉(영화) 238
〈신들의 만찬〉(드라마) 35
신생대 143
신석기 261, 265
〈신혼의 방〉(만테냐) 272
실루엣 애니메이션 73, 75
실리콘 58
실리콘고무 58
싸이(가수) 241, 244~246
쌀 30
쌍성 343, 352~354

ㅇ
아교 281~282
아낙시만드로스 76
아라비아 검(arabic gum) 282
〈아르놀피니 부부의 초상〉(반 에이크) 271
아르키메데스 163
아르키메데스의 원리 127, 129, 163~164
아리스토텔레스 192, 193, 205, 228~229
아마(flax) 187
아밀로스 29
아밀로펙틴 29
〈아바타〉(영화) 201~202, 327, 333
아이맥스 336
아이스크림 20, 21, 167
아이팟(iPod) 92
아이패드(iPad) 92
아이폰(iPhone) 92~93
아인슈타인(Einstein, Albert) 191, 194
아지드화납(lead azide) 232
아크릴로니트릴 부타디엔 스티렌(ABS) 302
아크릴물감 273, 276
아킬레스건 172, 176
아타카마 사막 106
아폴론 243~244
악기 270, 285~286, 288~ 289, 291~295
악기의 과학 285, 293
알갱이 물질 109~110
알골(Algol) 353
알렉산드리아 79
알코르(Alcor) 352
알코올 18, 20~21, 33, 160
알킬벤젠설폰산염(ABS) 19
알타미라 동굴 벽화 329
알프스 산맥 143, 149
압력 59~60, 62, 119, 136~ 137, 151, 153, 161, 163~ 164, 355
앙부일구(仰釜日晷) 77
앙페르 법칙 90
애플 92, 93
액상화 현상 109
액정 95
액정디스플레이(LCD) 95
액틴(actin) 190
앵그리버드 205
앵그리버드 궤도 계산법 204~205
〈야간순찰〉(렘브란트) 283
야시경 349
야외 무대 314, 319
약력 191, 195
양력(lift, 揚力) 117, 119, 120~123, 130, 164
양성자 51, 108, 191
양안시차 333~335, 337, 341
양자역학 191, 204
양자화 191
양잿물(NaOH) 18
얼룩말 349
얼음 63, 158, 160
〈업〉(영화) 65
에너지 보존 법칙 48, 118, 164
에너지 전환 41, 59
에너지 준위 235
에듀테인먼트(edutainment) 199
에디슨(Edison, T. A.) 317, 325,

331
에라토스테네스 78~79, 83
에멀션(emulsion) 273
에메랄드그린 275
에베레스트 산 140, 142~143, 151
에어포일(airfoil) 123
에페소스 야외극장 315
에피메테우스(Epimetheus) 227
엑스터시(ecstasy) 243
엔진(게임 엔진) 208
엔트로피 55, 63
엘리자베스 1세 18
연(鳶) 113, 115~122
연극 314, 319, 321~323, 325, 338
연금술 230~231, 258, 275
연기 31~33, 313, 319
연날리기 113, 115, 118~120
연날리기의 과학 113
연단술 230, 231
연소 32, 58, 225, 228~230, 232~234, 236, 309, 317
연속사진 330
〈연을 띄우는 아이들〉(이중섭) 114
연지 281~282
열 29, 31, 34, 225, 228, 230, 232, 263, 302~303, 317
열가소성 299, 303
열경화성 299, 303~304
열기구 64~65
열에너지 31, 43, 236, 295, 321
열용량 101, 107, 243
열의 일당량 225, 230
열의 전달 25
열전도도 25, 31
영국 18, 56, 57, 65, 91, 132~ 133, 151, 185, 193, 208, 230, 267, 308, 317, 353
영양소 28, 156
영화 189, 199, 201~202, 209, 228, 232, 245, 276~277, 293, 319, 327~331, 333~341
영화의 과학 327
오감 35, 36
오디너리 → 하이휠 자전거
오르니틴 회로 309
오벨리스크(obelisk) 76
오언스(Owens, Jesse) 176, 178
오케스트라 284~285, 321
온도 21, 30~31, 34~35, 37, 61, 62, 107, 123, 129, 143, 146, 175, 177, 228, 234, 260~261, 263~264, 267, 292
온실 효과 82
올림픽 168~169, 175~176, 178~179, 184~185, 225
옹관묘(독무덤) 257
옹기 255, 264~267
왈츠 4, 245
외르스테드(Oersted, Hans Christian) 89, 91
외이 347
외이도 346~347
요리 25, 27~31, 33~37
요리경연대회 35
요리사 25, 27~28, 33
요리의 과학 25, 39
요업(窯業) 257~258, 261
용매 156, 159, 269, 271, 273, 276
용수철저울 59~60
우주 82, 155, 191~192, 310, 351
운동량 49, 120, 180, 191
운동에너지 43, 49, 53, 109, 134, 164, 171, 175
운동 제3법칙 120~121
운동화(러닝슈즈) 176
울돌목(명량) 163, 165
울림기둥 294, 295
원근법 314, 331, 335
원소 27, 230, 235, 294, 309
원자 51, 52, 96, 160, 235~ 236, 308, 310
원자핵 51~52, 235
원전 사고 155
〈원티드〉(영화) 50
〈월드 인베이젼〉(영화) 155
위상 338, 346, 347
위장복 350
위치에너지 48~49, 59, 61, 164, 171
유기발광다이오드(OLED) 95
유기안료 281
유기용매 269, 276
유압식 파워 브레이크 163
유전 알고리즘(게임 기능) 206~207
유전자 197, 207
유지방 21
유화 271
유화물감 273, 276, 279~280
육두구 열매 39
『율학신설』(주재육) 290
음파 86, 94, 97, 286, 294, 319, 327, 339, 346~348
음파의 세기 347
음펨바 효과 167
음향 기술 338~339
음향 장비 313
응력(내력) 264
응회암 144
의사소통 86
이동통신 88
이봉주 177
이사벨라 여왕 18
이산화규소 103, 263
이산화탄소 21, 167
이순신 165~166
이슬점 141, 146
이심률 47
이족보행 170
이집트 76, 184, 187, 198~ 199, 305
익스트림 스포츠 137
인공지능 201, 206~207
인공지능 기법(게임) 206~ 207
인력 15, 16, 160, 183, 189, 194, 325
〈인셉션〉(영화) 42
인장 187
인체 지레 172, 180
인터페이스 92~93, 96
인포테인먼트(infortainment) 199, 200
일본 37, 118, 155, 156, 184, 267, 351
일식 71, 83
일식의 원리 73
일-에너지의 원리 209
입사파 292
입체감 314, 334~336, 338~ 339

ㅈ
자기(磁器) 263
자기장 51~52, 90~91, 97
자기장의 가우스 법칙 90
자기조립 310~311
자기 조직화 임계성(SOC) 110
자동차 56, 58, 88, 96, 161, 163, 180, 208~209, 211, 217, 223, 304, 355
자동차 인포테인먼트 시스템 200
자석 49, 51, 89, 192
자외선 82, 273, 283

자이로스코프 53
자이로 효과 222
자전거 44, 58, 164, 209, 211, 213~223
자전거놀이의 과학 209
〈자전거 바퀴〉(뒤샹) 214
〈자전거의 발달〉(뇌몽) 217
자전축(지구) 45~47
〈자화상〉(고흐) 274
작용-반작용의 법칙(운동량 보존 법칙) 59, 113, 120, 127, 130~131, 169, 172, 183, 209, 213, 241
잔향(reverberation) 287, 320~321
잔향 시간 321
잠수 135~138
잠수부 66, 135~136
잠수함 53, 135~137, 139, 211
잠열 146
잡스(Jobs, Steve) 92~93
장 85, 91
장력 16, 122, 172, 186, 190, 192, 292
장석 255, 263
적도 46, 105~106
적외선 94, 146, 349
적외선복사 146
전기 71, 87~89, 91, 118, 149, 160, 317
전기력 18, 109
전기장의 가우스 법칙 90
전기저항 232
전기적 인력 15, 108
전기점화장치 232
전도 31
전등 78, 317, 323
전류 72, 89, 91, 95, 97, 152
전반사 22
전분(녹말) 29, 30
전분의 호화와 노화 현상 30
〈전설의 고향〉(드라마) 81
전위차 85, 94
전자 51, 96, 108~109, 159, 191, 235~237, 322
전자기력 191, 195
전자기 유도 85
전자기파 85, 92, 349
전자기 파동 269, 278
전자기학 90~91
전지 89
전통 나무 팽이 43
전통놀이 15, 41~42, 113, 115, 184, 198
전파 88~89, 92, 133
점토 102
점토(진흙) 255~258, 260~ 261, 263
정맥 167
정상발 174
정상파(定常波) 291~293
정착생활 28~29, 256
제니스호(기구) 150
제우스 226~227
제트기류 118
조류 104
조리기구 28~29
조리희 184
조명 81~82, 313, 316~317, 323
조산 운동 141, 144
조선백자 258~259, 264
조적조 307
조트로프 329
종 294
종이 31, 257~258, 270, 278, 280~282, 294
주마등 329
주사기형 물총 161
주성 352
주왕산 144
주재육(朱載堉) 290
줄 186~189, 192
줄다리기 183~186, 192
줄다리기의 과학 183
중국 28, 42, 76~77, 79, 106, 123, 140, 184, 228, 230~232, 258~259, 290~291, 323, 329
중금속 156, 269, 275~276, 323
중력 16, 44, 49~50, 108, 121, 134, 191, 204~205, 214, 221, 250, 252, 301, 305, 351~352, 354
중력가속도 171, 197, 204
중생대 143~144
중성자 191
중성자성 355
중이 347
중합 55, 58, 299, 303
중합체 313, 324
중화 25
증강현실 84, 97, 351
지구 45, 47, 65, 78~79, 82, 97, 103, 105, 142~143, 155, 158, 192, 355
지구 대기 대순환 101, 105
지구 물의 분포 156
지구의 세차 운동 45, 46
지구의 크기 측정(에라토스테네스) 79
"지자요수인자요산"(공자,『논어』) 142
지진 111, 143, 183, 192, 307, 308
지진파 286, 308
지표면 82, 142, 145~146
직녀성(베가) 47
직립보행 36, 345
직접 구이 31, 32
진동수 79, 171, 235, 237, 241, 246, 285~286, 288~290, 292~295, 320, 327, 340, 346~347
진사 282, 322
진자 운동 170~171
진자 운동 주기 171
질량 44, 48~49, 129, 173, 180, 186, 193~194, 217, 229, 251~352, 354~355
질점 197, 204

ㅊ

차세대 디스플레이 95~96
차차차 245
찰비 사막 106
채색화 279~282
채플린(Chaplin, Charles) 328, 338~339
『책차제(策車制)』 116
척력 49, 159
척추 67, 174
천문학자 45~47, 73, 78, 353
청각 36, 129, 339, 344, 346, 348
청동기 228, 257, 261, 265
청색거성 353~354
체스 206~207
체인(자전거) 215, 217~218
초끈(superstring) 191
초끈 이론 191
초분자화학 309
초음속 123
초음파 86, 94, 286
초저주파 286
초점거리 327, 336
촉각 93

촛불 71, 78, 225, 316~318
총알 50, 51, 179, 339
최무선 238
〈최종병기 활〉(영화) 50
〈최후의 만찬〉(다 빈치) 272
축전기 85, 89
춤 241~247
〈춤〉(마티스) 240
춤의 과학 241
충격량 180
충격력 169, 174~175, 180
치타 179
치후아후안 사막 106
침식작용 103, 144

ㅋ
카메라(사진기) 65, 80, 330~331, 334
카메론(Cameron, James) 327, 333
카멜레온 349
카본블랙 58
카올리나이트(kaolnite) 260
카트라이더(게임) 203
칵테일파티 효과 287, 288
칼라하리 사막 106
칼륨 이온 19
캐러더스(Carothers, W. H.) 303~304
'컬러(color)' 277
컴퓨터 197, 201, 203, 206~208, 315, 338
컴퓨터그래픽 97, 339
케플러(Kepler, Johannes) 193
케플러의 제3법칙 352
콘서트 318, 321
콜럼버스(Columbus, Christopher) 39, 56
콜로이드 303, 323
쿠르티(Kurti, Nicholas) 39
쿡(Cook, James) 133
쿨롱(Coulomb, C. A. de) 89
〈쿵푸팬더〉(영화) 232
쿼크 191
퀴뇨(Cugnot, N. J.) 211
크로노포토그래픽 건 330
크로마뇽인 277
크롬옐로 275
크리스토발라이트 263
크리스티안센(Kristiansen, O. K.) 302
큰곰자리 352
클라우지우스 230
키네토스코프 331
키오스크 93~94

ㅌ
타르 사막 106
타르탈리아(Tartaglia, Niccolo) 205
타상연화 232
〈타워〉(영화) 228
타이렌부타디엔 고무(SBR) 58
타이어(고무타이어) 56~58, 163, 216, 217
타이타닉호 88, 158, 160
타클라마칸 사막 106
탄산나트륨 18, 21, 24
탄산수소나트륨 21
탄산칼슘 102, 282
탄성 55~58, 61~63, 176, 251, 301
탄성계수 55, 60~61, 301
탄성력 57, 59~60, 299, 301
탈 322
탈놀이 322
탈춤 244
〈탑블레이드〉(영화) 42
탑블레이드(팽이) 41~43
태백산맥 144
태양광선(햇빛) 79, 82, 83, 147
태양복사에너지 47, 105, 107, 146
터치스크린 92~95
턱걸이 195
턴아웃(발레) 251
테라코타 263
테트로도톡신 33
테프론 152
테플론계 수지 148
텍스처(texture) 36
템페라 271, 272
토양공학 112
토템 팽이 42
토포폰(topophone) 347~348
톰슨(Thompson, Robert) 216
통신규약 99
통신기술 88
통일신라시대 42
투르케스탄 사막 106
투명 망토 350~351
투습(透濕) 147~148
투습방수 기능 147~149
튜링(Turing, A. M.) 208
튜링테스트 208
트랙 바이크 223
트레일(trail) 222
티모카리스 45
티스(This, Herve) 39
티타늄 269, 283
티피 팽이 48

ㅍ
파도 15, 101, 104, 127, 133~135, 348
파도타기 127, 132~135
파동 22, 79, 127, 139, 286~287, 291, 293, 296, 318~319, 325, 338, 348
파스칼(Pascal, Blaise) 160~161
파스칼의 원리 153, 161~164
파타고니아 사막 106
판게아(초대륙) 143
판구조론 141, 143
팝콘브레인 99
팝핀 댄스 246
패들링(paddling) 133
패러데이(Faraday, Michael) 91
패러데이의 새장 152
팽이 41~45, 48~53
〈팽이 돌리는 모양〉(기산풍속도) 40
팽이채 43
팽이치기 40~41
팽이치기의 과학 41
페나키스토스코프 329
페달 163, 214, 218
페달 자전거 215
페로몬 344
페트병 66, 110, 153, 161
평균율 289~291, 296
『평균율 클라비어곡집』(바흐) 291, 296
평면파 78
평발 174
폐관 346
폐관의 진동 343
폐활량 131, 138
포물선 운동 197, 205
〈포카혼타스〉(영화) 327
포크댄스 244
포트리스(게임) 205
폭죽 225, 227, 230, 232, 234~236

표면장력 13, 15~17, 24, 101, 109, 148, 160
표범 349
푸아죄유의 법칙 166
푸에테(fouette) 251~252
풍선 카데터 67
프라이팬 31, 35, 152
프랑스 24, 39, 40, 65, 79, 161~162, 166, 192, 211, 213~ 214, 217, 240, 242~243, 248, 316, 330
프랭클린(Franklin, Benjamin) 116~117
프레스코(fresco) 271~272
프로그래머 205
프로메테우스 28, 225~227
〈프로메테우스가 인간에게 불을 가져다주다〉(휘거) 226
프리스틀리(Priestley, Joseph) 56
프리즈(freeze) 247
플라네타륨(planetarium) 337
플라스틱 66, 129~130, 265, 285, 301~305
플라이어호 123
플라이휠(flywheel) 53
플레이크화이트 275
〈플레전트빌〉(영화) 276~277
플로지스톤설 229
플로킹(게임 기능) 206~207
플루오르 160
피라미드 117, 305, 307
피시방 196~197, 202
피아노 172, 291
피처폰 95
피크르산(picric acid) 232
피타고라스 288, 291
피타고라스 음계 288~290
『피터 팬』(동화) 72
'핑이' 42

ㅎ

〈하늘에서 전기를 끌어들이는 벤저민 프랭클린〉(웨스트) 117
하벨러(Habeler, Peter) 151
하위징아(Huizinga, Johan) 198
하이브리드 자동차 355
하이휠 자전거 215~217
하인스(Hines, Jim) 178
한국화 278~281
한라산 144
한옥 305, 307
한지 281
할례 243
합성세제 19
합성수지 58, 276, 305
항력 117, 120~122, 130
해들리 세포 105
〈해리 포터와 마법사의 돌〉(영화) 350
〈해리 포터와 불의 잔〉(영화) 228
〈해바라기〉(고흐) 274
해변 101~104, 107, 109~ 110, 139
해시계 76, 77
핵자기공명영상장치(MRI) 51
행성 운동 법칙(케플러) 193
〈향수〉(영화) 346
향신료 39
향유고래 138
헤드스핀(headspin) 247
헤르츠(Hertz, H. R.) 91~92
헤모글로빈 138
헤파이스토스 228
헬륨 137
헬륨 풍선 55, 65~66
헬리옥스 137
현대무용 243, 253
현무암 102, 264
현악기 292
혈관 67, 167
혈액 67, 137~138, 151, 167
형광등 72
호모 루덴스 198
홀로그램 337~338
홀로그램 영상 318
화가 270, 273, 275, 278
화강암 144~145, 255, 260, 264
화산 폭발 144
화살 깃 51
화선지 281
화약 230~236, 238
화학결합 27~28, 228, 261, 283, 304
화학물질 35, 86
화학반응 34~35, 159, 238, 269~270, 309
확산 167, 303, 343, 345
활동사진 330
황경 45
회랑 286, 287
회전 관성 41, 44, 51, 247
회절 현상(회절) 72, 286~ 287, 347~348
효모(yeast) 20
효소 29, 31, 310
후각 36, 338, 344~346, 348
후각세포 36, 344
훅의 법칙 60
훈연 31, 32, 35
휘발성 분자 36~37, 344~345
휘트스톤(Wheatstone, C.) 333~334
흑백 23, 276~277
흑색화약 233, 238
히말라야 산 149~150
히말라야 산맥 143, 150
히파르코스(Hipparchus) 45~ 47
힐러리(Hillary, Edmund) 151

기타

1종 지레 180
2종 지레 172, 180
3D 안경 337
3D 영화 327~328, 331, 333~337, 341
3종 지레 180
4가지 기본 힘 183, 191, 195
〈4대 원소: 불〉(부켈레르) 29
4원미 37
4원소설 229
5원미 37
DNA 310
e-스포츠 196~197
FSM 206
GPS 95, 97
HUD 97
I-MAX 336~337
LCD 95
LED 72, 149
MRI 51~52, 110
MSG 37, 38
MS 벨루가 스카이 세일스 117
NASA 354
OLED 95, 96
RNA 310
X-1 353~354
X선 52, 73, 75, 349, 353~354